U0370322

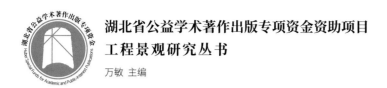

湖北省公益学术著作出版专项资金资助项目

工程景观研究丛书

万敏 主编

城市雨水花园营建理论及实践（修订版）

Theory and Practice of Urban Rainwater Garden Construction

殷利华　王冠宜　著

华中科技大学出版社
http://press.hust.edu.cn
中国·武汉

图书在版编目(CIP)数据

城市雨水花园营建理论及实践/殷利华,王冠宜著. —修订版. —武汉:华中科技大学出版社,2023.10
(工程景观研究丛书)
ISBN 978-7-5772-0225-9

Ⅰ.①城… Ⅱ.①殷… ②王… Ⅲ.①城市-雨水资源-资源利用 Ⅳ.①P426.62 ②TU984

中国国家版本馆 CIP 数据核字(2023)第 255575 号

城市雨水花园营建理论及实践(修订版)　　　　　　　　　　殷利华　　王冠宜　著
Chengshi Yushui Huayuan Yingjian Lilun ji Shijian(Xiuding Ban)

策划编辑:易彩萍
责任编辑:易彩萍
封面设计:张　靖
责任监印:朱　玢
出版发行:华中科技大学出版社(中国·武汉)　　　电话:(027)81321913
　　　　　武汉市东湖新技术开发区华工科技园　　　邮编:430223
录　　排:华中科技大学惠友文印中心
印　　刷:湖北金港彩印有限公司
开　　本:787mm×1092mm　1/16
印　　张:20
字　　数:519 千字
版　　次:2023 年 10 月第 1 版第 1 次印刷
定　　价:198.00 元

作者简介 | About the Authors

殷利华

女,湖南省宁乡市人,博士,副教授。现为华中科技大学建筑与城市规划学院景观学系副系主任。华中科技大学建筑学流动站博士后,美国华盛顿大学访问学者。国家自然科学基金通讯评审专家、教育部学位与研究生教育发展中心全国本科毕业论文(设计)抽检评审专家库专家、中国风景园林学会会员、湖北省风景园林学会女风景园林师分会副秘书长。

主要研究方向为工程景观、生态修复、风景园林规划与设计、植景营造等。前期课题关注城市高架桥下消极空间的积极利用及其景观的生态化处理措施、城市道路雨水的生态化就地管理、道路生态景观营造、雨水花园措施研究及实践等。同时在城市自然教育及景观、城市生态修复及景观绩效、绿街及公共空间生态景观等方向有相关研究成果。截至目前,主持国家自然科学基金项目 3 项、湖北省自然科学基金项目 2 项(含 1 项联合基金重点项目),中国博士后科学基金"一般面上"项目和"特别资助"项目各 1 项。发表学术论文近 40 篇,出版专著 3 部,申请实用新型专利 1 项。

主要承担风景园林专业本科生、硕士生生态修复、植景营造、风景园林规划设计、风景园林植物等专业课程教学工作,并作为课程负责人在中国大学 MOOC(慕课)网成功上线"园林植物"慕课课程。承担省级教研项目 1 项、教育部协同育人项目 1 项,指导的学生设计作品和论文多次获奖。

联系邮箱:yinlihua2012@hust.edu.cn。

王冠宜

女,湖北省黄梅县人,现为华中科技大学建筑与城市规划学院风景园林专业 2022 级在读硕士研究生。本科毕业于大连理工大学海洋科学与技术学院环境生态工程专业,现主要研究方向为城市绿色基础设施、绿色街道、城市微气候等。

本书得到以下 5 个基金项目的支持：

（1）桥阴海绵体空间形态及景观绩效研究（国家自然科学基金面上项目，项目批准号：51678260）；

（2）桥阴雨水花园研究——以武汉城区高架桥为例（国家自然科学基金青年科学基金项目，项目批准号：51308238）；

（3）城市五维绿街景观研究（中国博士后科学基金第七批特别资助项目，项目批准号：2014T70701）；

（4）桥阴海绵体空间形态及景观研究（华中科技大学自主创新研究基金项目，项目批准号：2016YXMS053）；

（5）高铁沿线乡野生境干扰与修复研究——以华中典型区段为例（国家自然科学基金面上项目，项目批准号：52278064）。

修订版致谢

在本书编写过程中,得到了本丛书主编万敏教授、华中科技大学出版社易彩萍编辑的悉心指导和督促,在此致以诚挚的谢意。同时,还得到了华中科技大学建筑与城市规划学院景观学系在读研究生和本科生的大力参与、支持,一并表示感谢:风景园林 2019 级硕士生陈文强主要贡献了本书第八章的大部分素材;2023 级硕士生赵程亚菲,2019 级本科生赵国超、张雨濛,2020 级本科生林东旭、熊家乐、周岩松、宋慧琳,2021 级本科生罗浩、邹舒心,2022 级本科生邓黄琳、杨洁等同学先后参与了本书的资料收集、整理和校对工作。

致谢

谨以此书献给所有我爱的和爱我的人！

感谢大家对我一直以来的关心、帮助、鼓励和支持！

感谢华中科技大学自然科学课题组全体成员的努力，感谢建筑与城市规划学院景观学系硕士生张纬、赵寒雪、彭越、秦凡凡、王颖洁、魏靓婧、杨茜参与本书的部分内容编写、资料收集和整理工作。感谢景观学系硕士生余志文、曾祥焱，环境科学与工程学院硕士生朱梦然，艺术设计系1302班赵苒婷、米东阳、石琳、王辉翔，长江大学教师郭晓华，武汉旺林花木开发有限公司姚忠勇总工、谢义总经理、曾兵工程师等参与雨韵园雨水花园建设。同时感谢万敏教授组织编写"工程景观研究丛书"。

修订版前言

修订版是在原版基础上的更新和扩展。2012 年 4 月,在"2012 低碳城市与区域发展科技论坛"中,我国首次提出"海绵城市"概念,随后于 2014 年发布《海绵城市建设技术指南——低影响开发雨水系统构建(试行)》,国务院办公厅于 2015 年 10 月印发《国务院办公厅关于推进海绵城市建设的指导意见》并明确通过海绵城市建设,最大限度地减少城市开发建设对生态环境的影响,将 70% 的降雨就地消纳和利用。到 2020 年,城市建成区 20% 以上的面积达到目标要求;到 2030 年,城市建成区 80% 以上的面积达到目标要求。2015 年,我国推出第一批共 16 个海绵城市试点城市,后推出第二批共 14 个海绵城市试点城市。很多城市也根据所在地域的自然气候条件、建设力度、发展目标等,分别提出了适合自身的海绵城市建设实施意见。笔者所在的第一批海绵城市试点城市之一的武汉市也如火如荼地开展了系列的工程实践。但据《中国经济周刊》记者不完全统计,我国已纳入试点的 30 个城市中,共有 19 个城市发生过内涝,占比 63%,其中包括北京、天津、重庆等直辖市,以及福州、武汉、济南、南宁等多个省会城市。北方地区经历了 2023 年 7 月 28 日的特大降雨后,很多人开始质疑海绵城市建设的有效性。海绵城市在超出常年降雨最大阈值时作用是有限的,但其强调优先利用植草沟、渗水砖、雨水花园、下沉式绿地等绿色设施来组织排水,以"慢排缓释"和"源头分散"控制为主要规划设计理念。这一既可避免洪涝,又可有效收集雨水的规划设计理念值得进一步深化理解和根据实地情况灵活应用。

本书拟梳理国内外低影响开发理念中雨水管理的主要措施之一——雨水花园——在小尺度场地中的营建技术和手段,特别注重建筑周围及城市道路的雨水花园构造要求、尺寸特点、植物应用种类筛选,结合笔者所主持的两个国家自然科学基金项目"桥阴海绵体空间形态及景观绩效研究(51678260)""桥阴雨水花园研究——以武汉城区高架桥为例(51308238)",以及笔者在华中科技大学雨韵园的建设实践记录,同时总结和梳理国内外优秀雨水花园建设案例,探讨城市雨水花园营建中的相关理论和实践问题。

1. 本书理论部分的写作思路

本书第一章通过研究城市与雨水的关系,对城市雨水管理的政策进行综述,尤其是对我国富有特色的海绵城市相关建设和管理政策进行解读,使读者了解我国海绵城市建设的宏观背景;第二章梳理城市雨水花园的国内外研究进展;第三章针对城市雨水花园的选址与布局进行中观层面的理论梳理;第四章进行城市雨水花园的生态显露设计研究,探讨雨水花园的生态设计方法;再从第五章"立足之基"的隐蔽工程,即雨水花园的内部构造梳理,谈及第六章的植物应用专项筛选与配置方法,制定目标。理论部分关注以下几点。

(1)根据场地环境条件、经济水平等,因地制宜地确定适用于本地的径流总量、径流峰值和径流污染控制目标及相关指标。

（2）总结用地选择和布局的理论：本着节约用地、兼顾其他用地、综合协调设施布局的原则，选择低影响开发技术和设施，保护雨水受纳体。优先考虑使用原有绿地、河湖水系、自然坑塘、废弃土地等用地，借助已有用地和设施，结合城市景观进行规划设计，以自然为主，人工设施为辅，必要时新增低影响开发设施用地和生态用地。

（3）注重低影响开发技术组合：注重资源节约、保护生态环境、因地制宜、经济适用，并与其他专业密切配合。选取适宜当地条件的低影响开发技术和设施，主要包括透水铺装、生物滞留设施、渗透塘、湿塘、雨水湿地、植草沟、植被缓冲带等。组合系统包括截污净化系统、渗透系统、储存利用系统、径流峰值调节系统、开放空间多功能调蓄等。恢复开发前的水文状况，促进雨水的储存、渗透和净化。

（4）调研园林对应雨水花园不同位置所用的植物种类、景观效果、养护要求、生长高度等，提出筛选应用种类，并根据当地绿化植物养护定额资料，查出植物需水要求，作为绿化补水量参考依据。针对有树荫、构筑物遮阴影响的场地，利用光合仪以及 Ecotect 软件模拟分析，进行 PAR（光合有效辐射）匹配，提出满足其生境的植物名录。

2. 本书实践部分的写作思路

第七章结合笔者的实践经验及相关资料，探讨以下几个部分的内容：①梳理当地气候、场地建设情况，了解武汉市的自然气候条件，特别是降雨情况；②了解场地周边水文及水资源条件、地形地貌、排水分区、水系情况、水环境污染情况；③分析场地及周边环境竖向、低洼地、市政管网、园林绿地等的建设情况和存在的主要问题；④整理水文、气象等雨水来源资料，结合雨水收集参考公式，计算集水量、汇水面积，结合集水区地形、截流、入渗率，计算汇聚雨量；⑤根据场地大小和雨水收集利用目标，确定雨水储留量及对应的存储设施容量、材料，以入渗为主，改良基底构造，增加入渗率。第八章针对特殊的城市高架桥下空间绿化探讨桥阴绿地雨水花园的构建，第九章则对国内外优秀（获奖）规划设计作品、建成雨水花园作品，以"点状""线状""面状"进行归类整理，图文并茂地呈现"案例集"，供读者直接参考。在此一并感谢提供案例的网站、设计单位和建设单位。笔者通过理论梳理、文献查阅、实践调研及实证研究，对武汉市基于屋顶雨水收集的点状雨水花园、基于城市绿色街道的线状雨水花园提出建设策略和实证总结，形成一种可供借鉴的理论，并且推广，为武汉市海绵城市建设提供可借鉴的城市雨水花园建设案例。

修订版将在原版的基础上完善 2018 年至今 5 年内的相关国家海绵城市建设政策，着重完善城市雨水花园理论及其实践案例，呈现更多国内外优秀的建设案例。由原六章拓展到现九章，同时对每章内容进行了不同程度的修订和完善。

本书写作分工：殷利华主要负责第一章至第三章、第五章至第七章、第九章的写作及全书校对工作；王冠宜主要负责第四章、第八章的写作及校对工作。

2023 年 8 月 27 日于喻家山

前　　言

因地制宜地从源头就地入渗、收集与利用不透水场地的雨水，是低影响开发（LID）理念下城市雨水管理的核心思想。具有良好景观效果、空间尺度灵活的雨水花园，是LID理念中生物滞留设施最典型的代表形式之一。本书基于LID理念，尝试以单体建筑、城市街道两个中小尺度层面的城市雨水管理为主要研究对象，运用水量平衡原理、植物光合有效辐射（PAR）光环境关联法、实证检验等研究理论及方法，多学科交叉探讨武汉市雨水花园的营建策略。

本书尝试从以下几个方面来阐述城市雨水花园的营建理论：①从选址、布局、平面形式、尺度设计探讨雨水花园空间形态问题；②分析渗透型雨水花园基底构造方式，结合武汉地区降雨特征，探讨适合武汉地区雨水花园的蓄渗构造；③提出雨水花园植物对水、光、土壤、养护的耐适性要求，运用PAR光环境关联法，筛选出112种武汉地区适生乡土雨水花园植物，并在华中科技大学南四楼雨韵园建设中进行试种和检验；④结合雨水花园实习基地建设的总结和分析，探讨基于建筑屋顶雨水收集的雨水花园营建问题及解决思路；⑤选择"点""线""面"各类型的国内外优秀雨水花园案例进行研究和归纳整理，图文并茂，给读者展示城市雨水花园应用实践。

本书旨在对我国城市雨水就地生态管理措施类型代表之一的城市雨水花园营建提供初步的理论参考和实证借鉴。基于个人的能力和水平有限，本书的编写有很多不足之处，敬请大家多多批评和指正！

2018 年 3 月于喻家山

目　　录

第一章　城市雨水管理与建设 ··· **001**

　第一节　城市与雨水的关系 ··· 001

　第二节　国外城市雨水管理相关研究 ··································· 003

　第三节　我国城市雨水管理及海绵城市建设研究 ··················· 011

第二章　城市雨水花园研究进展 ··· **019**

　第一节　概念及意义 ·· 019

　第二节　城市雨水花园的雨水管理设施属性 ·························· 020

　第三节　城市雨水花园相关研究进展 ··································· 022

第三章　城市雨水花园的选址与布局 ······································· **027**

　第一节　雨水花园选址探讨 ·· 027

　第二节　雨水花园布局的要求及形式 ··································· 032

　第三节　雨水花园的空间尺度设计 ······································ 037

第四章　雨水花园的生态显露设计 ··· **049**

　第一节　生态显露设计概念和内涵 ······································ 049

　第二节　雨水花园生态设计的特征及策略 ····························· 049

　第三节　雨水花园生态显露设计的案例 ································ 051

第五章　雨水花园的构造研究 ·· **056**

　第一节　雨水花园的构造理论 ··· 056

　第二节　雨水花园的构造方式 ··· 063

　第三节　雨水花园构造设计 ·· 072

第六章　城市雨水花园植物的筛选与配置 ·························· **080**

第一节　雨水花园植物选择要求 ···································· 080

第二节　雨水花园耐适性植物筛选 ·································· 082

第三节　雨水花园冠层雨水截留能力植物筛选 ······················ 087

第四节　雨水花园植物养护管理建议 ································ 089

第五节　雨水花园植物种类推荐 ···································· 090

第六节　雨水花园植物配置 ·· 106

第七章　雨水花园的在地性营造 ···································· **118**

第一节　武汉市雨水花园构造设计——雨韵园 ······················ 118

第二节　河北省廊坊市雨水花园构造设计——晴空园 ················ 148

第三节　苏州市雨水花园构造设计——旭辉公元·萃庭 ·············· 153

第四节　佛山市雨水花园构造设计——半月岛生态公园 ·············· 158

第八章　城市桥阴绿地雨水花园营造 ································ **163**

第一节　武汉市桥阴绿地空间现状 ·································· 163

第二节　武汉市桥阴绿地雨水花园规划设计 ·························· 169

第三节　武汉市桥阴绿地雨水花园设计实践 ·························· 180

第九章　国内外雨水花园案例赏析 ·································· **191**

第一节　景观设计竞赛获奖案例 ···································· 191

第二节　点状雨水花园建设案例 ···································· 201

第三节　线状雨水花园建设案例 ···································· 230

第四节　面状雨水花园建设案例 ···································· 265

第五节　社区中的雨水花园建设案例 ································ 282

参考文献 ·· **294**

后记 ·· **301**

修订版后记 ·· **304**

第一章　城市雨水管理与建设

雨水是自然现象的产物,同时也是一种宝贵的、常容易被忽视的自然资源。降雨作为自然界水循环系统中的重要环节,对调节、补充地区水资源,以及改善、保护生态环境起着极为关键的作用。合理利用雨水资源还可以控制水质、改善城市水环境、为野生动植物提供栖息地等,可获得多方面的生态效益。我国关于城市雨水管理的研究在十多年前才开始进行,相对国外较多营建成功的雨水管理设施和较完善的城市雨水管理理论,我国相关成果还明显落后。随着城市水问题的突出,我国政府从 2010 年开始认识到城市雨水资源化的重要性,其不仅可以减轻城市防洪压力,减少排水管网的投资,还可以缓解城市用水紧张的局面,降低人们对有限的地表水和地下水的依赖性。在本书"修订版前言"中也简单介绍了自 2012 年开始从国家层面首推的"海绵城市"建设,如何细化、落实相关政策,则需要从宏观、中观、微观各层面进行系列的探讨和梳理。

第一节　城市与雨水的关系

在人口高度聚集的城市中,与生命、生存息息相关的"水问题"始终是一个重要的课题。世界上很多城市都面临着缺水问题,包括资源性缺水和水质性缺水,而有关"水安全""水生态"的城市水问题一直都被关注。

1. 城市人水矛盾

城市与水的矛盾一直突出,且矛盾类型多样。第一是"防",历史上很多城市都遭遇过大洪水的威胁,择水而建的城市便筑起高堤坝、加厚防洪堤对付江河湖海的水;第二是"排",对待城市中的雨水则力求"速排",以防后患;第三是"引",将附近水质良好、丰沛的地表水高成本引入城市,应对城市水资源贫乏的问题;第四是"挖",地表水不足、水质不佳的城市大量抽取地下水来补充城市用水,导致地下漏斗效应显著;第五是"涝",现代很多城市的建设规划存在问题,因为暴雨频发"看海"事件和城市洪涝:2021 年 7 月 20 日,郑州市"7·20"特大暴雨;2023 年重庆万州区"7·4"特大暴雨;2023 年 7 月 31 日,北方受台风杜苏芮影响,北京出现特大暴雨,导致人员伤亡与经济损失的悲剧。这表示近年来,人与雨水的矛盾更加突出,问题亟待解决。

水资源有多种类型,按其状态通常可以分为大气中的水汽、地表水、土壤水、地下水和生物体内的水五种。城市用水主要是存在于河流、湖泊、海洋、水库中的地表水以及地下水。城市雨水是补充地表水和地下水的主要部分,是城市水循环系统中重要的一个环节,是一种重要的城市自然资源。然而快速的城市化进程导致的大量不透水硬化地表,已经很大程度忽略并阻断了雨水参与水循环,把雨水当作废水排出城外,造成大量雨水资源流失,加重了城市的缺水程度,严重制约了城市的发展。城市中的雨水问题、人雨矛盾也变得更加突出。

人们离不开水,有丰富地表水的城市虽然有着水资源的优势,如有着"百湖之市"之称的武汉,但这类城市往往地表水污染严重,面临着水质性缺水的尴尬。地表水欠缺的城市则大量开采地下水来满足城市日常用水需求,导致地表下陷,有形成城市超大地下漏斗的隐患。城市虽花费大代价进行了防水、排水工作,但现在很多城市依然面临着城市内涝频发、缺水严重的问题。除了几十年一遇的特大暴雨对城市具有一定的考验性,如何有效解决城市常态下的人水矛盾也是一大难点。引起城市内涝的是"多余"的雨水,而要解决城市"干渴"的症状,同样可以由平时"被忽视"的雨水来缓解。

2. 善待城市雨水

善待城市雨水是城市生态建设中的一个重要表现。降雨具有地域差异、时令不均、偶发性、场次不均、雨量不均、频次差异等典型特征,这也是人们不将它作为城市可用稳定水资源的主要原因。

以美国、加拿大等为代表的西方发达国家在城市雨水利用与管理领域已有几十年的经验,从最初的雨水直接速排,到 1977 年马里兰州一个居住小区的雨水尽量就地吸纳管理,发展到现在比较成熟的有美国的暴雨水最佳管理实践(best management practices,BMPs)(Charles H,2008)。美国国家环境保护局(U. S. Environmental Protection Agency,USEPA)将 BMPs 定义为"任何能够减少或预防水资源污染的方法、措施或操作程序,包括工程、非工程措施的操作与维护程序"(Maria,2006),雨水管理理论与绿色基础设施(green infrastructure,GI)、低影响开发(low impact development,LID)(Prince George's County,1999)等理论和实践。

按管理模式分类,雨水管理可以分为刚性管理和弹性管理。雨水管网的排放系统就属于目前我国大多数城市对雨洪的刚性管理方式。在"尽快、高效"的指导原则下,城市雨水的处理着眼于将雨水从城市范围内尽快排出。这种刚性的雨水处理模式面对越来越复杂的城市雨洪情况,必须不断升级排水管网(张钢,2010),然而这种处理模式升级成本高,施工需开挖道路,工程量大,交通影响、社会经济影响明显,在我国各大城市并不适用,所以这种雨水处理模式目前在我国并不能普遍展开。LID 的雨水管理理念倡导因地制宜并尽可能在场地源头分散式管理雨水,将原有被硬化地表阻隔的雨水滞留入渗,从源头有效缓解现有管网压力,从而减少城市内涝风险,是对城市雨水管理发展有益的参考方式。

3. 海绵城市试点

城市建设发展至今,我国已经意识到城市雨水资源化的重要意义。党的十八大报告明确提出:面对资源约束趋紧、环境污染严重、生态系统退化的严峻形势,必须树立尊重自然、顺应自然、保护自然的生态文明理念,把生态文明建设放在突出地位。建设具有自然积存、自然渗透、自然净化功能的海绵城市是生态文明建设的重要内容,是实现城镇化和环境资源协调发展的重要体现,也是今后我国城市建设的重大任务。2014 年 10 月,由北京建筑大学李俊奇、车伍教授主编,住房和城乡建设部发布的《海绵城市建设技术指南——低影响开发雨水系统构建(试行)》,对城市雨水管理起到了一个新的引领作用。海绵城市即"城市像海绵一样,遇到降雨时,能够就地或者就近'吸收、存蓄、渗透、净化'径流雨水,补充地下水、调节水循环;干旱缺水时,将蓄存的水'释放'出来加以利用,进而保护和改善城市生态环境的一种城市创新建设模式,这对于缓解城市内涝、减少城市径流污染、节约水资源、保护和改善城市生态环境都具有重要意义。"

海绵城市建设是落实生态文明建设的重要举措,是实现修复城市水生态、改善城市水环境、提高城市水安全等多重目标的有效手段。根据试行办法,国家住房和城乡建设部负责指导和监督各地海绵城市建设工作,并对海绵城市建设绩效评价与考核情况进行抽查;省级住房和城乡建设主管部门负责具体实施地区海绵城市建设绩效评价与考核。海绵城市建设绩效评价与考核坚持客观公正、科学合理、公平透明、实事求是的原则,从水生态、水环境、水资源、水安全、制度建设及执行情况、显示度 6 个方面,采取实地考察、查阅资料与监测数据分析相结合的方式,分城市自查、省级评价、部级抽查三个阶段进行。

目前由国家财政部、住房和城乡建设部、水利部三部委共同组成的评审专家组评审的中国海绵城市试点城市共计 30 个,分别为 2015 年的迁安、白城、镇江、嘉兴、池州、厦门、萍乡、济南、鹤壁、武汉、常德、南宁、重庆、遂宁、贵安新区和西咸新区;2016 年的福州、珠海、宁波、玉溪、大连、深圳、上海、庆阳、西宁、三亚、青岛、固原、天津、北京。将雨水利用作为试点的重要内容,通过因地制宜建设各类蓄水设施,将收集的雨水用于绿地浇洒等。2021 年起,三部委启动新一轮系统化全域推进海绵城市建设示范工作,在中央财政的支持下,指导各地因地制宜开展雨水利用工程建设,进一步提升雨水收集和综合利用水平。

第二节　国外城市雨水管理相关研究

一、国外城市雨水管理相关理论

近 20 年来,新的城市雨水管理方式发展为提高环境、经济、社会和文化的综合效应,如低影响开发、可持续城市排水系统(sustainable urban drainage systems,SUDS)、水敏感城市设计(water sensitive urban design,WSUD)、低影响城市设计与开发(low impact urban design and development,LIUDD,新西兰使用术语)。

很多城市已经意识到了非点源污染是水体污染的主要贡献者。美国 50% 以上的河流、溪流、湖泊的水质变化是由自然界非点源污染引起的。这些扩散的污染源通常很难界定和控制。非点源污染由水体中的沉淀物、富营养物、细菌、有毒金属和其他污染物组成。雨水系统通常设计为从硬质铺装表面迅速排走雨水,而这些携带了大量污染物的雨水直接进入水体,很多雨水设计系统致力于从"终端管道"来控制污染,但这种最佳管理实践成本较高。

1. 低影响开发

低影响开发最早由 Barlow 等人于 1977 年在美国佛蒙特州土地利用规划报告中使用。该策略试图通过采用"自然设计方法"来最小化暴雨管理的成本,与当时先驱的环境敏感区规划者产生了共鸣。低影响开发最初的意图是通过场地布局和综合控制措施实现自然水文学。自然水文学是指场地在开发前的径流、渗透量与蒸发、蒸腾量的平衡,通过"功能等效的水文景观"实现。LID 用于将场地设计的方法与当时常见的暴雨管理方法区分开,后者通常涉及输送雨水到大型末端管道滞留系统。

低影响开发设施是采用源头控制的理念,应用小规模、低成本的雨洪控制利用措施,如滞留、存储、入渗设施来应对城市雨水径流,以便减少城市开发建设造成的影响,尽可能维持或恢复场地开发前的水文特征。雨洪管理应始于规划阶段,即尽量避免城市化对环境的影响。低影响开发设施包括湿地、雨水塘、水洼地、雨水桶、生物滞留设施、植物入渗带、渗透沟等构造设施。低影响开发雨水系统与城市绿地、开放空间密不可分,相当一部分雨水设施,如雨水花园、下凹式绿地、植被浅沟等,都成为绿地景观中的新要素(住房和城乡建设部,2014;王佳,2012)。

低影响开发途径包括非结构性措施,如道路和建筑布局,最小化非透水面面积,最大化可渗透土壤和植被种植面积,减少源头污染,并对相关改动开展教育活动。低影响开发特别强调现场小规模雨水源头控制(CIRIA,2000)。

美国国家环境保护局发现,在绝大多数情况下,合理使用低影响开发设施不仅能够有效降低项目总成本,同时也有助于改善与保护水质。低影响开发设施还可以减少土地破坏,从而节约地块开发前的场地清理等费用。

2. 最佳管理实践

美国的最佳管理实践是一个有效、实用、可以在管理和技术方面有效控制雨水污染的方法,能减少雨水对河流和湖泊等自然水体的非点源污染(Steve,2008;汪诚文,2011)。最佳管理实践是以非点源污染控制和雨洪径流量管理为核心理念,利用一系列结构性和非结构性的措施达到控制径流量及改善水质的目的。最佳管理实践技术体系更强调工程措施与非工程措施的结合,注重雨水径流源头调控、自然与生态措施结合。从功能模块上区分,最佳管理实践由存储类/渗透类和渠道类组成。前者主导功能是储存和渗透雨水,包括滞留池、湿地、渗透沟、渗透性路面、雨水收集装置等设施;后者主导功能是传输雨水,包括植草沟、植物过滤带等设施。美国的第二代最佳管理实践,以提高雨水入渗能力为核心目标,更强调在城市景观设计中融入生态设计理念,形成"屋顶蓄水+地表回灌"组合系统,可大大减轻区域排水管道的排水压力。在最佳管理实践基础上,美国进一步发展了最佳管理实践决策支持系统。该系统适用于小尺度场地或大尺度流域层面,不仅支持流域水文、水质模拟与分析,还能够对多种最佳管理实践进行类型确定、选址、实施效果模拟及优化布局,最终提供最经济、有效的雨洪管理与控制方案。

最佳管理实践可分为非结构性和结构性两种。非结构性的最佳管理实践着重于雨水污染的源头控制,如定期进行街道的吸尘或清扫;减少垃圾的丢弃和颗粒物的积累;控制绿化中化肥的使用,从而减少氮、磷的产生;进一步提倡和推广低影响发展的理念和技术,保持开发地区开发前后的水文特征不变,即不增加雨水径流;通过合理的设计和科学施工,最大限度地减少开发地区的动土面积,降低土壤的雨水冲刷。源头控制管理手段包括合理绿化、有效灌溉、建筑材料对水环境友好、垃圾妥善存放于室外、保护斜坡防止土壤流失,修建绿色屋顶、分散型的生态存蓄池、渗透井、渗透性路面等。

结构性的最佳管理实践是指用物理、生物、化学的方法,去除雨水径流中各种突出的污染物。物理方法主要是沉淀、过滤和吸附;生物方法主要是指通过植物根系的吸收和根系周围土壤中的微生物降解去掉雨污;化学方法主要是通过加入絮凝剂将雨水中的金属和小颗粒通过混凝沉淀去除。目前广泛应用的最佳管理实践有沉淀池、存蓄池、渗透池、渗透沟、生态过滤带、过滤沟、砂滤池、人工湿地、旋流分离器、固体颗粒截流器、过滤式集水井等(汪诚文,2011)。

3. 绿色基础设施

基础设施是具有明确支持或服务功能的行政管理系统,也指支持大尺度公共功能的物质系统,如运输、通信、能源生产及分配等。基础设施被广泛认为是使现代社会得以正常运转和管理的最基础、最重要的角色。

绿色基础设施是相对传统的灰色基础设施(如道路、排水系统等)而言的基础设施(Maya,2010)。能源供应、供水排水、交通运输、邮政通信、环卫和防灾等系统多为灰色基础设施。灰色基础设施多以片面、割裂的工程措施去解决原本复杂、系统的环境问题。阻断自然系统循环的后果是产生严峻的生态问题。目前在学术界,绿色基础设施的相关概念在不同学科间具有差异性,总体可以归纳为绿色空间规划概念、城市生态学概念和水或雨水管理概念。绿色基础设施的个体类型大致按照绿灰色连续体进行分类,包括天然绿色(生态资源)、工程绿色(工程生态结构)及功能性绿色(具有可持续目标的灰色基础设施)。美国国家环境保护局定义绿色基础设施:为提高整体环境质量和提供公共服务而设计的自然系统或模拟自然过程的人工设施。湿地、生态廊道、公园及仿自然人工生态系统(雨水花园、植被浅沟、绿色屋顶)等大尺度或小尺度的设施都属于此范畴。2019年,美国国会颁布的水基础设施改进法案进一步加强了联邦对绿色基础设施的认可。该法案修订了《清洁水法》,将绿色基础设施定义为:"利用植物或土壤系统,透水路面、其他透水表面或地基,雨水收集和再利用设施或景观美化设施来储存、渗透或蒸发雨水并减少流向下水道系统或地表的雨水的一系列措施。"同时该法案提倡使用绿色基础设施管理暴雨,改善水质和增加应对气候变化的韧性,并通过协调其他联邦及地方部门和私营机构,对绿色基础设施实施宣传和培训,通过提供共享信息和技术援助的途径推进区域绿色基础设施建设、改造与整合。

20世纪90年代,美国联邦政府制定了《国家污染物排放削减许可证制度》,要求市政府对分流制雨水下水道系统的所有者或经营者必须采取相应的污染源控制措施,并获取雨水排放许可证。各州基于此相继制定了法律与法规。2007年起,美国国家环境保护局发布了一系列绿色基础设施政策声明,呼吁城市采用绿色基础设施来管理雨水和改善城市环境质量,并鼓励将绿色基础设施纳入国家污染物排放消除系统雨水许可证控制计划。2012年起,美国国家环境保护局发布了一系列绿色基础设施许可和执行相关文件,为相关人员提供了行动指南。多个州、市也采取修订许可证和相关条例的方式要求新的开发和再开发项目充分利用绿色基础设施,通过渗透、蒸腾、雨水收集和再利用实现雨水控制,或支付城市径流管理费用,用于更大规模的雨水控制项目等。截至2022年6月,美国国家环境保护局在发布的市政单独雨水下水道系统许可方法概要(第六部分 绿色基础设施)中已有22个当前州和美国国家环境保护局的市政单独雨水下水道系统许可证摘录,以及市政单独雨水下水道系统许可证持有者如何实施绿色基础设施许可证要求的示例。市政单独雨水下水道系统中的绿色基础设施需满足"明确、具体和可测量"许可条款和监管要求。

美国国家环境保护局在绿色基础设施实践中尤为重视自下而上、社区层面的参与和合作,于2008—2009年发布了市政手册系列文件,从融资选项、改造政策、绿色街道、雨水收集政策和激励机制五个板块,为地方政府提供了在社区发展绿色基础设施的分步指南。同时,美国国家环境保护局展开了与全国多个社区的合作,并从2012年起开始向全国各地的社区提供技术援助,侧重于解决社区绿色基础设施建设面临的重大技术、监管和制度障碍,帮助社区规划、分析和设计绿色基础设施,以更可持续的方式管理水资源,提高对未来变化的应变能力。2015年,美国国家环境保护局发布了一份名为《绿色基础设施适用性评估和设计手册》的指南,从绿色基础设施的基本定义、适用性评估、设计实施、维护监测、财务经济分析,以及其在城市规划、社区参与和环境正义方面的应用六大方面展开,穿插案例研究和示范项目,以帮助读者了解如何实施绿色基础设施项目,提高公众对绿色基础设施项目的认识和理解,为政策制定者、规划师、设计师和其他利益相关者提供关于如何实施绿色基础设施项目的信息和指导,促进其在城市规划和开发中的广泛应用,以提高城市生态系统的健康和可持续性。2016 年,美国国家环境保护局整合开发了包括绿色基础设施向导、流域管理优化工具、可视化生态系统土地管理评估模型、雨水管理模型等的绿色基础设施建模工具包,帮助全国受众组织规划、使用和评估绿色基础设施。

绿色基础设施是 2009 年国际风景园林师联合会世界大会的主题,现今依旧是景观领域的热门话题。加拿大早在 2001 年就出版了《加拿大城市绿色基础设施导则》(*A Guide to Green Infrastructure for Canadian Municipalities*),分析了绿色基础设施的十大特征,并图文并茂地提出了比较全面的建设措施。国外目前的研究热点集中在生态系统、城市绿地、雨洪管理和绿道研究方向,并开始探索在城镇化、定量化、公众参与和生态系统服务等方向的研究。研究领域不再局限在诸如景观规划之类的单一学科,开始注重交叉学科的研究。利用 GIS(geographic information system,地理信息系统)、MSPA(morphological spatial pattern analysis,MSPA)等地理空间分析的技术手段,构建检测指标的计算机模型进行数据分析。不只停留在生态环境的物理量上,更延伸至社会文化领域,并开始在如何平衡利益相关者之间的关系、如何提高公众参与度、如何改善居民健康福祉等方面构建综合的绩效评估体系。如用支付意愿和享乐价格等工具或以发放调查问卷的方法,对房产增值效益、居民健康受益进行定量化分析,使分析结果更为直观和科学,对提升绿色基础设施的社会经济价值规划有引导作用。

绿色基础设施能为人类提供生态系统服务。其环境效益包括强化城市雨洪管理、增加二氧化碳封存、调节气候变化、缓解城市热岛效应、改善水和空气质量、增加不同物种栖息地以保护物种多样性等;社会效益包括打造节能型建筑、提升城市美学、改善社区环境质量、在一定程度上实现环境公平、提高社会凝聚力等;经济效益包括增加居民娱乐和旅游的机会、增加房地产价值等。绿色基础设施是一种成本效益高且具有韧性的手段,可以在城市及其周边地区保护自然系统的价值和功能,并为人类及其他物种提供生态、经济和社会效益。

灰色基础设施及绿色基础设施是相辅相成的,这个特点在海绵城市的构建中得到了显著的体现。与传统的城市雨水管理相比,海绵城市依靠自然解决方案,其核心技术是灰色基础设施和绿色基础设施的集成。灰色基础设施目前尚不能完全由绿色基础设施取代,因为在大型暴雨事件中,绿色基础设施的容量是有限的,如第一章第一节提及的 2021 年郑州“7·20”等特大暴雨事件。绿色基础设施与灰色基础设施相结合的方法比单一灰色基础设施为城市提供了更好的减洪性能,既考虑了灰色基础设施的可靠性和可接受性,又考虑了绿色基础设施的多功能性、可持续性和适应性。灰色基础设施能够在遇到暴雨时为城市排水提供下限保证,而绿色基础设施则是遇到小雨时的上限保证。合理结合灰色基础设施及绿色基础设施能有效地改善城市洪水治理的稳定性,提高治水效率。

4. 雨水管理模型研究

LID 在设计、应用方面仍有许多不足,而 LID 模型软件的应用能更好地鼓励 LID 设计原则的落实。这些模型能让 LID 的设计和应用更加有效,其成效也能很好地应用于教育改进和政策完善。这给城市管理中大范围的 LID 排水设施由一种复杂和可视的自然过程变为一种计算机系统或工具带来全新的挑战。Elliott 等通过评估目前 10 种与 LID 相关的模拟雨水管理的软件或工具,分别探讨它们的优缺点,推动其在研究中的应用,如评论 SWMM(storm water management model)模型是"规划和初步设计的详细模型,被广泛应用"。这些研究成果旨在提高对可视化模型的应用和关注,并鼓励雨水管理模型的改进。

二、国外城市雨水管理相关实践

(一)建成项目

国外城市雨水管理制度较完善,建设实践在 40 多年前已陆续开展,并取得了很多成果,详见本书第九章"国内外雨水花园案例赏析"中的国外案例。

(二)政策法规

很多发达国家制定了一系列有关城市雨水利用的法律法规,进行了不同规模的雨洪利用研究,并配合雨水利用系统政策,推动了相关工程设施的建设和应用。

1. 美国

美国制定了相应的法律、法规对雨水利用给予支持。如科罗拉多州、佛罗里达州和宾夕法尼亚州分别制定了《雨水利用条例》。这些条例规定新开发区的暴雨引发的洪水洪峰流量不能超过开发前的水平。20 世纪 80 年代,美国所有新开发区(不包括独户住家)必须实行强制的"就地滞洪蓄水"政策,以提高天然入渗能力,大力推广屋顶蓄水和由入渗池、入渗井、草地、透水地面等组成的地表回灌系统(张钢,2010)。

美国早期的雨水花园以佐治亚王子郡的住宅区雨洪管理系统为开端。项目采用生态滞留与雨水渗透的方法来代替传统的雨洪排水系统。新建或改建项目中的雨水径流量不能超过开发前水平。雨水调蓄控制和处理工程必须进行报批,必须运用技术手段保护水环境和雨水径流质量。1987 年,美国国会根据《清洁水法》修正案,授权美国国家环境保护局根据国家污染物排放消除系统控制雨水排放。为响应立法,20 世纪 80 年代末和 90 年代初,美国国家环境保护局颁布《雨水管理条例》,径流水质控制引起越来越多的关注。20 世纪 90 年代,美国的雨水花园技术快速向前发展,政策也相应发展完善,提高雨水的天然入渗能力是这一时期美国雨水利用的宗旨。利用屋面蓄水和由入渗池、入渗井、草地、透水地面等组成的地表回灌系统得到了大范围的推广和应用。

美国的雨水利用法律规定:新开发区域的雨洪径流量应少于开发前的雨水径流量,新开发地区强制实行就地滞洪蓄水。2009 年,美国制定了《联邦项目暴雨管理技术指南》,通过研究分析年降雨场次控制率,对开发前的水文条件进行评估,确定径流总量控制目标;2011 年,美国制定了《国家雨水标准汇总》,分别在 50 个州提出基于场次控制率、径流体积控制率及水质控制容积的雨水滞蓄(retention)和水质处理(treatment)体积控制标准。

2. 欧盟

1991 年,欧盟《城市废水处理指令》要求成员国确保城市废水在排放到环境中之前得到收集和处理,并将处理过的废水进行再利用。2000年,欧洲议会和欧盟理事会制定《关于建立欧共体水政策领域行动框架的2000/60/EC指令》旨在保护和改善整个欧盟地表水和地下水的质量,要求成员国以可持续的方式管理水资源,并促进减少水资源压力措施的实施,要求建立水资源管理计划,采用水资源定价政策,限制和减少化学污染物的排放,开展水生态系统的保护和恢复,加强信息披露和公众参与等方面的工作。其中,要求采取措施实现"降雨即资源"的理念,通过推广绿色基础设施、雨水收集利用等,减少城市雨水径流对水环境的负面影响,提高水资源的利用效率。欧盟在2018年发布了《欧盟水再利用行动计划》,提出了许多城市水管理的目标,包括通过收集和利用雨水来改善城市水循环系统,并鼓励将处理过的废水和雨水重新用于灌溉、工业加工和冲厕所等非饮用方面。该计划还推动制定水再利用的指导方针和标准,以确保这些系统的安全性和可靠性。2020年6月5日,欧盟委员会在其官方公报上发布了一部关于水回用最低要求的欧洲水回用法规。这项新的立法于2020年6月25日生效,并在2023年6月正式执行。这是欧洲水回用史的一个重要里程碑,它首次将再生水最低要求写进了欧洲法规。2022年8月,欧盟委员会出台《水再利用条例》,明确有关原则和标准,指导欧盟成员国和利益攸关方在农业灌溉时使用安全处理后的城市废水。该条例同样于2023年6月开始实施,明确规定了水质最低标准、风险管理、水质监测等领域的具体要求,确保水的安全再利用。

3. 日本

日本早在20世纪60年代就以建造蓄洪池的方式存储雨水作为景观用水和消防及灾害时的紧急用水。日本政府于1992年颁布《第二代城市下水总体规划》,正式将雨水渗沟、渗塘、透水路面等设施作为城市总体规划的一部分,同时还规定了必须在新建及改建的大型公共建筑中修建雨水下渗设施。很多日本的城市为其雨水利用提供资金上的支持,实行补助金制度,如东京墨田区于1996年建立墨田区促进雨水利用补助金制度,对中小型储雨装置、地下储雨装置给予一定的补助(雨水净化器补1/3~2/3的设备价、每立方米水池补40~120美元),从而促进了日本雨水利用技术的应用及雨水资源化的发展。这些政策法规和经济措施全力支持着日本雨水利用技术的发展。

随着城市非渗透区域面积的不断扩大,以及局部地区暴雨频发,日本在全国积极推广雨水外流抑制设施。雨水外流抑制设施是指通过暂时储存和向地下渗透的方式,防止超过下水道、河流及其他排水设施容纳范围的雨水外流的设施。以川崎市为例,川崎市于2010年出台的《雨水外流抑制设施技术指导方针》明确规定,在进行面积超过1000 m²以上的土地开发和房屋建设活动时,必须签订雨水外流抑制设施设置协议,并制定了相应的技术标准。如在雨水储存设施方面,对于设置在停车场、居民区内的小公园以及建筑物间隔区的地上雨水储存设施,要求必须向市民标示雨水储存设施的位置,在雨水进水口应安装去除泥沙、树叶等杂质的过滤装置;在雨水渗透设施方面,要求雨水渗透设施必须设置在雨水储存设施的上游,且设施的数量和位置要合理,既不能使雨水过度集中于一处,又要避免渗透的水流相互干扰,降低渗透效果,雨水渗透设施与建筑物地基的距离应保持在0.8 m以上;等等。此外,为了鼓励市民收集雨水,抑制雨水外流,日本政府长期致力于采取各种措施资助雨水利用设施。2014年,日本政府出台《日本水循环基本法》,以整体流域为单位,在整个城市范围流域内对雨水的储存、渗透、净化和释放进行加强,提高城市整体的保水率,提高水资源的回收利用率,主要在全社会推广和健全水循环系统,以发展健全的经济社会,提升国民生活的安定性。

4. 英国

1994年，英国首次提出SUDS的概念。2000年，英国环境部发表了一份名为 *Sustainable Drainage Systems：A Design Manual for England and Wales* 的指南，提出了使用SUDS的优点，并提出了实施SUDS的目标和原则。2003年，英国政府通过《水法》，将SUDS正式纳入法律框架，规定新建项目必须使用SUDS技术处理雨水。英国国家可持续城市排水系统工作小组于2004年发布了《可持续城市排水系统的过渡期实践规范》，提出了实施可持续城市排水系统的思路方法及技术规范。2005年，英国政府发布了第一版《可持续城市排水系统——规划和设计指南》，为城市规划师和设计师提供了指导。2010年，英国政府发布了《可持续城市排水系统——技术标准与指南》，为城市规划师和设计师提供了更全面的指导，并将SUDS视为城市规划中的一项重要措施。英国环境、食品和农村事务部（Department for Environment，Food and Rural Affairs）于2015年发布了《可持续排水系统非法定技术标准》，该标准旨在为SUDS的设计、实施和维护提供技术指南。该标准涵盖了SUDS的各个方面，包括设计原则、管理和维护要求以及评估方法。此外，该标准还提供了与SUDS相关的实践建议和指导，包括如何最大限度地利用可用空间，最小化水污染物排放量，确保排水系统的可持续性和适应性，以及如何实施合适的监测和评估措施。该标准是英国政府鼓励和支持可持续城市发展的一部分，旨在确保SUDS能够在英国范围内广泛应用，并为建筑业和城市规划者提供支持和指导。

英国政府采取立法手段，通过《住房建筑管理规定》等法律规定，间接促进家庭雨水回收系统的普及。2006年至2015年，英国政府针对新建房屋设立1~6级的评估体系，要求所有的新建房屋至少达到3级的可持续利用标准才能获得开工许可，而其中最重要的提升等级方式之一就是建立雨水回收系统。2015年之后，英国政府为更有针对性地提高水资源利用效率，直接要求单一住房单元的居民每天设计用水量不超过125 L才能获得开工许可，这一规定也要求开发商和居民更加积极地在家中建立雨水回收系统。

5. 澳大利亚

澳大利亚提出WSUD，这是一种对雨水实施源头控制的理念。

澳大利亚主要提倡WSUD暴雨管理体系。澳大利亚在20世纪60年代后开始重视雨洪管理。随着城市的不断发展，洪水问题越来越严重。1994年，澳大利亚学者Whelans等提出"水敏感城市设计"理论。20世纪80年代，WSUD最早在墨尔本和阿德莱德等城市进行了试点项目建设。这些项目主要采用了简单的雨水收集和利用方法，如屋顶雨水收集和灌溉。随着WSUD的发展，越来越多的城市开始采用集成式的WSUD方案，包括雨水收集、雨水渗透、雨水污染控制等多种技术。具体指南和手册有2002年颁布的《悉尼地区水敏感规划指南》，2004年颁布的《西部悉尼地区水敏感城市设计技术指南》，2005年墨尔本水务局颁布的《水敏性城市设计工程手册：雨洪》，2006年墨尔本颁布的《评价墨尔本小规模水敏感城市设计》《城市暴雨最佳实践环境管理指南》等。2008年，澳大利亚推出了全国范围的WSUD指南，该指南对WSUD设计、实施、运营和管理提供了全面指导。2018年提出的澳大利亚水敏感城市设计框架，将绿色基础设施和可持续城市排水系统纳入城市规划和设计，为改善水质和管理雨水径流提供指导。

6. 新加坡

新加坡国家水务局、公用事业局在2006年发起了一项名为ABC（活跃、美丽、清洁）Waters

的可持续水管理计划。该计划转变既有功能单一、实用性差的排水沟渠、河道、蓄水池,结合城市景观,整合周边的土地开发,打造充满生机、美观的溪流和河湖,创建更宜居和可持续的滨水休闲、社区活动空间。在过去 10 年内,有超过 60 个低影响开发项目在这一计划下完成。作为一项长期的举措,到 2030 年,将有超过 100 个项目得到阶段性实施。《新加坡城市水循环设计指南》是一份指导城市水循环设计的技术指南,旨在促进水资源可持续管理和城市可持续发展,该指南于 2009 年首次发布,至 2021 年已进行了多次更新和修订。

7. 德国

德国在 1996 年提出了"水的可持续利用"理念,强调"排水零增长",要求城市开发区开发后的雨水径流须经过处理达标后排放或重新利用,同时制定了一系列有关雨水利用的法律法规,规定放跑雨水要收费。如在新建之前,无论是工业区、商业区还是居民小区,均要设计雨水利用设施,若无雨水利用设施,政府将征收雨水排放设施费和雨水排放费。1989 年,德国政府发布《雨水利用设施标准》(DIN 1989),这是德国第一个关于雨水利用设施的国家标准;1992 年,第二代雨水利用技术出现;1995 年,德国政府发布第一个欧洲标准《室外排水沟和排水管道》(EN 752-1);1996 年,德国政府对 EN 752-1 进行修订,并在修订标准中指出,应设立雨水收集系统,以降低建筑物底层被洪水侵袭的风险。进入 21 世纪初,第三代雨水利用技术及相关标准形成。现在,已经颁布的《屋面雨水利用设施标准》,为德国雨水花园的建设提供了强有力的保障。目前,德国政府以欧盟水框架指令作为本国的水资源管理指导方针。

8. 印度

同为发展中国家的印度也在近些年提出了相应的水管理战略。印度《国家水政策》在 1987 年颁布,后经过多次修订。2018 年的修订版本中概述了可持续水管理和保护战略,包括促进水的回收和再利用,建设雨水收集设施和绿色基础设施的措施。2018 年,印度环境和森林部颁布了《城市雨水收集利用技术导则》,该导则旨在推广城市雨水收集和利用技术,以增加城市水资源的安全性和可持续性,提供了有关城市雨水收集和利用的技术、政策、规划、设计、实施、运营和维护的详细信息,以及各利益相关者的角色和责任。

(三)工程措施

很多城市和国家都有控制并利用雨水的景观工程措施,建立了完善的屋顶蓄水和由入渗池、入渗井、草地、透水地面等组成的地表回灌系统。收集的雨水主要用于冲厕所、洗车、浇庭院、洗衣服和回灌地下水。

美国的雨水塘、雨水湿地、绿色屋顶、雨水花园、街道浅沟等雨水控制利用措施都得到了很好的运用。芝加哥为了解决城市防洪和雨水利用问题,兴建了地下隧道蓄水系统,在大多数建筑上都安装了屋顶蓄水和由入渗池、入渗井、草地、透水地面等组成的地表回灌系统。

伦敦的世纪圆顶每天约回收 500 m³ 的水冲洗该建筑物内的厕所,其中 100 m³ 来自屋顶收集的雨水,这使其成为欧洲最大的建筑物内水循环设施。英国对城市雨水管控的最大技术亮点是推广"Topmix 透水混凝土",使城市道路具有很好的吸水及渗水功能。

德国利用公共雨水管收集屋顶、周围街道、停车场和通道的雨水,通过独立的雨水管道汇入地下贮水池,经简单的处理后,用于冲洗厕所和浇洒庭院。利用雨水每年可节省 2430 m³ 饮用水。

法国巴黎的特色是构建城市雨洪监测预警系统。其"大巴黎计划"中注重雨水径流的源头整治、中段管理和末端治理,不断完善监控与预警网络,旨在高效地管控城市雨洪。根据该计划,巴黎进一步完善和维护既有的城市水循环系统,同时还将在该市多个地点增添蓄水、净水处理中心,提高整个城市对雨水的收集与再利用水平。

新西兰于 2004 年制定了雨水处置政策,要求对雨水限制区域分等定级,并在不同等级类型区分别采取最大径流量调控、峰值流量调控、水质调控等调控方式或其组合方式。

丹麦收集屋顶雨水作为用水资源。屋顶收集雨水后,经过收集管底部的预过滤设备,进入蓄水池进行储存。利用泵抽取经进水口的浮筒式过滤器过滤后的水,用于冲洗厕所和洗衣服。在 7 个月的降雨期里,仅是从屋顶收集起来的雨水量就足以满足冲洗厕所的用水需求,而洗衣服需水量仅 4 个月就可以满足。每年能从居民屋顶收集 645 万 m^3 的雨水,相当于居民总用水量的 22%。

日本在雨水集蓄利用技术上的最大特点是"空中花园"和"蓄洪池"的高低搭配。20 世纪 80 年代,日本开始运用地下蓄水体来应对集中降雨,一些谷易积水的地段均配有地下多功能蓄水体。1992 年颁布的《第二代城市下水总体规划》,强调要将雨水渗沟、渗塘、透水地面纳入总体规划。以东京为例,通过全面实行城市雨污分流,全市地下排水管道长达 1.58 万 km,其中包括一条处于地下 50 m 深,全长 6.3 km,直径 10.6 m 的地下排水隧道。这类设施与地上河川配合,发挥着排涝泄洪的重要作用。日本于 1963 年开始兴建滞洪和储蓄雨水的蓄洪池,雨水作为喷洒路面、灌溉绿地等的城市杂用水。而建在地上的蓄洪池尽可能满足多种用途,如在蓄洪池内修建运动场,雨季用来蓄洪,平时用作运动场。近年来,各种雨水入渗设施在日本得到讯速发展,包括渗井、渗沟、渗池等,这些设施占地面积小,可因地制宜地修建在楼前屋后。

印度科学和环境中心创造性地开发出一整套对雨水进行收集、过滤、沉淀和清洁的方法,通过在农村建造水池、池塘、人工湖泊等措施来积蓄雨水。在印度一些大中型城市,立交桥在雨水收集中也派上了用场。市政部门在许多幅面比较宽的立交桥下修建了大型蓄水池。雨水充沛时,水会顺着立交桥两侧的排水沟直接流入桥下的水池里,这些雨水基本上就可以满足城市绿地的浇灌需求了。在一些大型广场、学校操场和机场等场所,一般也预先修建了宽约 66 cm、深约 33 cm 的导流渠,可将雨水导入附近的蓄水池内。

第三节　我国城市雨水管理及海绵城市建设研究

一、我国城市雨水管理相关理论

我国雨水资源丰富,年降水量达 612 万亿 m^3,但当前我国城市雨水处理方式多为直接排放,大量的水资源被浪费,城市排水负担加大。随着城市化进程的加快,城市硬化面不断增多,加之原有的雨水管网排水能力有限,一旦遇到暴雨就很容易引发城市街道内涝。城市街道往往成为城市内涝问题的主要表现场所,街道排水不畅导致交通拥堵,交通事故频发,2021 年河南郑州

"7·20"特大暴雨灾害重大伤亡事件就是与街道排水受阻有关。为应对此类雨洪问题,城市不得不继续投入资金建设更高标准的配水管线,形成恶性循环,造成水资源浪费的同时,也耗费了大量财力。但我国同时也是干旱缺水的国家。20世纪末,全国600多个城市中已有400多个城市存在供水不足问题,其中缺水比较严重的城市达110个。一方面是水资源浪费,另一方面水资源却又不足。在浪费水资源的过程中,城市需要建设大量的排水设施以应对暴雨,而水资源不足导致城市又必须建设供水体系,寻找新的水源。

我国大部分城市用水多为开采的地下水,但过度开采地下水会引发地面沉降、地下水漏斗等地质问题,将会引发如地表塌陷、管道开裂、建筑基础沉降失衡、建筑物产生裂缝等一系列严重后果,影响城市发展,危害人民生命、财产安全。目前网络数据显示,我国地下水开发程度在40%~84%,华北地区更为严重。城市雨水不能及时渗入补给地下水,原有水体循环被打断,这就导致地质问题更加严重。恢复水资源循环体系,使雨水有效补给地下水,是我国当今城市发展必须面对的水生态问题。降雨形成地表径流,水资源遭受污染,水生态环境恶化,城市雨水管理议题提上各城市乃至国家层面的重要议事日程。

在我国,低影响开发的含义已延伸至源头、中途和末端等不同阶段的控制措施中。城市建设过程应在规划、设计、实施等各环节纳入低影响开发内容,并统筹协调城市规划、排水、园林、交通、建筑、水文等专业,共同落实低影响开发控制目标。

我国大多数城市在雨水利用方面基本还处于探索和研究阶段。目前城市雨水花园的建造和利用还处于初期发展阶段,与发达国家相比,国内在教科书、设计资料,雨水径流污染控制,城市排水系统和设施的科学规划、设计与建设,以及相关的技术、法规与管理等领域还存在着较大差距。国内以前的雨水管理系统仍沿用传统的以排为主的管道排水系统,缺少专门的暴雨管理体系,对排水体制和管道系统的研究薄弱。雨水资源大量流失,地下水位和地面下沉加重了河道的排水压力,导致洪涝灾害的发生。国内对于雨水径流处置措施的研究和应用也甚少,真正意义上的雨水生态措施更少,仅在高速公路或水敏感路段建设了一些简易的蒸发池,或在农村干旱地区建造一些以沉淀为主的水池、水窖、水塘和水坝等,水质净化效果差。大量分流制中的径流雨水与合流制中的雨污溢流水,未经任何处理就直接排入下游河道,对水体造成严重污染。在此背景下,我国城市雨水资源利用已经发展成为一个十分热门的课题,北京、上海、成都等多地相继开始进行雨水研究并将其应用到实际案例中。如北京奥森公园、上海辰山植物园和后滩公园、成都活水公园、哈尔滨群力雨洪公园、天津桥园、中山岐江公园等都是雨水利用研究的典范。对于雨水资源的利用,北京一直处于国内领先地位。20世纪90年代初期,因水资源紧张,北京第一次提出城市雨洪利用的概念,但受当时条件的限制,只做了研究,并没有进行实际应用。到2000年,中国和德国合作"北京城市雨洪控制与利用技术研究与示范"项目的研究,第一批城市雨洪控制与利用示范工程在中国开始建设。北京市的城市雨洪管理也开始进入排水和利用相结合的发展阶段。

但是国内关于雨水利用的研究,多数是针对雨水利用的方法途径、建造技术等方面的研究。现阶段雨水事业发展范围较小,还处于初级阶段,仅政府、部分专家和少量公众大力支持,大部分公众的雨水知识相当匮乏,想立即形成一套完善的雨水体系十分困难。可以先针对某一地区的雨水利用概况研究发展一种或多种高效、成熟、合适且公众接受度较高的生态径流处置措施,这样一来既能引起公众的高度重视又能起到示范作用,随着雨水事业慢慢发展,最终达到完善我国雨水管理体系的目的。随着我国于 2014 年开始推动"海绵城市"建设,上述诸多问题都得到了非常大的改善,城市雨水管理得到了良性发展。

1. 文献统计

在中国知网等中文期刊网中输入"城市雨水管理"作为主题查询词,搜索直接相关,共有 3814 条检索结果(截至 2022 年 12 月 31 日):①按数据库来源分,主要为学术期刊 1779 篇,博士学位论文库 80 篇,硕士论文库 1343 篇,国内会议论文库 159 篇,其他 453 篇;②按所属学科分,主要集中在 5 个学科,其中建筑科学与工程 1807 篇,水利水电工程 850 篇,环境科学与资源利用 445 篇,公路与水路运输 144 篇,资源科学 137 篇,其他学科 431 篇;③按发表年度分,最早时间为 1979 年 1 篇,发表最多的年份是 2018 年 458 篇,其次是 2017 年 432 篇,2001 年起相关论文数量开始明显增加(图 1-1);④按研究层次分,主要集中在自然科学范畴,其中工程技术 1764 篇,基础与应用基础研究 408 篇,行业技术指导 160 篇;⑤论文贡献最多的作者为李俊奇 65 篇,车伍 33 篇,王文亮 20 篇,王建龙 14 篇,张书函 10 篇;⑥主要贡献机构分别有北京建筑大学 124 篇,北京林业大学 94 篇,重庆大学 92 篇,天津大学 84 篇,西安建筑科技大学 82 篇,同济大学 72 篇,清华大学 49 篇,哈尔滨工业大学 49 篇;⑦受国家自然科学基金资助的有 259 篇,国家科技支撑计划资助的有 25 篇等。

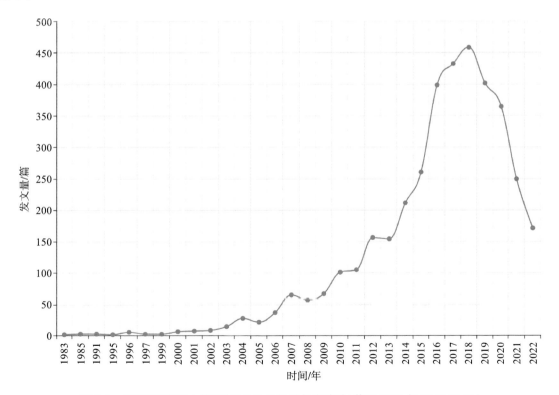

图 1-1 我国"城市雨水管理"相关论文数量年度统计(截至 2022 年 12 月 31 日)

(图片来源:中国知网)

2. 理论发展

我国在城市雨水管理方面相对落后于西方国家,但随着城市建设带来越来越突出的城市雨水问题,以北京建筑大学车伍、李俊奇为代表的研究团队自 1990 年以来在城市雨洪控制与利用方面先后主持了国家"十　五"科技支撑子课题"雨水集蓄、净化技术研究与设备开发"、"十一五"国家水体污染与治理重大专项"廊坊市雨水径流污染控制与利用关键技术研究与示范"子课题,建设部项目"城市洪涝控制——多功能调蓄利用技术研究"及"杭州低碳城市雨水系统研究——基于低影响开发模式"等大量地方研究项目,国家"十二五"水专项"城市道路与开放空间低影响开发雨水系统研究与示范课题""基于低影响开发(LID)的城市面源污染控制技术"等。

检索可知,2010—2022 年,国家自然科学基金支持了项目名称含"雨水"的课题共 47 项,其中 2010 年、2011 年分别为 1 项,2012 年 6 项,2013 年 3 项,2014 年 2 项,2015 年 4 项,2017 年 3 项,2018 年 5 项,2019 年 5 项,2020 年 4 项,2021 年 7 项,2022 年 6 项,可见国家自科科学基金对雨水研究更加重视和支持。

2007 年 4 月,国家建设部(现为住房和城乡建设部)发布了《建筑与小区雨水利用工程技术规范》,作为国家标准正式执行。当前我国对雨水利用的研究与实践还在起步的阶段,研究和设计成果多停留在很小的尺度上,以建筑外环境和小面积绿地、小区道路等为主,而对于范围较大、类型复杂区域的整体雨水花园工程,研究深度还不够。

2014 年 10 月,由中华人民共和国住房和城乡建设部组织编制,北京建筑大学、住房和城乡建设部城镇水务管理办公室、中国城市规划设计研究院等 9 个单位主要起草,发布了《海绵城市建设技术指南——低影响开发雨水系统构建(试行版)》,这代表城市绿色基础设施、低影响开发的雨水系统建设正式纳入国家级管理层面,这给各城市雨水管理提供了系统、权威的指导,开启了我国城市雨水管理新篇章。该指南主要内容包括总则、海绵城市与低影响开发雨水系统、规划、设计、工程建设和维护管理六章,基本原则是规划引领、生态优先、安全为重、因地制宜、统筹建设,旨在指导各地在新型城镇化建设过程中,推广和应用低影响开发建设模式,加大城市径流雨水源头减排的刚性约束,优先利用自然排水系统,建设生态排水设施,充分发挥城市绿地、道路、水系等对雨水的吸纳、蓄渗和缓释作用,使城市开发建设后的水文特征接近开发前,有效缓解城市内涝、削减城市径流污染负荷、节约水资源、保护和改善城市生态环境,为建设具有自然积存、自然渗透、自然净化功能的海绵城市提供重要保障,从而提高水生态系统的自然修复能力,维护城市良好的生态功能。

二、我国城市雨水管理相关实践

1. 珠海市相关实践

截至 2020 年底,珠海市累计开工海绵城市建设项目 333 项,完工 284 项,累计完成投资 133.24 亿元,完成海绵城市建设面积 115.05 km²,其中城市建成区面积占 35.63 km²,占全市城市建成区面积(152.85 km²)的 23.3%,满足 2020 年国家海绵城市建设目标的要求。

同时珠海市编制完成的《珠海市海绵城市专项规划整合规划(2018—2030)》和各区海绵城市专项规划及系统方案,重点对山、海、湿地、绿地等自然要素进行保护,构成"蓝绿交织、山海融城"

的自然生态空间格局,加强蓝绿线保护、竖向调控和水利防洪规划,构建珠海的"山—海—城"大海绵安全格局。

珠海市目前已完成海绵化小区改造45个,消除内涝点72个,整治和治理河道湖泊105个,通过"生态城市＋海绵"的模式累计建成各类城市公园708个、1290 km绿道、640 km林荫道、220 km健康步道,人居环境得到不断提升。

在河道生态岸线修复中,生态岸线恢复率超过96％,珠海河湖水质、人居环境得到明显改善,生态品质显著提升。

珠海市结合本地区气候、降雨、土壤、植物、下垫面等的实际情况和特征,开展了《珠海市海绵城市建设应对气候变化及极端气候风险控制研究》和《珠海海绵城市建设典型项目设计与设施参数研究》等相关专题研究,为应对风暴潮碰头时期的内涝奠定基础。

2. 济南市相关实践

自2015年成功入选国家首批海绵城市建设试点城市至今,济南市已完成250个"海绵化"工程,另有17个项目在建。其中,改造老旧小区200个,改造与建设道路9条、公园9个,整治和治理河道湖泊等13个(试点区内有8个),改造管网260 km(试点区内60 km),消除易涝点9个。

在济南市海绵城市建设示范区核心位置的老旧小区里,由雨水花园、下沉式绿地、植草沟、蓄水模块、截水沟等组成的"海绵系统",将雨水进行了有效回收、利用,不仅解决了积水问题,还为小区绿地浇水、道路洒水提供了水源。雨水通过上游的截流沟引入下凹式绿地,与植草沟中收集的雨水一起分级存储下渗,汇入地下设置的蓄水模块中,经过一层层净化,最终成为清水,用于绿地浇水、道路洒水。这不仅充分体现了"渗、滞、蓄、净、用、排"的理念,也极大地改善了居民的生活品质和社区环境。

在改造过程中,济南市还创新性地采取"1＋N"战略,同步实施了棚改、旧改及供水、供气、供热、供电、排污、排涝改造提升。例如,在济大路1号、15号等小区,在改造的同时兼顾了雨污分流、管网提标等工程,切实提高了百姓的获得感与幸福感。

3. 武汉市相关实践

随着武汉市各区"十四五"海绵城市建设规划陆续发布,海绵城市试点正刷新城市建设理念,从"硬化"到"绿化",从试点到全域,武汉海绵城市建设正式吹响冲锋号。早在2015年,武汉就入选了国内首批海绵城市建设试点城市,按照"集中示范、分区试点、全市推进"的思路,首先在青山和汉阳四新两个示范区集中铺开。通过7年的海绵城市建设,武汉市全市海绵城市建设面积已完成123 km²,径流控制率在75％以上,实现了海绵城市控制目标。武汉海绵城市建设试点成效已走在全国前列。

1958年建校的青山区钢城二中曾经饱受暴雨磨难,海绵改造让这所学校焕然新生。改造后,校内安装了四台水泵,容量为400 m³的雨水调蓄池,还有卵石排水沟、雨水花园、生态旱溪、跌级花池等自然排水系统。2020年夏天,钢城二中面对武汉市28年来最长的梅雨季,一片静好,安然无恙。昔日的"低洼地"如今成了"最美校园"。

曾因建设国家钢铁基地和城市发展需要而"牺牲"成为粉煤渣填埋场的戴家湖公园,于2013年底启动建设,2015年5月1日开园。一场"生态革命"让戴家湖区域蝶变重生,涅槃成为一个综合性生态公园,获得"中国人居环境范例奖"。

2017 年,武汉首个"会呼吸"的江滩——青山江滩二期正式亮相。青山江滩二期又名"青山武青堤堤防江滩综合整治二期工程",全长 7.5 km,在建设过程中应用了大量的新工艺、新材料和新的城市建设理念。青山汀滩二期通过大量采用透水铺装材料,在场地内引入生态卓溪、下沉绿地、跌级湿地、覆土绿化屋面等,实现雨水资源化利用。根据测算,江滩的雨水污染将消减 70%,总体透水铺装比例达 60%。该工程获得 2017 年 C40 城市奖"城市的未来"奖,武汉成为本次唯一获奖的中国城市。

2018 年,汉阳四新海绵城市示范区内的江城大道海绵化改造、国博中央景观水系海绵化改造、太子水榭海绵化改造 3 个项目分别获评首届国家海绵城市建设试点创新典范"中国特色海绵样板"道路样板、水系样板和小区样板,这些在智慧造城理念下建设的海绵工程为海绵城市建设提供了更多的"新动能"。

2019 年,位于长江新区内的"海绵体土壤"渗蓄能力评价及其对海绵城市建设的影响示范研究项目——降雨入渗时空动态变化监测站建成并启动数据监测工作。通过小型气象站、土壤多参数测量系统、TRIME 管、双环渗入坑和地下水监测井,能够准确地监测风速、降雨量、气温、气压、不同深度土壤含水率、地下水位等基础数据,便于适时掌握工作区内降雨入渗时空动态变化规律。

随着长江新区江滩公园、国有土地还建房、育才实验学校、府澴河综合整治工程一期、幸福长堤等项目的建成,长江新区这个"巨大的海绵城市"以飞跃的速度呈现在市民面前。正在建设中的府澴河综合整治工程二期、新区大道、谌家矶大道、再生水厂等项目也全部采用了海绵城市设计理念。

三、我国海绵城市建设相关政策梳理

1. 国家住房和城乡建设部海绵城市建设相关政策梳理

(1) 2014 年,住房和城乡建设部编制了《海绵城市建设技术指南——低影响开发雨水系统构建(试行)》,为各地结合实际建设自然积存、自然渗透、自然净化的海绵城市提供了技术指南。

(2) 2015 年,为科学、全面地评价海绵城市建设成效,依据《海绵城市建设技术指南——低影响开发雨水系统构建(试行)》,住房和城乡建设部制定了《海绵城市建设绩效评价与考核办法(试行)》。

(3) 2018 年,为规范海绵城市建设效果评价,提升海绵城市建设的系统性,住房和城乡建设部组织制订了国家标准《海绵城市建设评价标准(征求意见稿)》,2019 年 4 月批准《海绵城市建设评价标准》为国家标准,编号为 GB/T 51345—2018,自 2019 年 8 月 1 日起实施。

(4) 2020 年,住房和城乡建设部组织相关单位起草了国家标准《海绵城市建设专项规划与设计标准(征求意见稿)》、国家标准《海绵城市建设监测标准(征求意见稿)》和国家标准《海绵城市建设工程施工验收与运行维护标准(征求意见稿)》。

(5) 2021 年,住房和城乡建设部与财政部、水利部共同组织专家对地方报送的省级层面推动海绵城市建设工作情况进行评审,确定了省级海绵城市建设示范工作的分档。

（6）2022年，住房和城乡建设部为落实"十四五"规划的有关要求，扎实推动海绵城市建设，增强城市防洪排涝能力，发布了关于进一步明确海绵城市建设工作有关要求的通知。

2. 我国省级政府海绵城市建设主要代表政策梳理

（1）2016年9月5日，湖北省人民政府发布了"湖北省人民政府办公厅关于加快推进全省地下综合管廊和海绵城市建设的通知"，明确年底前全省开工建设地下综合管廊150 km、开工建设海绵城市示范区120 km²的目标任务。2017年，湖北省政府办公厅发布关于推进海绵城市建设的实施意见，提出以生态为本，重点保护河流、湿地、坑塘等水生态敏感区，减少硬质铺装，实施低影响开发；在城市建设和改造中严格保护城市自然水体，禁止破坏水生态环境的建设行为；新建建筑和小区按照低影响开发的要求规划建设排水系统；大型公共项目需配套建设雨水罐、蓄水池等雨水收集利用设施。2021年，湖北省住房和城乡建设厅批准《湖北省海绵城市规划设计规程》为湖北省地方标准，编号DB42/T 1714—2021，2021年11月20日实施。

（2）2016年，吉林省住房和城乡建设厅发布《吉林省海绵城市建设技术导则（试行）》，2018年，发布《海绵城市建设工程评价标准》，编号为DB22/T 5010—2018，用于新建、改建与扩建的建筑与小区、城市道路等单项海绵城市建设工程的优良工程评价，2020年编制了《吉林省海绵城市建设技术指南——低成本建设白皮书》供当地海绵城市建设参照，2023年发布《海绵城市建设工程检测技术标准》，编号为DB22/T 5137—2023。

（3）2022年，四川省住房和城乡建设厅为规范海绵城市建设和管理，在全域系统化推进海绵城市建设工作，保护和改善城市生态环境，提高城市防洪排涝减灾能力，提高城市发展质量，结合实际，制定了《四川省海绵城市建设管理办法》，适用于四川省全省范围内城市和具城的海绵城市建设专项规划编制和相关项目的建设、运行维护及管理活动。其中有提出海绵城市建设专项规划应当结合当地水文特征及发展条件，加大科学论证力度，明确需要保护的自然生态空间格局及年径流总量控制目标、内涝防治目标、雨水滞蓄空间、径流通道和设施布局等内容，按照城市排水分区管控的原则，提出切实可行的实施策略和管控要求，明确近期建设重点任务。

（4）2023年，福建省住房和城乡建设厅组织编制了《福建省海绵城市建设工作指南（试行）》，以落实国务院办公厅等关于推进海绵城市建设的指导意见，指导和规范全省系统化全域推进海绵城市建设，推动建立海绵城市建设长效机制。

3. 我国市级政府海绵城市建设主要代表政策梳理

（1）2019年，武汉市城建局组织相关部门共同编制了《武汉市海绵城市规划技术导则》《武汉市海绵城市建设设计指南》《武汉市海绵城市建设技术标准图集》《武汉市海绵城市建设施工及验收规定》等文件来进一步完善武汉市海绵城市建设技术标准体系，有效指导海绵城市建设相关规划、设计、施工及验收。

（2）2021年，珠海市政府发布《珠海市海绵城市建设管理办法》（珠府〔2021〕26号），适用于珠海市所有新建、改建、扩建的建筑与小区，城市道路，绿地与广场，城市水系等建设项目。2022年，珠海市住房和城乡建设局发布《珠海市城镇老旧小区海绵城市建设技术指引》和《珠海市工业园区海绵城市建设技术指引》，用于进一步规范和指导城镇老旧小区改造、工业园区的海绵城市建设工作。

（3）2021年，中共北京市委办公厅、北京市人民政府办公厅发布《关于加快推进韧性城市建设的指导意见》,意见提出:"到 2025 年,韧性城市评价指标体系和标准体系基本形成,建成 50 个韧性社区、韧性街区或韧性项目,形成可推广、可复制的韧性城市建设典型经验。到 2035 年,韧性城市建设取得重大进展,抗御重大灾害能力、适应能力和快速恢复能力显著提升。"把韧性城市要求融入城市规划建设管理发展之中,推进韧性城市建设制度化、规范化、标准化,全方位提升城市韧性,实现城市发展有空间、有余量、有弹性、有储备,形成全天候、系统性、现代化的城市安全保障体系。

第二章　城市雨水花园研究进展

第一节　概念及意义

一、雨水花园的概念

雨水花园（rain garden，也称 bioretention）是自然形成或人工挖掘的浅凹绿地，被用于汇聚并吸收来自屋顶或地面的雨水，是一种生态可持续的雨洪控制与雨水利用设施。它以生态可持续的方式来实现小汇水面（如停车场、街道、庭院等）的雨水净化、滞留、渗透及排放，同时由于其显著的景观和生态功能，已广泛地应用在居住区、道路、商业区等不同类型的园林景观中。

雨水花园是生物滞留设施的一种，是城市低影响开发技术中的一种有效的雨水自然净化与处置技术类型之一。美国马里兰州出版的《雨洪管理中的生物滞留区设计手册》（*Design Manual for Use of Bioretention in Stormwater Management*）中指出：雨水花园又称为生物滞留区（bioretention area），是指在园林绿地中种有树木或灌木的浅洼地区，被地被植物或树皮覆盖。它通过滞留和下渗雨水补充地下水，减少雨水地表径流，还可以通过植物和土壤的吸附、降解和挥发等作用减少污染。

雨水花园最初起源于马里兰州佐治亚王子郡住宅区地产商的建议。该地产商想用一个能够滞留和吸收雨水的生态场地取代过去的雨水利用管理体系。在该郡有关机构的帮助下，这一想法在萨默塞特地区实现，在该地，雨水花园得到普遍应用，几乎每一栋住宅周围都建造有雨水花园。经过多年统计，该区的雨水径流减少了 75%～80%。雨水花园的建造和使用发挥了巨大的作用，取得了有目共睹的成功，因此雨水花园在世界各地得到推广和应用。

通过对国内外的雨水花园相关文献的阅读和总结，笔者认为，雨水花园是一个基于生物滞留的具体区域和措施，一般建在人工挖掘或自然形成的浅凹绿地，用来收集并处理来自周围地面或屋顶的雨水径流，并通过植物吸纳、土壤的下渗和微生物渗滤等过程实现净化雨水、降低径流量及景观和谐等多功能目标，是一种生态可持续的雨洪控制与雨水利用设施。

雨水花园的外表与普通的花园表面看起来很相似，它可根据基地周围环境和使用者对景观的要求设计成规则或不规则的形式。在我国，雨水花园适用于低密度公寓、别墅区以及建筑庭院中，也可建造在公园、广场、道路周边等空间，用来收集建筑屋面、停车场、广场及道路等不透水区域的径流。同时它还是一个小生态系统，可以缓解城市的热岛效应，美化和净化环境。广义上讲，凡是采用了雨水收集、处理、利用等生态技术并呈现较好景观品质的绿地都是雨水花园。按功能来分，雨水花园一般可分为雨水渗透型和雨水收集型两种。

雨水花园常栽种灌木、树木，地面覆盖着深褐色树皮或其他覆盖物，这种浅洼地景观能阻滞场地径流，减少对终端管网调控的需求，常被认为是消减城市区域非点源污染的最佳管理实践措施。

雨水花园具有调节城市雨洪、补给地下水、促进水资源综合利用、调节城市小气候、缓解城市热岛效应等生态效益,承担了城市的相关生态功能,维持了城市社会的正常运转,是绿色基础设施核心概念的体现,符合绿色基础设施的定义,故被美国国家环境保护局直接认作绿色基础设施的重要组成部分,将逐步取代一部分灰色基础设施的社会职能,成为完善城市绿色基础设施的重要环节。

二、雨水花园的建设意义

雨水花园的目的在于截留径流,通过地下渗透、收集径流将雨水资源化。雨水花园减少了地表径流量,调节了汇流时间,使得水资源得到合理利用。相比以往的刚性排放,雨水花园这种柔性处理雨水的方式更有效。雨水花园作为一种绿地类型来建设,不仅承担了城市净化系统的功能,更在城市景观格局上提升了城市环境质量。雨水花园的特殊净化作用主要有物理净化作用、植被净化作用、土壤净化作用和人工湿地综合净化作用。

雨水花园良好的综合效益使其作为生态可持续的雨洪控制与雨水利用设施得到迅速的推广和应用,如在美国暴雨水管理的最佳管理实践策略、低影响开发策略、绿色基础设施,澳大利亚的水敏感城市设计,英国的可持续城市排水系统,德国、日本等国众多的雨水管理实践中都能看到雨水花园的应用。

雨水花园的建设意义具体可总结为以下五点。

(1) 生态意义:雨水花园在雨水资源综合利用、调节雨洪、净化水质、渗透雨水、调节城市小气候、增加城市水面、增加城市绿地等方面表现了其生态本性,具有典型的生态意义。

(2) 城市资产:雨水花园对城市环境、气候、景观等方面的影响也将会提升城市品质与形象,进一步推动城市的经济发展,为城市带来更多的经济效益,成为城市的无形资产。

(3) 科普体验:雨水花园建成之后给游人提供了丰富多彩的游览体验,成为生动、活泼的科普教育场所。

(4) 生态教育:在城市中营造雨水花园景观,为市民提供了一个亲近自然环境的机会,改变了人们对雨水的陈旧认识,具有典型的生态教育意义。

(5) 特色景观:雨水花园同时还是一种管理简单粗放、自然美观的景观绿地,具有生态意义的同时,又不失景观品质。

第二节　城市雨水花园的雨水管理设施属性

在低影响开发理念指导下,有多种雨水处理设施,在不同的场所有各自对应的适合范围。表2-1 对 18 种常见的雨水设施在以下几个方面进行了全面比较:①功能指标(包含积蓄利用雨水、补充地下水、消减峰值流量、净化雨水、传输 5 个二级指标);②控制目标(包含径流总量、径流峰值、径流污染 3 个二级指标);③处置雨水的方式(包含分散式处置和相对集中式处置 2 个二级指标);④经济性指标(包括建造费用、维护费用 2 个二级指标);⑤污染物去除率[以 SS(悬浮物)去除率为主要参照指标];⑥景观效果。

表 2-1 中的"复杂型生物滞留设施"代表形式即本书研究的雨水花园。可知,"复杂型生物滞留设施"在 7 个二级指标(即"补充地下水""净化雨水""径流总量""径流污染""分散式处置""维护费用""景观效果")方面都表现出优良性能,显示了它在雨水处理中的优势。

表 2-1 低影响开发设施比选一览表

序号	单项设施	功能指标					控制目标			处置雨水的方式		经济性指标		污染物去除率/(%)	景观效果
		积蓄利用雨水	补充地下水	消减峰值流量	净化雨水	传输	径流总量	径流峰值	径流污染	分散式处置	相对集中式处置	建造费用	维护费用	SS去除率	
1	下沉式绿地	○	●	◎	◎	○	●	◎	◎	√	—	低	低	—	一般
2	简易型生物滞留设施	○	●	◎	◎	○	●	◎	◎	√	—	低	低	—	好
3	复杂型生物滞留设施	○	●	◎	●	○	●	◎	●	√	—	中	低	70~95	好
4	渗透塘	○	●	◎	◎	○	●	◎	◎	—	√	中	中	70~80	一般
5	渗井	○	●	◎	◎	○	○	◎	○	√	—	低	低	—	—
6	湿塘	●	◎	●	◎	○	●	●	◎	—	√	高	中	50~80	好
7	雨水湿地	●	◎	●	●	○	●	●	●	—	√	高	中	50~80	好
8	蓄水池	●	○	◎	○	○	●	◎	○	—	√	高	中	80~90	—
9	雨水罐	●	○	○	○	○	●	○	○	√	—	低	低	80~90	—
10	调节塘	○	○	●	○	○	○	●	○	—	√	高	中	—	一般
11	调节池	○	○	●	○	○	○	●	○	—	√	高	中	—	—
12	传输型植草沟	◎	○	○	○	●	◎	○	◎	√	—	低	低	35~90	一般
13	干式植草沟	○	●	○	◎	●	●	○	◎	√	—	低	低	35~90	好
14	湿式植草沟	○	○	○	●	●	○	○	●	√	—	低	低	—	好
15	渗管/渠	○	○	◎	○	●	◎	○	◎	√	—	中	中	35~70	—
16	植被缓冲带	○	○	○	●	—	○	○	●	√	—	低	低	50~75	一般
17	初期雨水弃流设施	◎	○	○	●	—	○	○	●	√	—	中	中	40~60	—
18	人工土壤渗滤	●	○	○	●	—	○	○	◎	—	√	中	中	75~95	好

图例说明:●表示强,◎表示较强,○表示弱或很小。

数据来源:SS 去除率数据来自美国流域保护中心(Center For Watershed Protection,CWP)的研究数据。

从表 2-1 可知,与复杂型生物滞留设施相比,"雨水湿地"和"湿塘"也表现出数量相同甚至更多的优秀性能,但在用地紧张的城市中,这两项设施通常所占用地空间比较大,且在设施深度、安全防护上也有较高要求,这也是本书重点研究占地小、布置灵活、雨水管理效果优良、景观效果好的复杂型生物滞留设施——雨水花园的原因所在。

第三节　城市雨水花园相关研究进展

一、国外雨水花园研究进展

1. 文献研究

雨水花园于 20 世纪 90 年代在美国马里兰州佐治亚王子郡首先被投入使用后,在其他地区得到了积极推广,用于商业区、住宅区等不同地点的雨水处理。

在"Web of Science TM 核心合集"中对雨水花园相关的国内外文献进行检索和综合统计分析可知,截至 2023 年 8 月,国外有关雨水花园的有效文献一共有 1032 篇,其中与构造相关的一共有 879 篇,占总量的 85.17%,远高于国内比例。可见国外对雨水花园构造的研究更为重视和深入,积累了大量的试验和实践案例,可供国内学习和参考。

雨水花园近 10 年开始成为热点关注研究对象。文献涉及以工程学、生态环境科学、水资源 3 类为主的学科方向,美国、澳大利亚、中国、加拿大是 4 个主要文献贡献国家,美国更是以高于 2/3 的文献比例占据雨水花园相关研究的重要地位。雨水花园理论研究主要关注雨水花园净化效果、水量水文、原理与构造、材料与设施、评价与管理 5 个方面。

(1)雨水花园净化效果研究。研究表明,雨水花园能长期有效去除正磷酸盐、降解残余石油烃、溶解营养物及农药等,这为推动雨水花园的雨污净化提供了理论支撑。

(2)水量水文研究集中在雨水花园的流量监控、各地季节气候对雨水花园的水文影响等方面。研究表明,雨水花园能吸纳大于自身面积近 20 倍不透水汇水面积上的地表径流量。

(3)原理与构造研究集中在设计模型的运用方面,如美国国家环境保护局的 SWMM-5 模型可以推算表面过剩水流排水时间,理查兹方程模型(Richards equation model)可以模拟雨水下渗过程,底土渗透系数影响雨水花园功效,不同基底结构材料的净化能力有明显差异等。雨水花园构造常分为蓄水层、覆盖层、植被及种植土、人工填料层、砾石层 5 个部分,主要通过植物、多层底层材料吸附、拦截、降解雨水污染和进行雨水入渗。

(4)材料与设施研究。运用高吸水性复合膨润土,配植楼斗菜(*Aquilegia viridiflora pall.*)、美国紫珠(*Callicarpa Americana L.*)等,实现雨水花园的景观与功能协调。

(5)评价与管理研究集中在雨水花园减少径流量、降污能力、雨水水文管理等方面。此外还有雨水花园需体现景观美学、满足城市暴雨水管理要求、选址安全方面的文章,对雨水花园的建造、评价与管理都有很好的参考价值。

2. 管理研究

1993 年,美国马里兰州颁布了《生物滞留指南》,把"雨水花园技术"作为独立的一章列入更多地区的雨水利用技术规章中。同时雨水花园的基本原理、设计和建造方法等被广泛研究。例如,密歇根州环境部门对当地雨水花园的起源、建造步骤、实例应用,以及其与雨水罐结合使用,都进行了详细研究。2003 年,威斯康星州颁布了《居民建造雨水花园指南》,密歇根州立大学土木于环境工程系于 2006 年颁布了《雨水花园设计和建造指南》,2008 年,弗吉尼亚州出台《雨水花园技术指南》等。许多州都有 BMP 和 LID 暴雨手册,其中均有详细的生物滞留设施设计方法,这些政策的相继出台都为雨水花园建造提供了技术上的支持与帮助,促进了雨水花园的快速发展。

二、国内雨水花园研究进展

借助中国知网的中文学术文献总库,选取"雨水花园"和"生物滞留"进行主题词检索,截至 2022 年 12 月 31 日,共检索出 2958 篇文献,将医药、生物化工、时政报道、行业信息等无关文献和重复文献剔除,最终筛选得到 1395 篇相关论文,即本小节研究分析的对象。

采用内容分析法,以 Excel 2010 作为统计分析软件,通过构建"1+2"的维度分析框架(时间维度+研究领域维度、研究内容维度),将文献样本归类统计,能更全面地分析国内雨水花园的研究进展特点。其中,若想获取"研究领域维度",则需要对文献来源进行分析解读,了解雨水花园发展的学科类型体系。对年度文献数量进行统计(图 2-1),可以从时间维度上较清晰地看出十几年来国内雨水花园相关文献的发展轨迹。结合文献样本的归类统计表(表 2-2),可将雨水花园的发展总结为以下 4 个阶段。

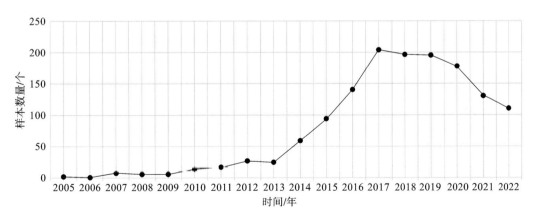

图 2-1   中国知网中以"雨水花园"和"生物滞留"为主题词的文献数量年度变化(2005—2022 年)

(图片来源:作者自绘)

表 2-2　文献样本的归类统计表　　　　　　　　　　　　　　　　　　　单位：篇

	阶段	启蒙期					酝酿期				繁盛期		深入期						
	年度	2005	2006	2007	2008	2009	2010	2011	2012	2013	2014	2015	2016	2017	2118	2019	2020	2021	2022
研究领域	风景园林	1	—	5	1	4	6	7	12	11	18	44	59	72	58	54	42	33	28
	城市规划	—	—	1	—	—	3	2	—	2	6	8	23	32	20	46	32	7	15
	水利科学	—	—	—	1	—	1	5	1	—	4	6	10	20	26	31	28	16	15
	给水排水	—	—	1	2	—	3	—	6	6	17	12	15	25	16	17	19	13	13
	环境科学	—	—	—	1	1	—	1	7	5	11	21	22	34	57	38	37	39	34
	农业	—	—	—	—	—	1	—	—	—	2	2	11	15	19	9	19	22	5
研究内容	国外案例研究	1	—	5	1	1	3	—	7	5	4	5	6	8	8	7	7	10	8
	雨水利用	—	—	2	—	1	5	2	1	12	3	14	12	10	9	11	10	16	21
	景观化设计	—	—	—	—	2	4	2	4	1	8	22	24	25	19	29	19	21	16
	尺寸设计方法	—	—	—	2	1	4	1	3	4	12	10	13	13	6	15	17	10	14
	选址	—	—	—	—	—	—	—	—	—	—	—	9	4	8	11	10	6	11
	空间布局	—	—	—	—	1	3	2	1	1	4	6	8	11	10	9	8	5	7
	结构层次	—	—	—	2	1	6	6	8	6	17	12	13	13	9	8	6	3	5
	水文效应	—	—	—	—	—	1	3	2	2	12	19	22	21	13	11	14	12	15
	去污能力	—	—	—	1	—	3	4	8	7	21	20	15	6	11	7	9	4	6
	构造填料	—	—	—	—	—	1	1	4	1	5	7	4	5	4	8	7	3	6
	土壤渗透	—	—	—	1	1	2	—	1	3	8	4	5	7	3	6	5	5	6
	植物选择与配置	—	—	—	—	1	4	3	7	3	13	15	10	14	7	7	13	15	11
	管理维护	—	—	—	—	1	4	2	2	—	4	3	2	5	6	4	3	5	5
	模型构建	—	—	—	1	—	—	4	1	5	17	16	10	7	6	7	4	5	4
	低影响开发	—	—	—	—	1	2	3	4	8	14	19	23	38	25	24	32	24	26
	生态技术	—	—	—	—	—	1	—	1	—	4	4	4	9	12	9	12	15	13
	道路绿地	—	—	—	—	—	1	3	3	1	5	4	4	8	8	7	8	7	9
	应用实践	—	—	—	—	—	5	—	2	3	19	20	24	20	28	23	19	12	10
	研究综述	—	—	—	—	—	3	1	3	9	13	13	14	14	14	14	14	14	14

表格来源：作者根据在中国知网中以"雨水花园"和"生物滞留"为主题词检索的相关文献整理而成。

（1）启蒙期（2005—2009年），雨水花园概念作为新兴理论最开始由美国传入我国，根据表2-2分析，期间仅有18篇研究文献，此时相关研究处于探索阶段，没有明显的研究倾向，以对国外现有研究及实践的分析探讨为主，同时也出现了以向璐璐、罗红梅等为代表的学者开始根据国内现状提出相适应的雨水花园设计方法，为酝酿期的研究奠定基础。

（2）酝酿期（2010—2013年），期间有80篇研究成果发表，呈现稳定的缓慢上升趋势，六大学科领域对雨水花园的关注度明显提升，研究内容开始涉及构造填料、水文效应、应用实践、研究综述等19个方面，对雨水花园营造设计、性能试验及应用实践有较深入的研究，文献价值较高，具有"精"的特征。

（3）繁盛期（2014—2015年），该阶段文献数量陡然上升，可以看出在海绵城市建设的国家政策刺激下，学术界积极给予响应，雨水花园作为"海绵细胞体"，迅速得到重视。2015年更是达到了93篇，其中去污、水文效应、模型构建等雨水花园性能试验研究类文献进入井喷式发展阶段，但同时相较于酝酿期，研究成果良莠不齐，呈现"泛"的特点。

（4）深入期（2016—2022年），该阶段文献数量较多，但发展过程中并没有一味上升，反而有下降趋势，说明在此阶段，研究学者开始注重研究成果的质量，更加深入地思考雨水花园的作用、未来发展方向和应用领域，呈现"专而精"的特点。

国内雨水花园文献主要来源于中国学术期刊和优秀硕士学位论文，其中在核心期刊的发表量占该主题期刊文章总量的一半以上，主要发表于《中国给水排水》《给水排水》《中国园林》等核心期刊，可以看出，国内雨水花园在高水平的学术论文中有更多深入的研究。通过对文献所属学科进行分析总结（图2-3），发现其学科领域呈现"1＋5"的学科结构，即以"风景园林"为核心，五大学科（城乡规划、水利科学、给水排水、环境科学、农业）交叉参与、辅助研究的学科体系。

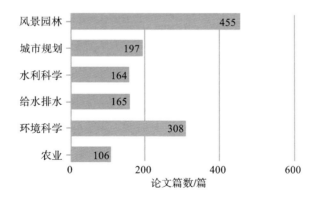

图 2-3　中国知网中以"雨水花园"和"生物滞留"为主题词的相关文献学科分布统计（2005—2022年）
（图片来源：作者自绘）

通过阅读样本文献，将研究内容划分为19个子方向（图2-4），按内容可以归纳为三大研究方向：①雨水花园设计营建（尺寸设计方法、选址、空间布局、结构层次、植物选择与配置、管理维护）；②雨水花园性能试验研究（水文效应、去污能力、构造填料、土壤渗透、模型构建）；③应用实践及其他（应用实践、研究综述、道路绿地、生态技术、低影响开发、景观化设计、雨水利用、国外案例研究）。

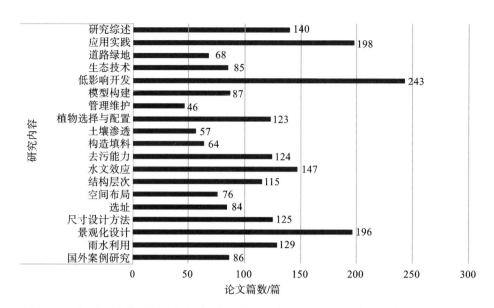

图 2-4   中国知网中以"雨水花园"和"生物滞留"为主题词的相关文献研究内容分类统计（2005—2022 年）

（图片来源：作者自绘。数据来于表 2-2"研究内容"部分，文献总数为 2193，含子方向内容重复文献数）

第三章　城市雨水花园的选址与布局

　　根据区域降雨特点和城市发展布局,合理设计雨水花园,使其能够最大限度地发挥工程效益和环境效益,是当前雨水花园应用研究中的热点问题。我国城市雨水资源利用及城市雨水径流面源污染控制的研究相对落后,雨水花园及雨水集蓄工程设计与规划的依据不足,确定不同参数的雨水花园蓄渗量和溢流量是指导雨水花园设计的关键。研究雨水花园土壤的入渗能力,分析不同暴雨强度、雨水花园不同汇流面积比及蓄水深度条件下的溢流情况,确定雨水花园设计参数,有利于雨水花园的选址与布局。

　　本章主要从城市雨水花园的选址、规划设计布局、景观营建等方面,结合武汉市的实际调研情况进行相关探讨,拟为雨水花园的合理选址和布局提供参考。

第一节　雨水花园选址探讨

　　雨水花园的建设需要依托绿地空间实现,不同的功能、汇水面积、土壤条件、地形地貌、建设限制条件对雨水花园的选址都有相应的制约。因为雨水花园旨在灵活、从源头小面积处理城市雨水,故选址上有共性也有特殊性。

一、影响雨水花园选址的因素

　　因结构与功能的特殊性,雨水花园在选址方面受到很多因素的制约或影响。接下来从 11 个方面来阐述影响雨水花园选址的因素。

　　1. 地下水

　　地下水对雨水花园的影响体现在两个方面:一是地下水位,二是地下水污染情况。因此,在设计雨水花园时,需要着重调查基址的地下水情况。地下水位过高,雨水花园的雨水不能及时下渗,易造成植物腐烂、蚊虫滋生等问题,不能体现雨水花园净化的功能;雨水花园过滤的雨水应当经过评估检测,如果经过雨水花园的过滤,雨水无法达到地下水排放的要求,则该基址不能设置雨水花园。

　　2. 与建筑的关系

　　由于雨水花园是一种渗透性雨水管理设施,所以雨水花园跟建筑的距离需要仔细考虑。雨水花园包含水循环系统中的蒸发、下渗、流动等过程,因此雨水花园应当与建筑隔一段安全距离。一方面,防止雨水下渗造成建筑基础受损;另一方面,雨水花园尽量建在阳面,以提高雨水的蒸发效率。雨水花园的渗透性可能会造成建筑基础沉降或者墙体变形。据研究,雨水花园距建筑基础水平距离不得少于 3 m,距离含有地下空间的建筑不得少于 9 m。

3. 与硬质面的关系

城市雨水花园最大的目标是收集、净化与入渗城市硬质面的径流雨水。城市硬质面主要有建筑屋顶、道路路面、广场路面、停车场路面、不透水人工设施顶面等。因此雨水花园的选址最好靠近这些硬质面,以便就近收集、净化与入渗雨水。若这些硬质面旁有紧邻的绿地,且便于改造,则便于雨水花园的营建。在近硬质面旁选址的优势是就近短距离源头控污,雨水径流路径输送距离短,污染控制率较高,节约管材和减少更多的工程开挖量。这类选址需保证硬质面的基础安全,使雨水下渗不对其基础稳定造成威胁。

当这些硬质面周边无紧邻配套绿地,或场地条件不适合营建雨水花园时,则可以适当考虑在离硬质面较远的绿地中布置。这类选址的优势是能有足够空间和场地建设雨水花园,容易取得良好的特色效果;其不足是会增加营建成本,且维护管理相对不便利。

规划场地时应设置适宜的汇水面积,能容纳短时骤增的雨水量。开工建设前,应根据该地区相关室外排水技术规范,计算场地内的雨水径流量,尽量在城市低洼地带、易积水区设置雨水花园,例如城市道路、广场等空间,以便于对雨水进行控制与利用。

4. 道路

雨水花园设计应该考虑道路的通达性,使人们能够近距离观赏,从而实现其环境教育意义。在滨海盐碱地的雨水花园,更应保证雨水花园与硬质铺地相接。蓄水层与标准参考地面的高差有利于雨水花园洗盐。

5. 地形

雨水花园主要建在低洼或者浅凹的区域。如果基址内没有这种低洼地,也可以人工挖掘。地形决定了雨水的流向,尽量依托地形将雨水尽可能地自然引到雨水花园中,使大部分雨水都可以通过雨水花园过滤、渗透到地下水中,补充地下水。还可以通过人工设计地形或者用引流的办法将雨水导入,雨水花园的蓄水层还要尽量保持水平,否则会造成局部积水。雨水花园也需要建造在方便观赏的平坦处,以便周边的居民游玩。

6. 坡度

雨水花园的深度与场地的坡度有一定的关系。坡度越小,雨水花园的相对深度就越大。为了控制积水过多导致的土地盐渍化,并满足无水时期的景观效果,场地坡度应当控制在12%以下。

一般来说,坡度小于 4%,雨水花园的深度在 10 cm 左右比较合适;坡度在 5%～8%,雨水花园的深度设置在 15 cm 左右;坡度在 9%～12%,雨水花园的深度可以达到 20 cm。对于滨海盐碱地区,土壤较为黏滞,渗透性较差,雨水花园的深度可以在此基础上适当减少。

7. 水源

雨水花园流入的径流多为受到不同程度污染的水体,为了防止污水渗漏进附近的水源地,选址时应当尽量避免在靠近水系及水井周边的地方设置雨水花园,尤其注意不得在饮用水源地周边设置雨水花园。

8. 植被

雨水花园应与具有发达根系的乔木保持 2～3 m 的距离,避免因雨水下渗导致的树木烂根,破坏场地植被。在滨海重度盐碱地区,为防止雨水花园隔盐层与植物防渗漏隔板间的相互影响,此距离应适当增大。

9. 光照

为了保证雨水花园中植物的良好生长,在选址时要尽量选择较为空旷的场地,不在大树底下,但也不会在受到强烈阳光的照射、能够接受全日照的位置,使雨水尽可能下渗补充地下水,而不是快速挥发到空气中。

10. 土壤

雨水花园对土壤的要求较高,需讲究一定的渗水速率。针对场地中的土壤,有两个较为简便的方法检测渗水速率。

(1) 试验法。在需要建设雨水花园的地方挖一个深约 15 cm 的浅坑,检测水下渗的速率。如果在 24 h 内,浅坑的水可以入渗完毕,说明土壤自然渗透率高,则此地适宜建设雨水花园。

(2) 观测法。雨水花园的本质是生物滞留设施,主要依靠生物措施进行过滤。如果拟建设雨水花园的区域内植被较健康,长势良好,则说明此地适宜建造雨水花园;如果长势不好,则考虑换土,可按以下比例配制土壤:50%~60% 的砂土和碎石,20%~30% 的腐殖土,20%~30% 的表层土混合配制。

11. 市政建设

雨水花园的选址应当满足甲方的相关要求,符合当地的法律法规,减少人为施加土方量。建设前应事先摸清地下管线的位置,需与地下管线之间留有安全距离。防止因建设雨水花园导致地下水位上升,淹没、浸泡地下管线带来的市政设施损坏等情况。

选址还需要对周边的人口条件进行重点分析,对设计方案、控制径流、蓄水量和污染进行评估,充分听取规划、城建、市政、交通、防汛、供水、消防等部门的意见,在充分论证的基础上确定布局和设计形式,形成最终选址方案。

二、选址原则

1. 因地制宜原则

雨水花园选址时要充分考虑到绿地的位置、类型、功能和性质,并针对土壤的盐碱水平,采取相应的工程隔盐措施。在此基础上,尽可能利用原有地形地貌进行设计。

2. 经济美观原则

雨水花园选址时需要考虑成本问题,在满足功能性和美观性要求的基础上尽量减少土方量,减少不必要的资源浪费。

3. 以人为本原则

雨水花园的建设立足于为城市解决雨水径流问题,直接服务对象是生活在周边的城市居民。因此,雨水花园在选址时要紧紧围绕这一服务对象,既要满足居民的休闲娱乐要求,又要创造良好的视觉感受。同时,向市民传达雨水花园建设理念,以达到格物致知的目的。

三、选址步骤

了解上述雨水花园选址的影响因素后,在选址时按图 3-1 所示步骤考虑,最终选出最适合营建雨水花园的场地。

四、选址方法

1. 复合雨水花园选址

复合雨水花园利用土层本身的渗滤能力进行生态净化,能够满足现行的环保规范要求,净化效果好、人工痕迹小、占地少、粗放养护,与自然环境融合度高。

复合雨水花园选址时需要考虑规划用地和现状用地两方面。首先选址周边的土地在规划上必须可用,不得占用敏感用地;其次结合现状用地情况,可以选择需要进行生态修复的土地,如鱼塘和违规建设用地等。

例如,奥罗拉大桥下的生物洼地。项目设计团队了解到奥罗拉大桥桥面径流毒性已是国家标准的 6 倍,每年产生超过 1515 m³ 的污水,这些雨水流经奥罗拉大桥最终汇入联合湖,严重影响了鲑鱼的洄游迁徙路线,影响当地鲑鱼的繁衍生长。设计团队希望采取建立复合雨水花园的模式,通过自然生态净化抵消径流污染带来的致命影响。在选址时,设计团队将生态池的位置确定在高架桥下方,以便桥面径流的净化、吸收及桥下灰空间的利用(图 3-2)。

从有关部门获取当地浅层地下水埋深资料,获知埋深是否过高(小于 1 m),若小于 0.5 m 则不考虑建设,若小于 1m 则慎重考虑

了解选址场所的周边建筑是否有地下空间。若无地下空间,则在距离建筑 3 m 以外寻找场地;若有地下空间,则在距离建筑 9 m 以外寻找场地

对于选定的场地进行地形判断,然后根据结果考虑是否需要进行地形改造或者重新选址

观察场地周边硬质地表与绿地位置,尽量选择近硬质地表的绿地。若近硬质地表附近不便建设雨水花园,则考虑在远离硬质面的绿地中建设,并重复上一阶段的选址步骤

对于选定的场地进行土质判断,然后根据结果考虑是否需要更换土壤或者更换场地

图 3-1 雨水花园选址步骤

图 3-2 高架桥下方的生态池

(图片来源:https://mooool.com/not-only-pedestrian-friendly-but-also-towards-the-value-of-ecological-when-designing-a-healthy-pedestrian-environment.html#pid=6)

2. 步行街雨水花园的分类和选址

(1)步行街雨水花园的分类。

根据雨水花园与步行街的位置关系,雨水花园分为周边式雨水花园和嵌入式雨水花园。

①周边式雨水花园。

周边式雨水花园可根据选址分为利用原有绿地改建的雨水花园和利用停车场改建的雨水花园。

a.利用原有绿地改建的雨水花园:很多步行街的附近会建造为行人提供休闲空间的绿地,包括小游园、小公园等,这样的绿地与步行街一脉相连,是步行街的景观延续。

b.利用停车场改建的雨水花园:为满足游人的需要,停车场已经成为城市步行街不可缺少的部分。在露天停车场设置雨水花园可以打破生硬的停车场景观,缓解汽车尾气带来的污染。当停车场上的雨水花园建在两个雨水井之间时,雨水花园的进出雨水流线无须专门设计,经雨水花园净化后的雨水可以直接流入城市的雨水排水管。

②嵌入式雨水花园。

嵌入式雨水花园是通过雨水自然汇集再经过径流流入雨水花园,因此应避免设置在步行街的高处。若步行街无明显高差,则要利用街道的排水坡度排水,或者通过雨水收集沟收集雨水再排入雨水花园;若步行街有明显的高差,设计者可根据街道的坡向进行雨水花园的选址,根据步行街所在地的降雨量和雨水收集面面积确定雨水花园的数量。

(2)步行街雨水花园的选址。

步行街拥有特殊的空间环境和交通关系,在进行雨水花园选址时需要注意以下几点。

①场地的水文条件。

在进行雨水花园选址时,应对场地径流进行模拟分析,得出雨水汇流路线和雨水汇集区域。为避免在雨水汇集区域发生积水问题,应在汇流路线上设置雨水花园,分散雨水收集点,综合考虑绿地布局与雨水设施,通过合理的场地开发方式,最后确定雨水花园的设置地点。

②步行街内部的交通关系。

步行街是由"点""线""面"构成的,"线"是连接"面"的线性街道,"面"是"线"的端点——广场。广场面积较大,雨水收集量较多,容易形成汇水面。雨水花园可以根据广场人流的去向选择位置,如远离步行街的角落、被建筑围合的空间,在不妨碍人行活动的前提下,利用广场良好的位置收集雨水。

在线性街道内,人们的活动是无组织的。步行街的主要参与者是行人。满足人行动的需求是步行街的首要任务。雨水花园在线性街道中应根据人流量的去向进行选址,避免在人流交叉节点中设置,在人流活动方向明显的流线上可设置雨水花园,但应在满足雨水渗透要求的情况下尽量减小面积。

③与坡度的关系。

现代步行街常利用地面的排水坡度进行自然排水。雨水花园在选址时需考虑地面坡度,利用地面坡度进行雨水汇流,直到流至雨水花园内。地面坡度分为两种情况:一是中间高,两边低,从中间向两边排水,可选择在街道一边设置雨水花园,另一边的雨水可通过暗沟或排水管道收集并排放至雨水花园,此类雨水花园可用规整式的雨水渗透池,渗透池沿街道延伸方向展开;二是两边高、中间低,从两边向中间排水,可选择在街道中间设置雨水花园。

④步行街内部的空间构成。

步行街是由一系列的滞留、半滞留和通过式空间串联而成的线性空间,这种线性复合空间具有连续的指向性,体现着街道的路径属性。芦原义信曾提出外部空间可采用 20~30 m 的模数来设计,被称为"外部模数理论",意思是说在外部空间中,每 20~25 m 有重复的节奏感或者材质有变化都可以打破空间的单调感。失败的街道绿地景观为了追求多的变化而将绿地随意设置,显得空间杂乱无章,给人一种凌乱的感觉;好的街景在多变性上往往追求静中求变,空间秩序井然,有强烈的引导作用。在进行雨水花园的选址时要考虑空间的连贯性与多变性,比如在线性的空间内为了满足空间需求,绿地景观一般存在于街道的两侧或者中间,这是为了在线性空间中有一定的视觉延续性。

第二节　雨水花园布局的要求及形式

一、协调雨水花园与场地环境的几个关系

雨水花园是关于雨水的众多基础设施中最常见、能灵活运用的设施,占地体量小、施工相对简便、适合低成本维护管理、景观效果良好、净化效果明显。雨水花园在运用中需要注意处理几个与环境相关的问题。

(1)雨水花园的主体功能定位应与当地降雨条件、场地地下水位、土壤渗透性相匹配。

(2)雨水收集面面积与雨水花园面积呈一定的制约关系。

(3)注意对周边基础设施的安全防护,如对道路路基的安全防护。

(4)合理设计竖向高差,尽量利用周边地形、地势组织雨水收集和调蓄,减少土方工程量和造价。

(5)完善场地的雨水平衡系统,保证雨水花园的良性运行。

(6)所用材料在当地易获得,建设及维护管理成本低。

二、雨水花园常见形式

(一)按功能分类

1. 以控制雨水径流量为目的的雨水花园

通过植物吸收和土壤滞留或渗透雨水,是该类雨水花园的主要目的。此类雨水花园的主要功能是减少雨水径流量,还有一定的净化水质、补充地下水的作用,一般较适用于居民小区、建筑庭院、公共建筑等污染较轻的小面积雨水径流。这类雨水花园结构简单,一般不需在底部设计专门的排水沟。

2. 以降低雨水径流污染为目的的雨水花园

该类型雨水花园的主要功能是降低雨水径流污染,且能渗透和滞留雨水,常用在停车场、广场、道路等雨水径流污染相对严重的场所。该类型的雨水花园在土壤的配合比、底层结构及植物

的选择上应该更加严密,对土壤的要求也相对苛刻,一般要求为壤质砂土,其中,砂土的含量为35%～60%,黏土的含量小于等于25%,渗透系数大于等于0.3 m/d。土壤中含有大量直径大于25 mm的木屑、碎石、树根或腐殖质等。该类雨水花园既需要净化径流雨水,还需要及时排除饱和的雨水径流,因此结构相对比较复杂,需设有溢流装置。

(二)按空间形态分类

雨水花园是城市绿色基础设施的重要构建部分,重点强调城市水环境与城市绿地的关联,是城市绿地网络系统的一个子系统,同样具有系统化、整体化的典型特征。它是一种"水"与"绿"复合的生态系统,具有雨洪生态调蓄和优化绿地环境的双重作用。

"水"与"绿"复合的生态系统,具体落到城市空间上可以划分为点、线、面三种空间形态。点状雨水花园指建筑周边小面积、独立、分散的雨水花园;线状雨水花园是指以街道雨水花园为代表,长度远远大于宽度,呈狭长线性空间景观的雨水花园;面状雨水花园指在城区建立的大型公园,大面积的汇水、渗水、保水型绿地。

城市可以采用点、线、面的空间构建方式对城市雨水进行调节,兴建城市绿地。点、线、面的有机结合,构成了雨水花园"水"与"绿"的交融体系,有助于完善城市绿色基础设施建设。

1. 点状雨水花园

点状雨水花园在本书中主要是指相对独立运行的,面积通常在1000 m²以下,且长宽比小于4:1的雨水花园,通常以建筑周边的单块绿地或广场中的单块绿地为依托。城市中建筑屋顶的面积占了整个城市硬化面积的30%左右。分散在建筑周边独立的雨水花园,可以有效地从源头控制建筑屋顶的雨水径流、削减其周边地表径流量、减轻屋顶雨水的污染、缓解城市热岛效应、调节建筑温度和美化环境,生态效益明显。

建筑周边的雨水花园对空间要求不严,可灵活设置。其在就地吸纳建筑屋顶雨水的同时,也为建筑提供了优美的外部环境。同时由于建筑直接与人们日常工作、生活密切相关,这类雨水花园可很好地融入城市景观之中。建筑周边的雨水花园可结合屋顶绿化及雨水收集系统形成立体雨水管理系统。

屋顶雨水被汇集流入地面后,在建筑周边的雨水花园内得到净化,净化后的雨水可储存利用。当雨量超过雨水花园的承受范围时,多余雨水由溢水口就近排入其他排水系统。雨水花园若设计有水体景观,在进行亲水性体验设计时,必须考虑到水质、水深对花园使用者安全的影响,同时需注意雨水花园入渗雨水不能影响到建筑基础安全。

建筑周边雨水花园按应用形式的不同,可以划分为建筑庭院雨水花园、建筑附属绿地雨水花园和建筑广场雨水花园三种。

(1)建筑庭院雨水花园。

建筑庭院拥有良好的空间围合感,内部环境相对独立、静谧。设计这类雨水花园时应注意:①满足收集、净化雨水的生态功能;②庭院空间可进行地形变化设计,不但利于划分空间,营造小中见大的空间氛围,而且可利用地形引导雨水自然收集、净化和渗透;③应提供良好的休憩环境,打造精致的庭院景观;④应与建筑的空间布局相契合,使景观融入建筑中。

（2）建筑附属绿地雨水花园。

建筑附属绿地是城市环境品质的代表，也代表了公司、集团等的商务形象，因此投资建设力度比较大。在建筑项目开发中，美国政府明确规定了开发商对建筑附属绿地的修建责任。

建筑附属绿地雨水花园设计需注意：①体现雨水处理的生态属性特征；②为建筑提供城市空间的限定范围；③适当设置休息停留设施，满足建筑内人群进行就近户外交流的需求；④注重可观赏性和总体景观效益；⑤因为场地直接与城市相接，可适当加入市民的游览、参与性景观项目。

（3）建筑广场雨水花园。

建筑广场是城市公共活动的聚集地，拥有大量的人流和硬质地面。在建筑广场的配套绿地中建设雨水花园有着重要的生态意义。设计这类雨水花园时应注意：①根据地下结构选择在合适的区域收集和渗透雨水，减少暴雨期广场地面的高峰水量；②布局应让出交通流线，不妨碍建筑广场的交通需求；③结合周边环境建立相应的停留、休息设施，满足人们集会、休息的需求；④收集净化后的雨水，在保证水质的前提下可作为建筑广场景观用水和建筑中水；⑤雨水花园收集、蓄水设计需充分考虑水深、水质等涉及人身安全的问题。

德国柏林最大的商业中心波茨坦广场是德国雨水利用的典范。对于广场上不宜建设绿地的地方，雨水均通过雨漏管引入地下蓄水池，再通过水泵与地面人工湖或水景观相连，形成雨水循环系统。另外，地下蓄水池设有水质自动监测系统和雨水处理系统。达标的雨水可以直接进入雨水循环系统，不达标的雨水则需要在蓄水池中进行处理。在蓄水池中较大颗粒的污染物可经沉淀去除，之后用泵将水输送至人工湿地，通过土壤基层、植物和藻类等来进行进一步的净化。这种方式解决了广场生态环境所面临的问题。

德国柏林波茨坦广场雨水花园(图 3-3)群落生境已经运作了近 10 年，其采取湿地净化系统，证明了这个净化系统的持久性。雨水花园粗放管理也在此得到了验证，此外利用雨水花园净化后的雨水创造出的景观也在当地得到了很高的评价。

图 3-3　德国柏林波茨坦广场雨水花园

（图片来源：http://photo.zhulong.com/ylmobile/detail123706.html）

建筑旁小面积场地的雨水一般进行集中处理,通过管道、沟渠等设施将屋顶的雨水引入雨水花园。植物以耐湿、耐旱的多年生乡土植物为主,以适应雨季及旱季的不同水分条件。

2. 线状雨水花园

线状雨水花园指长宽比大于 4∶1、形状狭长的雨水花园,通常是指依附于道路绿地的狭长带状雨水花园。街道是城市中重要的基础设施,但随着城市化进程的加快,由于不透水街道的建设等,街道雨洪问题越来越突出。街道线状雨水花园是一种利用道路绿地就近收集道路及周围硬化区域的地表径流、努力恢复自然界雨水循环系统的一种绿色基础设施。这种利用街道线状雨水花园来收集、渗透、净化、处理城市雨水的街道,被称作绿色街道(green street)。

绿色街道的普及,有效地减轻了市政排水系统的压力,并逐渐取代部分投入不菲的市政排水设施。但当降雨量大的时候,多余的雨水还是应当由灰色基础设施排入传统的城市排水系统。

街道雨水花园为城市街道搭建起一个处理城市道路雨水的绿色体系,雨水在街道雨水花园中大部分被净化与渗透。

街道雨水花园景观的设计,最早可追溯至 1971 年伊恩·麦克哈格与 WMRT 合作完成的得克萨斯州伍德兰兹(Woodlands)新城规划项目。伊恩·麦克哈格根据场地现状设计出了综合自然和人工特点的雨水排放系统。这套系统作为街道雨水花园景观的前身,不仅效率高,而且工程造价仅为全部铺设市政雨水管线的造价的 22.4%。现如今,欧美一些城市的市政当局经过评估,开始尝试通过雨水花园景观的普及来建设绿色街道,处理城市中的雨水排放问题。美国华盛顿州的西雅图早就开始实施绿色街道计划,并且西雅图交通部和公共事业部已携手创建覆盖整个城市街区的雨水花园。

街道雨水花园的推广和普及需在现有基础上进行相关改造。

(1) 改造隔离带、绿化带、路缘石。

我国城市街道的路缘石通常高出车行道 10 cm 以上,是为了利用隔离带和绿化带将机动车、非机动车、行人分隔,保证道路安全和通行能力。路缘石将雨水快速汇入雨水口并进入城市排水管网,这种以"排"为主的处理方式缺乏对雨水资源的有效利用,造成城市水资源的浪费。若要改变这个情况,建议选取具有较宽隔离带、绿化带的地段,将路缘石局部改为尽量与路面平齐的高度,留出豁口,降低绿地高度,将一部分街道雨水经过过滤、沉淀、收集等装置引入绿化带内,增加雨水渗透量,同时可减少绿化带的浇灌养护用水,也就地滞留了大量路面雨污。

用雨水花园构建绿色街道的经典案例有美国俄勒冈州波特兰的 NE Siskiyou 绿色街道(图3-4)。该项目获得了 2007 年度 ASLA(American Society of Landscape Architects,美国景观设计师协会)综合设计类荣誉奖,评语为"简洁、温馨和简单,这是在住宅环境中进行雨洪管理的一个很好的案例。用简单的手法却获得了很好的环境效益,它为设计者、决策者和社区树立了一个典范。交通通畅,它看起来甚至与现有的景观都非常协调"。NE Siskiyou 绿色街道被认为是波特兰绿色街道雨洪管理改造的最佳案例。

(2) 停车场设置下凹绿地。

在停车场邻绿地的一侧降低绿地的高度,使之低于停车场,形成下凹绿地。北京市在 1990—1991 年做了绿地高度对入渗量的影响试验,结果表明:标高低于周围路面的绿地,其入渗量是高于周围路面时的 3~4 倍。

图 3-4　波特兰街道雨水花园在原来街道变窄的基础上建成

(图片来源:刘娟娟摄)

街道线状雨水花园能够滞留雨水,延长径流流动时间,实现有效的路面雨水下渗。街道路面雨水径流可以通过街道固有的坡度、雨水收集池等方式加以引导,流入适宜布置街道雨水花园的绿地中,其线状的形态有利于结合地形、地势和人工构筑设施,打造一个完整的较长距离的街道雨水过滤景观链,对提升街道景观、改善街道环境、水体净化等起到良好的推动作用。

3. 面状雨水花园

面状雨水花园通常指面积在 0.2 ha 及以上,具备雨水调蓄、收集系统的园林绿地,也叫雨水公园。随着城市化进程的加快,面状雨水花园已经在景观设计中得到了应用,实际上城市公园已远远超出了雨水花园的范围。面状雨水花园是雨水花园向公园尺度的拓展,跟公园绿地一样,起到调节雨洪、控制水质的作用,也充分体现了雨水花园的设计思想。公园具有了更大尺度的雨洪调节能力,也更充分地发挥了雨水花园的作用。

公园绿地本身面积大,其大面积的集中绿地便于雨水的收集渗透。公园内部地形变化丰富,可结合植被群落有效地收集和净化雨水。公园绿地中的湖泊及河流结合人工湿地的设计,使得公园绿地成为雨水集蓄、水质处理的天然雨洪滞纳场。而公园内的广场、道路结合渗透性材料,有利于雨水花园技术的综合应用。

将公园中的水系统、雨水系统、污水净化系统结合,可实现水资源可持续利用的目的。面状雨水花园注重雨水的收集及循环使用,有利于降低绿地的浇灌及养护成本。同时,这种区域尺度的应用对于缓解城市用水紧张、改善城市生态条件、调节城市雨洪、控制城市水质都发挥了积极作用。

大面积的面状雨水花园常采取以下雨水处理方式。

(1)蓄:建立雨水收集系统,合理利用水资源,公园绿地内采用管道渗透技术,将多余绿地雨水沿管道汇入公园的湖池,集蓄雨水。

(2)净:充分利用植被体系集蓄雨水,减少地表径流。植被体系还具有很强的水质净化能力,植物根系对雨水的净化作用最为明显。

(3)渗:铺设透水性较好的生态型铺装,有效增加地面的渗水性,回补地下水。

(4)滞:建设下凹形绿地,强调绿地内的渗透作用,起到一定的滞洪效果。

(5)娱:将雨水生态技术与娱乐、科普教育设施相结合。展示水处理过程中的沉淀、加氧等工序,加入喷泉叠水以及其他水流发电或提水等使水流动的装置,寓教于乐,既实现生态功能,又达到科普教育的目的。

北京奥林匹克公园中心区下沉花园在雨水利用上进行了很好的探索和尝试(图3-5)。该下沉花园以下渗为主,回收为辅,先下渗、净化,再收集、回用。回收水可作为附近下沉花园绿化用水及观赏水景用水,以降低成本。雨水利用系统设计重现期定为5年,收集设计标准范围内的降雨量。

图 3-5　奥林匹克公园中心区下沉花园的雨水系统
(图片来源:姚忠勇摄)

区域尺度的公园绿地需考虑的雨水管理问题将会更加复杂,涉及水利工程、市政工程、水文、流域生态等方面,因此其对于城市整体水域环境的调控作用明显。区域尺度的公园绿地雨水调控方面的成功案例有杭州的"西湖西进"项目。该项目在西湖西边开拓大片湿地,暴雨时山体汇水进入西进水域内,起到减缓水流速度,防止雨水冲刷、剥蚀土地,控制泥沙量,蓄洪防旱等作用。该项目利用自然地形把水体建成多级净化体系,雨水汇集流入西湖前,已得到了有效的净化。城市雨洪的调控也带来了生物多样性的转变。湿地吸引了大量的候鸟以及其他物种,同时优化了景观格局,也推动了当地旅游业的发展,具有显著的经济效益和社会效益。

第三节　雨水花园的空间尺度设计

一、雨水安全入渗模型研究

(一)以渗透为主要功能的雨水花园的规模计算

以渗透为主要功能的雨水花园的规模计算常参考以下公式。

(1) 渗透设施有效调蓄容积(V_s)按公式(3-1)计算。

$$V_s = V - W_p \tag{3-1}$$

式中:V_s为渗透设施的有效调蓄容积,包括设施顶部和结构内部蓄水空间的容积,单位为 m^3;

   V 为渗透设施进水量,单位为 m^3;

   W_p为渗透量,单位为 m^3。

(2) 渗透设施渗透量(W_p)按公式(3-2)进行计算。

$$W_p = K \cdot J \cdot A_s \cdot t_s \tag{3-2}$$

式中:W_p为渗透量,单位为 m^3;

   K 为土壤(原土)渗透系数,单位为 m/s;

   J 为水力坡降,一般可取为 1;

   A_s为有效渗透面积,单位为 m^2;

   t_s为渗透时间,单位为 s,指降雨过程中设施的渗透历时,一般可取 7200 s。

渗透设施的有效渗透面积 A_s 应按下列要求确定。

①水平渗透面按投影面积计算。

②竖直渗透面按有效水位高度的 1/2 计算。

③斜渗透面按有效水位高度的 1/2 所对应的斜面实际面积计算。

④地下渗透设施的顶面积不计。

(二) 以储存为主要功能的雨水花园的规模计算

以储存为主要功能的雨水花园,其储存容积应通过"容积法"[公式(3-3)]及"水量平衡法"[公式(3-4)]计算,并通过技术经济分析综合确定。

$$V = -3H\varphi F \tag{3-3}$$

式中:V 为设计调蓄容积,单位为 m^3;

   H 为设计降雨量,单位为 mm,按 85% 的年径流控制量计算,武汉对应的设计降雨量为 43.3 mm;

   φ 为综合雨量径流系数,可参照表 3-1 进行加权平均计算;

   F 为汇水面积,单位为 m^2。

$$V = G + V_w + S \tag{3-4}$$

式中:V 为计算时段内进入雨水花园的雨水径流量,单位为 m^3;

   G 为计算时段内雨水花园种植填料层空隙的储水量,单位为 m^3;

   V_w为计算时段开始与结束时雨水花园内蓄水量之差,单位为 m^3;

   S 为计算时段内雨水花园的雨水下渗量,单位为 m^3。

表 3-1　不同地表的径流系数

汇水面种类	雨量径流系数(φ)	流量径流系数(ψ)
绿化屋顶(基质层厚度不小于 300 mm)	0.30~0.40	0.40
硬屋面、未铺石子的平屋面、沥青屋面	0.80~0.90	0.85~0.95
铺石子的平屋面	0.60~0.70	0.80

汇水面种类	雨量径流系数(φ)	流量径流系数(ψ)
混凝土或沥青路面及广场	0.80～0.90	0.85～0.95
大块石等铺砌路面及广场	0.50～0.60	0.55～0.65
沥青表面处理的碎石路面及广场	0.45～0.55	0.55～0.65
级配碎石路面及广场	0.40	0.40～0.50
干砌砖石及碎石路面及广场	0.40	0.35～0.40
非铺砌的土路面	0.30	0.25～0.35
绿地	0.15	0.10～0.20
水面	1.00	1.00
地下建筑覆土绿地（覆土厚度不小于 500 mm）	0.15	0.25
地下建筑覆土绿地（覆土厚度小于 500 mm）	0.30～0.40	0.40
透水铺装地面	0.08～0.45	0.08～0.45
下沉广场(50 年及以上一遇)	—	0.85～1.00

注：表中数据来自《室外排水设计标志》(GB 50014—2021)和《海绵城市雨水控制与利用工程设计规范》(DB11/685—2021)。

二、雨水花园平面尺寸设计

雨水花园系统设计的各阶段均应体现低影响开发设施在平面布局、竖向尺寸、构造方面的特征，并注意其与城市雨水管渠系统和超标雨水径流排放系统的衔接关系等。

雨水花园面积主要由以下因素决定：①雨水花园的深度；②雨水花园处理的雨水径流量；③雨水花园的土壤渗透性；④雨水花园的有效容量。

为较精确地计算雨水花园面积，可采用以下几种方法：①基于达西定律的渗透法；②蓄水层有效容积法；③完全水量平衡法。每一种方法都有其优点与局限性，虽结果比较精确，但计算都很烦琐。

雨水花园面积与降雨量有关，我国大部分地区处于季风性气候区，降雨量集中于某一时段，极不均衡。如按最大降雨量计算，成本不经济。汇水面积过大会带来较高的前期投资和后期管理的诸多问题。可采用精度要求不高的基于汇水面积的比例估算法，同时结合环境现状在景观效果、投资、管理等方面寻找一个平衡点。

(1)汇水面积 $S_汇$ 为各雨水收集面积与其雨量径流系数乘积之和，见公式(3-5)。

$$S_汇 = S_屋 \times \varphi_屋 + S_地 + S_草 \times \varphi_草 \tag{3-5}$$

式中：$S_屋$ 为屋顶面积，单位为 m²；

$\varphi_屋$ 为雨水花园所承担屋顶径流的雨量径流系数；

$S_{地}$为场地中硬化地的面积,单位为 m^2;

$S_{草}$为场地中被草坪或地被植物覆盖的面积,单位为 m^2;

$\varphi_{草}$为雨水花园所承担草坪或地被植物径流的雨量径流系数,一般取 0.2。

（2）径流量 Q 见公式（3-6）。

$$Q = S_{汇} \times h \tag{3-6}$$

式中:h 为当地 24 h 最大降雨量,单位为 m。

确定 24 h 渗水深度 h_0（单位为 m）,见公式（3-7）。

$$h_0 = 24 \times r \times 3600 = 8.64 \times 10^4 \times r \tag{3-7}$$

式中:r 为雨水花园的渗透速率,单位为 m/s。

由此,综合以上公式,可得雨水花园面积 $S_{花}$ 简要计算公式［公式（3-8）］。

$$
\begin{aligned}
S_{花} &= Q/h_0 \\
&= S_{汇} \times h/(8.64 \times 10^4 \times r) \\
&= (S_{屋} \times \varphi_{屋} + S_{地} + S_{草} \times \varphi_{草}) \times h/(8.64 \times 10^4 \times r) \\
&= 1.1574 \times 10^{-5}(S_{屋} \times \varphi_{屋} + S_{地} + S_{草} \times \varphi_{草}) \times h/r
\end{aligned} \tag{3-8}
$$

三、雨水花园的竖向尺寸设计

雨水花园的竖向设计是衡量雨水花园雨水收集系统性、蓄渗能力的一个重要指标,对工程建设起着很大的制约作用。雨水花园绿地只有低于周围汇水面,雨水才能更好地汇入、蓄积、入渗,实现调节城市雨洪、补给地下水的作用,尤其是对于较短时期的降雨蓄容效果更佳。

雨水花园既能很好地蓄积和入渗建筑物、街道、立交桥等附近的小面积汇水区域的径流雨水,又能在广场、公园、市郊等空旷区域大规模应用,其竖向设计视具体环境而定。在周边雨水能顺利汇入雨水花园的前提下,笔者认为雨水花园自身的竖向设计主要包括雨水花园表面纵向排水坡度、表面下沉深度、溢水口高度、溢水管埋深、池底基础埋深五个部分。

1. 雨水花园表面纵向排水坡度

雨水花园表面纵向排水坡度是保证周边雨水在重力自流作用下汇入雨水花园后,雨水经过表面土壤面层或草坡的排水坡度。若表面纵向排水坡度过小,表面水流速度则较缓,雨水能有较长的入渗时间,但雨水花园占地面积大,雨水蓄积能力有限。雨水花园表面纵向排水坡度越大,雨水流经表面速度越快,越容易很快形成场地积水,也容易对雨水花园土壤表面的覆盖层、种植层造成冲刷。

设计适宜的表面纵向排水坡度,有利于有效地收集和引导雨水。坡度应当陡缓结合,使雨水在收集过程中与植物、土壤充分接触,达到净化雨污的目的。表面纵向排水坡度应大于雨水自流坡度,建议取 2% 以上,这样能具备较好的蓄积能力并节约场地空间;若表面纵向排水坡度过大,则雨水对土壤表层的冲刷能力也强,不利于表层稳定和维护管理,故最大表面纵向排水坡度不宜超过 20%,这是适宜的土壤安息角。

田仲通过试验研究观测了 4 种表面纵向排水坡度的草坪绿地径流,发现这些草坪绿地上产流的临界降雨量为 9 mm,小于 9 mm 的雨量无论在哪种坡度的地面都没有地表径流产生。一旦降雨量大于 9 mm,径流都会产生。试验可知,绿地具有很强的渗透作用,随着绿地表面纵向排水坡度的变大,径流效率也会变大。在雨水花园的竖向设计中,渗透型雨水花园要拥有大量的绿地面积,充分利用绿地较强的渗透力。绿地还应尽可能采用较小的坡度。坡度越缓,地表径流就越小,同时雨水汇流的速度会减缓,增加了雨水渗透的时间,也增加了渗透量。在进行绿地竖向设计时,用跌水式的陡坎处理绿地的高差,将雨水拦蓄起来可以加强雨水的渗透和集蓄。

2. 雨水花园表面下沉深度

雨水花园表面下沉深度指雨水花园绿地低于周边地面的平均深度。为了保证一定的蓄水能力,表面下沉深度通常大于 100 mm、小于 200 mm。蓄水深度控制在 200 mm 以内,是为了防止超过 24 h 仍有大量明水,这在夏季容易滋生蚊虫。可根据现场条件、植物耐淹性能、土壤渗透性能、雨水花园的面积确定雨水花园表面下沉深度。

3. 雨水花园溢水口高度

雨水花园溢水口高度与雨水花园设计蓄水深度相同,超过该深度的雨水则由溢水口溢出。高度设置与雨水花园的类型、蓄水要求、基础入渗率相关。通常入渗型雨水花园的溢流口顶部标高一般应高于雨水花园下沉深度 50~100 mm。

4. 雨水花园溢水管埋深

雨水花园溢水管埋深与溢水管终端管底标高之间存在关联,即溢水管终端管底宜与衔接处的市政排水管标高相同,则雨水花园溢水管的埋深需保证雨水自进入溢水管后,在自重下能顺畅流入溢水管终端,且与市政管网衔接处至少有 0.5% 的坡度。

5. 雨水花园池底基础埋深

雨水花园池底基础埋深与雨水花园的蓄积深度对应,但通常以不超过 2 m 为宜,因为过深会增加工程量和建设成本;同时应在设施底部渗透面距离季节性最高地下水位或岩石层小于 1 m 及距离建筑物基础水平距离小于 3 m 的区域内,采取必要的措施以防止次生灾害的发生。

四、雨水管理模型

(一) 汇流模型

城市雨水管理模型全名为 strom water management model,简称 SWMM,由美国国家环境保护局资助,多家单位联合开发而成。它是一个动态的降水-径流模拟模型,主要用于模拟城市某单一降水事件或进行长期的水量和水质模拟。SWMM 软件在世界范围内广泛应用于城市地区的暴雨洪水、合流式下水道、排污管道及其他排水系统的规划、分析和设计,在其他非城市区域也有广泛的应用。在我国,由于目前海绵城市规划的推进以及《室外排水设计标准》(GB 50014—2021)中要求大于 2 km² 的区域要进行水力模型模拟,故该软件目前应用越来越广泛。

SWMM 主要应用的是非线性水库模型,该模型于 1971 年首先由 Chen 等提出。在 SWMM 模型中,汇水区域被划分为透水区、不透水区及不透水无注蓄区,对于这三种类型模型分别计算汇水径流量,最后求和得到汇水区域总径流量,见公式(3-9)。

$$Q = \sum_{i=1}^{3} q_i A_i \qquad (3-9)$$

式中：q_i、A_i 为透水区、不透水区及不透水无洼蓄区的单位流量和面积，单位分别为 L/s 和 m²。

其中，影响汇水区域汇流量的参数主要有不同性质汇水区（透水区、不透水区及不透水无洼蓄区）面积、洼蓄深度、坡度、曼宁系数和区域宽度。在构建模型的过程中，汇水区域面积、坡度可以根据实际区域划分来确定和计算。

对于曼宁系数，很多 SWMM 中给出了参考值，具体可参考表 3-2。

表 3-2 曼宁系数推荐值

路 面 性 质	曼 宁 系 数	取 值 范 围
平坦柏油路	0.012	0.010～0.015
沥青和砂石路面	0.014	0.012～0.016
混凝土路面	0.017	0.014～0.020
公园和草地	0.075	0.040～0.120
商业用地	0.022	0.014～0.035
工业用地	0.035	0.020～0.050
密集住宅用地	0.040	0.025～0.060
城郊住宅用地	0.055	0.030～0.080
粗糙的不透水面	0.019	0.015～0.023
平坦不透水面	0.013	0.011～0.015

洼蓄深度推荐值可参考表 3-3。在雨水管理模型构建中，洼蓄深度建议根据汇水区域透水区、不透水区的各种下垫面进行加权平均计算。若下垫面性质获取困难，透水区洼蓄深度取 6.5 mm，不透水区洼蓄深度取 1.5 mm 为宜。

表 3-3 洼蓄深度推荐值

研 究 者	洼蓄量 /mm	地 区
Hicks(1944)	砂土,5.1;壤土,3.8;黏土,2.5	洛杉矶的城市区域
Tholin,Keifer(1960)	透水区,6.4;不透水区,1.6	—
Brater(1968)	5.1	底特律市的 3 个汇水区
Miller,Viessman(1972)	2.5～3.8	4 个综合的城市集水区
American Society of Civil Engineers(1992)	透水区,6.35;不透水区,1.5875	—
Denver Urban Drainage, Flood Control District(2007)	草地,8.89;开阔田野,10.16; 坡屋顶,1.27;平屋顶,2.54	—

陶涛针对方法中所采用的关键参数进行了分析，提出了参数的建议取值范围。其中，曼宁系数、汇水区面积、区域坡度根据实际区域特征选取；对于洼蓄深度，建议透水区取 6.5 mm，不透水区取 1.5 mm；区域宽度在模型中的选取较为重要，以面积除以最远汇水距离计算更为合理。对

于面积大于 2 ha 的区域,结合等流时线法进行计算更为合理,同时对汇水区域划分得越小,其精度也会越高,建议汇水区域小于 2 ha。

(二) 下渗模型

下渗是产流过程中的重要组成部分,降雨除去下渗、蒸发和填洼的部分后形成净雨,进入汇流阶段。相比蒸发和填洼,下渗在产流过程中影响最大,因此下渗模型也是产流模型中的重要部分。SWMM 主要采用的入渗公式为霍顿公式、Green-Ampt 公式及美国水土保持局 (Soil Conservation Service, SCS) 提出的径流曲线值 (curve number, CN) 法。

SWMM 包括径流模块、输送模块、扩展的输送模块、调蓄 / 处理模块和受纳水体等主要模块。模型可以显示系统内和受纳水体中各点的水流、水质状况。

霍顿公式是一个经验公式,它采用 3 个系数描述入渗率随降雨历时的变化,见公式 (3-10)。

$$f_{p,t} = f_\infty + (f_0 - f_\infty) e^{-k_d t} \tag{3-10}$$

式中:$f_{p,t}$ 为 t 时刻的下渗率,单位为 mm/h;

f_∞ 为饱和下渗率,单位为 mm/h;

f_0 为初始下渗率,单位为 mm/h;

k_d 为衰减速度,单位为 h^{-1}。

霍顿公式的主要参数有 3 个,分别为初始下渗率 f_0、饱和下渗率 f_∞ 和衰减速度 k_d。参数一般与土壤的性质、密实度及前期湿度相关。当地有实测或试验资料时可直接采用。如果没有,可借鉴类似地区的经验值。对于这几个参数的选取并没有很好的建议,因为他们与具体的土壤、植被和初始含水量有关,理想化的参数选取只能经过实际测量而定。国内雨水模型也大多采用霍顿公式,初始下渗率及饱和下渗率基本都采用 SWMM 中的默认值,即 76.2 mm/h,也有部分地区会适当增大,但范围基本是 70~100 mm/h,这个范围对应的是干燥黏土至干燥壤土,也基本符合我国大部分地区的土壤性质,因此取值基本合理。在设计规划阶段,从偏安全的角度出发,初始下渗率不宜取值太大,建议取 75 mm/h 左右,而此时饱和下渗率的选择同样也需慎重,从偏安全的角度出发,建议取 3~5 mm/h。

Akan 于 1992 年又提出了改进的霍顿法。该方法与霍顿公式使用相同的参数,较适合长期的小强度降雨,其结果略大于霍顿公式。

Green-Ampt 公式下渗曲线能较好地反映土壤下渗过程的物理机制,但是该公式只考虑土壤含水量对下渗计算的影响,没有考虑下垫面性质的影响,因此对于城市区域的汇流适用性一般。

SCS-CN 法是美国水土保持局提出的一个经验模型,用来计算无降雨过程记录地区的径流量,适用于不同的土壤类型,并根据土壤类型定义为不同的径流曲线值。径流曲线值与流域下垫面性质、土壤类型、土壤利用状况、土地用途和土壤前期条件等密切相关,可以用来反映流域的特征。该公式计算方法简单,适用于设计暴雨强度较大及流域面积较大的情况。SWMM 中定义的降雨与径流的关系如公式 (3-11) 所示。

$$Q = \frac{P^2}{P + S_{max}} \tag{3-11}$$

式中:Q 为单位面积单位时间的径流量,单位为 mm;

P 为单位面积降雨量,单位为 mm;

S_{max} 为单位面积最大储水能力,单位为 mm,它可以通过径流曲线值求得,见公式(3-12)。

$$S_{max} = 25.4 \times \left(\frac{1000}{CN} - 10 \right)$$ (3-12)

式中:CN 为径流曲线值。

土壤下渗量等于降雨量减去径流量,见公式(3-13)。

$$F = P - \frac{P^2}{P + S_{max}}$$ (3-13)

同样,t 时段初的下渗量 F_1 和 t 时段末的下渗量 F_2 计算如下。

$$F_2 = P_2 - \frac{P_2^2}{P_2 + S_{max}} \ , \ F_1 = P_1 - \frac{P_1^2}{P_1 + S_{max}} \ , \ P_2 = P_1 + i\Delta t$$

下渗率按公式(3-14)计算。

$$f = \frac{(F_2 - F_1)}{\Delta t}$$ (3-14)

美国农业部自然资源保护局(Natural Resources Conservation Service,NRCS)根据土壤的性质及透水性能将径流曲线值划分为 A、B、C、D 四类,再根据下垫面的利用现状定义了不同土壤性质对应的径流曲线值。如采用此模型计算,过程中应注意透水区和非透水区都定义了修正的径流曲线值。

通过相关分析,在设计规划阶段,若土壤类型、下垫面及植被情况等不详,则初渗率不宜取值太大,建议取 75 mm/h 左右,而稳渗率的选择同样也需慎重,以 3~5 mm/h 为宜,衰减速度的值以偏大为宜,因此建议取 4~6 h^{-1}。

(三) 低影响开发模型

SWMM 中的低影响开发模块,提供了生物滞留、雨水花园、绿色屋顶、透水铺装、渗透渠、雨水桶、植草沟共 7 种分散的雨水处置技术,通过对调蓄、渗透及蒸发等水文过程进行模拟,结合 SWMM 模型的水力模块和水质模块,实现 LID 技术措施对径流量、峰值流量及径流污染控制效果的模拟。

不同的 LID 模块包括不同的结构构造,具体包括表面层、路面透水层、土壤层、蓄水层、排水材料层和管渠层。雨水花园必须设置土壤层,而透水铺装中可以选择性地设置土壤层,即土壤层的厚度可设置为 0。探讨雨水花园的计算过程时,不同的 LID 模块计算过程略有不同,具体与各模块的结构层有关。

(1) 地表下渗量采用修正的 Green-Ampt 方法计算单位时间表面层下渗量,受土壤层蓄水能力影响,最大值不能超过土壤层蓄水量、蒸发量和下渗量三者之和。

(2) 表面层蓄水量见公式(3-15)。

$$S_{sur} = d_{sur} (1 - F_{veg})$$ (3-15)

土壤层蓄水量见公式(3-16)。

$$S_{soi} = m_{soi} T_{soi}$$ (3-16)

蓄水层蓄水量见公式(3-17)。

$$S_{st} = d_{st} [V_{st} / (1 + V_{st})]$$ (3-17)

式中：S_{Sur} 为单位面积表面层蓄水量，单位为 mm；

S_{soi} 为单位面积土壤层蓄水量，单位为 mm；

S_{st} 为单位面积蓄水层蓄水量，单位为 mm；

d_{Sur} 为表面层水深，单位为 mm；

F_{veg} 为表面层植被容积；

m_{soi} 为土壤层湿度；

T_{soi} 为土壤层厚度，单位为 mm；

d_{st} 为蓄水层水深，单位为 mm；

V_{st} 为蓄水层孔隙比。

（3）表面层蒸发量、土壤层蒸发量、蓄水层蒸发量与各层蓄水量相关，其中土壤层蓄水量只考虑可用蓄水量，可用蓄水量见公式（3-18）。

$$S_{soi,avail} = S_{soi} - T_{soi} W_{soi} \tag{3-18}$$

式中：$S_{soi,avail}$ 为土壤层可用蓄水量，单位为 mm；

W_{soi} 为土壤层枯萎点。

（4）土壤层渗流量计算见公式（3-19）、公式（3-20），同时受蓄水层蓄水量影响，渗流量不能超过蓄水层水量。

$$Perc_{soi} = C_{soi}e - dCSsoi \tag{3-19}$$
$$d = P_{soi} - m_{soi} \tag{3-20}$$

式中：$Perc_{soi}$ 为单位时间内土壤层渗流量，单位为 mm；

C_{soi} 为土壤层导水率，单位为 mm/h；

e 为自然常数；

d 为土壤层可容纳渗流度；

CS_{soi} 为土壤层导水坡度；

P_{soi} 为土壤层空隙度；

m_{soi} 为土壤层湿度。

（5）蓄水层渗流量受阻塞因子影响，其计算见公式（3-21）。同时其渗流量不应超过蓄水层最大有效蓄水量，如超过蓄水层最大有效蓄水量，则取两者之间最小值。

$$Exf_{st} = SR_{st}[1 - (flow_{in} + rainfall) / CL_{st}] \tag{3-21}$$

式中：Exf_{st} 为蓄水层渗流量，单位为 mm；

SR_{st} 为蓄水层渗透率；

$flow_{in}$ 为流入 LID 模块的径流量，单位为 mm；

rainfall 为降雨量，单位为 mm；

CL_{st} 为蓄水层堵塞因子。

（6）表面层径流量采用曼宁公式计算，见公式（3-22）。

$$flow_{sur} = \frac{1}{n_{sur}} S_{sur}^{\frac{1}{2}} (d_{sur} - H_{sur})^{\frac{5}{3}} \frac{W}{A} \tag{3-22}$$

式中：$flow_{sur}$ 为表面层径流量，单位为 mm；

n_{sur} 为表面层曼宁系数，单位为 mm；

S_{sur} 为表面层表面坡度；

H_{sur} 为表面层护坡高度,单位为 mm;

W 为 LID 宽度,单位为 m;

A 为面积,单位为 m^2。

如地表水深 $d_{sur} < 0$,则 $flow_{sur} = 0$。

(7) 水位更新。计算各层单位面积上的流量通量 q,见公式(3-23)、公式(3-24)、公式(3-25)。

$$q_{sur} = (flow_{in} + rainfull - Eva_{sur} - Inf_{sur} - flow_{sur}) / (1 - F_{veg}) \tag{3-23}$$

$$q_{soi} = \frac{Inf_{sur} - Eva_{soi} - Perc_{soi}}{T_{soi}} \tag{3-24}$$

$$q_{st} = (Perc_{soi} - Eva_{st} - Exf_{st})(1 + V_{d_r}) / V_{d_r} \tag{3-25}$$

式中:Eva_{sur} 为表面层蒸发量,单位为 mm;

Inf_{sur} 为表面层下渗量,单位为 mm;

Eva_{soi} 为土壤层蒸发量,单位为 mm;

Eva_{st} 为蓄水层蒸发量,单位为 mm;

Exf_{st} 为蓄水层渗流量,单位为 mm;

Vd_r 为蓄水层孔隙比。

通过求解 $\frac{dx}{dt} = q$(其中 x 为各层水位或湿度变量,t 为时间),更新下一时段的各层水位 d_{sur}、d_{st} 及湿度 m_{soi}。

SWMM 对于 LID 中各个参数给出了参考值,见表 3-4。SWMM 对其中各层的厚度都提出了建议值,具体可根据工程实际修改。而对表面层,其护坡高度指的是在形成地表径流之前所能汇集的水位高度,因此在目前下沉式绿地的设计模拟中,可通过设置此参数模拟计算其削减峰值的能力。而对于空隙度、孔隙比等参数,SWMM 同样也给出了建议参考值。但对于土壤层,其值与土壤的性质有关,因此对于不同土壤,其空隙度、持水率、枯萎点及导水率 4 个参数变化较大,具体可参见 Rawls 等的研究成果。另外 2 个关键参数为堵塞因子和流量系数。堵塞因子指的是由于路面或透水层堵塞导致下渗性能受到损失的程度,对于该值没有明确的建议,可视具体情况而定,SWMM 也给出了一个建议性的计算方法,具体可参考文献。SWMM 并未给出流量系数的建议值,因此该值还有待于进一步试验和研究分析确定。土壤层部分参数建议值见表 3-5。关于具体参数的更多建议值可查阅文献。

表 3-4 LID 各参数建议值

结 构 层	参 数	参 考 取 值
表面层	护坡高度 H_{sur}	实际值
	植被容积 F_{veg}	$0.1 \sim 0.2$ 或忽略
	曼宁系数 n_{sur}	参考
	表面坡度 S_{sur}	实际值
蓄水层	厚度 T_{st}	$150 \sim 450$ mm
	孔隙比 V_{st}	$0.5 \sim 0.75$
	渗透率 SR_{st}	稳渗率(霍顿公式);导水率(Green-Ampt 公式)
	堵塞因子 CL_{st}	——

结 构 层	参 数	参 考 取 值
路面透水层	厚度 T_{pv}	$100\sim150$ mm
	孔隙比 V_{pv}	$0.12\sim0.21$
	不透水面比 I_{pv}	实际值
	空隙度 P_{pv}	参考
	堵塞因子 CL_{pv}	—
土壤层	厚度 T_{soi}	$450\sim900$(绿色屋顶 $75\sim150$) mm
	空隙度 P_{soi}	见表 3-5
	持水率 F_{soi}	见表 3-5
	枯萎点 W_{soi}	见表 3-5
	导水率 C_{soi}	见表 3-5
	导水坡度 CS_{soi}	$30\sim60$
	吸水高度 H_{soi}	同 Green-Ampt 法中的设置
排水材料	厚度 T_{dm}	$250\sim500$ mm
	孔隙比 V_{dm}	$0.5\sim0.6$
	曼宁系数 n_{dm}	$0.1\sim0.4$
管渠层	流量系数 FC_{dr}	—
	流量指数 E_{dr}	0.5
	偏移高度 O_{dr}	实际值

表 3-5 土壤层部分参数建议值

土 壤 类 型	土壤空隙度 P_{soi}	持水率 F_{soi}	枯萎点 W_{soi}	导水率 C_{soi} /(mm/h)
砂土	0.437	0.062/0.08	0.024/0.03	120.396
壤质砂土	0.437	0.105/*	0.047/*	29.972
砂质壤土	0.453	0.19/0.17	0.085/0.07	10.922
壤土	0.463	0.232/0.26	0.116/0.14	3.302
粉质砂土	0.501	0.284/0.28	0.135/0.17	6.604
砂质黏壤土	0.398	0.244/*	0.136/*	1.524
黏质壤土	0.464	0.31/0.31	0.187/0.19	1.016
粉质黏壤土	0.471	0.342/*	0.210/*	1.016
砂质黏土	0.430	0.321/*	0.221/*	0.508
粉质黏土	0.479	0.371/*	0.251/*	0.508

土 壤 类 型	土壤空隙度 P_{soi}	持水率 F_{soi}	枯萎点 W_{soi}	导水率 C_{soi} /(mm/h)
黏土	0.475	0.378/0.36	0.265/0.26	0.254
泥炭土	—	*/0.56	*/0.30	—

注:"/"左边为 Rawls 等 1983 年研究成果,"/"右边为 Linsley 等 1982 年研究成果;"＊"表示无此类型成果;其余数据均为 Rawls 等 1983 年研究成果。

本章从雨水花园的选址和布局要求进行了探讨。近硬化地表的雨水花园能就近消纳雨水、节约成本,但需注意对构筑物的安全防护;远离硬化地表的雨水花园可能有更大的面积,可引入更多雨水处理方式。雨水花园的布局应协调场地与环境之间的关系,按面积和形状特点可分为点状、线状、面状三种形式。本章还对雨水花园的平面布局、竖向尺寸进行了探讨。匹配环境的雨水花园尺寸与汇水面积、汇水基底、构造及土壤的渗透率相关。

总之,雨水花园是处理雨水与场地相互平衡关系的系统工程,选址和布局直接影响场地外部形象塑造。雨水花园设计应尽可能与环境协调,解决好雨水的竖向排水、安全入渗问题,为后面有关雨水花园构造、植物筛选、实证建设等问题提供基础支撑。

第四章　雨水花园的生态显露设计

第一节　生态显露设计概念和内涵

生态显露设计即揭露和解释生态现象、过程和关系的景观设计,用于显露自然元素及自然生态过程,引导人们体验自然,唤醒人们对自然的关怀。

显露生态是一种审美生态,帮助人们了解自己与自然之间的关系,设计人们的体验。生态显露设计强调的不仅是形式的美观、功能的多样,还结合自然生态,吸引人并引导他们进行活动。设计师通过设计方案强调并且让公众知道设计原因、现状和问题的处理方式,利用设计,强调、揭露自然,引起公众的兴趣,通过对环境的评估做出明智的决策来提高人们的欣赏能力。

第二节　雨水花园生态设计的特征及策略

一、生态显露设计的特征

1. 作为环境教育的工具

显露出被隐藏的系统和过程,能帮助人们看见并理解复杂的自然过程,将场地的信息传达给人们,目标是提高人们对生态环境的理解并改善人们与生态景观的关系。

2. 新领域的、创造性的生态表达

传统园林设计中,设计师往往起决定性作用,而生态设计是人人都参与设计。人们的活动会影响自己与他人,还会导致环境的变化,每个人都是被设计的对象。在设计时既要考虑如何让人们感受到显露的生态景观并参与到自然过程中,还要使人们意识到其行为将会给生态带来影响。

二、生态显露设计的策略

1. 让生态过程可观察

人们通过视觉、听觉、触觉等体验和感受景观。生态过程的揭露可以离开人们的管理,通过真正的自然来实现,但一般不容易被看到。通过人工设计来展现生态过程,人们在使用时就可以感受、了解和欣赏这些过程,这样的设计需要定期管理。雨水花园的生态显露设计是在雨水流入

雨水管前,将地表雨水通过植物和砂土的共同作用收集、净化,再渗入土壤,或者作为景观用水或部分城市用水,并且让人们对水的循环使用有直观的感觉。

2. 让生态过程可参与

生态显露设计的目的是在自然中教育、启发人们。如在成都活水公园(图 4-1),人们可以亲眼见到水由污浊变清澈的自然过程。公园为污水处理提供了新思路:在对污水进行处理的同时,提供科研学习功能,公园的生态价值、经济价值、教育价值都很明显。如美国的阿克塔湿地与野生动物保护区(图 4-2)是阿克塔市废水处理设施的所在地。保护区占地 1.24 km²,包括淡水沼泽、咸水沼泽、潮汐沼泽、泥滩等,有大约 8 km 长的步行和自行车道,以及一个解说中心。阿克塔湿地将传统的废水处理与人工湿地相结合,成功地将废水转化为资源。

图 4-1　成都活水公园局部

(图片来源:http://finance.sina.com.cn/jjxw/2022-10-14/doc-imqmmthc0929370.shtml)

图 4-2　阿克塔湿地与野生动物保护区

(图片来源:https://www.appropedia.org/Arcata_Marsh_overview#/media/File:ArcatamarshCreativeCommons.jpg)

3. 让生态效果可体验

读懂生态知识和生态过程,将大众体验融入游憩活动中,实地感受生态效果是生态显露设计科普的最佳模式。

杭州西溪湿地公园（图4-3）是在原生地貌上结合鱼塘养殖形成的湿地形态，内部溪流、池塘等水域占比70％，沼泽地、陆地仅占30％。园区分为东部湿地生态保护培育区、中部湿地生态旅游休闲区和西部湿地生态景观封育区。湿地公园内芦白柿红、桑青水碧，极富江南水乡的田园气息。该湿地公园通过自然生态的景观，展现了生态系统运作的原理和过程，也给了公众体验生态的场所。

图4-3　杭州西溪湿地公园局部

（图片来源：http：//k.sina.com.cn/article_213815211
_0cbe8fab02000ftut.html）

4. 让生态模式可复制

生态显露设计的目的之一是普及生态理念及知识，发挥良好的生态效应。因此，可尝试将生态显露设计简洁化、模块化，以便复制、传播和应用。

第三节　雨水花园生态显露设计的案例

雨水花园生态显露设计以可视化的绿色基础设施呈现雨水路径下的雨水管理方式，通过台地形式、植草沟、下凹式绿地、曝气的喷泉或水景装置、滞留池塘、渗滤池、植物等，帮助人们观察雨水生态过程的复杂性，理解或体验雨水路径、雨水花园的工作原理及其作用。使用者能够从可视化空间、材料等的呈现中，了解到设计师和业主对雨水资源的态度及其在环境营造中的努力。

1. 上海世博后滩湿地公园——可见的新型雨洪管理模式

上海世博后滩湿地公园为上海世博园的核心绿地景观之一，位于园区西端，在黄浦江东岸与浦明路之间，占地18 ha。场地原为钢铁厂（浦东钢铁集团）和后滩船舶修理厂所在地。公园以接纳游客、展示绿色技术为设计目标。

后滩公园在狭长的场地中创造了丰富的空间和溪谷景观。生态理念贯穿全部设计过程，如生态护岸与生态防洪设计、乡土物种与材料的应用、生物多样性的保护意识、材料的节约与循环利用、场地废弃物的再利用等。该公园具有水体净化、雨洪管理、生物多样性保育等多种生态功能。

设计时保留了场地内原有的一块面积为16 ha的江滩湿地（图4-4），供多种鸟类栖息及防洪减灾；原有水泥硬化防洪堤被改造成生态型滨江潮间带湿地，供乡土水岸植物繁衍生长。根据现状绿化及湿地，设计了一个人工内河湿地系统（图4-5），长度为1.7 km。它将来自黄浦江的废弃水或者雨水，通过沉淀池、叠瀑墙、梯田等具有不同深度和动植物群落的湿地净化成为三类净水，可为公园提供水景所需的循环水、绿化灌溉用水和公厕用水等。后滩公园建立了新型、可复制的雨洪管理模式，水系统通过一系列的生态过程实现了自我净化，而不需要人工管理。同时，自然做功过程形成了一条游览路线，可让游人观看、了解，进而引起人们关注自然生态系统和严峻的环境问题。

图 4-4　江滩湿地

图 4-5　湿地系统

公园植被以乡土物种为主,配置吸污能力强、根系发达、固沙能力强、耐淹的草本植物。重金属净化区长约 260 m,主要通过水生植物吸附、富集一些有毒及有害物质,以沉水植物为主,浮水植物为辅,少量种植挺水植物,如香蒲、芦苇、鸢尾、菰等。营养物净化区长约 250 m,植物在受污染的江水中吸收大量的无机氮、磷等营养物质,可更好地生长发育,以种植挺水植物(芦苇、香蒲、水葱、鸢尾、菰等)和浮水植物(浮萍、睡莲、槐叶萍等)为主。

在江滩的自然基底上,选用江南地区的四季作物,运用梯田和灌溉技术解决高差问题,实现蓄水、净化的功能,营造都市田园。

2. 波特兰会展中心雨水花园——显露的雨水处理方法

由梅尔·里德景观设计事务所负责设计的波特兰会展中心雨水花园呈现了雨水的生态处理方法。雨水花园在造型上设计了一系列浅滩、小瀑布及被玄武岩堰分隔而成的串联水池,减缓了暴雨流下来的速度,同时也使雨水充分渗入地下,减少砂土的流失,涵养水源。收集起来的雨水蜿蜒流入一些石砌的浅水池中,延长了杂质的沉淀时间,起到了物理过滤的作用(图 4-6)。石材使水中颗粒较大的杂质沉淀(图 4-7),水渠两边栽植的水生植物能够吸收一些水中的有毒、有害物质,还能输送氧气,使水系更加具有活力(图 4-8)。

图 4-6　雨水收集装置
(图片来源:https://bbs.zhulong.com/
101020_group_689/detail9159570/)

图 4-7　石材体系
(图片来源:https://bbs.zhulong.com/
101020_group_689/detail9159570/)

图 4-8　人工水渠和植物共生
(图片来源:https://bbs.zhulong.com/
101020_group_689/detail9159570/)

经过叠水体系、石材体系和植物体系三大体系过滤的雨水可以安全地排入河流,也可以被收集起来,进行灌溉或作为景观水,或者为城市缺水地区提供可以用来冲厕所的公共用水。雨水花园整个过滤过程全都显露出来,让人们可以直观地看到雨洪的处理方式和水的循环利用,从而与自然更加亲近,更能体会保护环境的重要性。

在公众认知角度,雨水花园可以界定为运用低影响开发设施建造的花园。新时代的雨水花园应是将功能性、技术性与艺术性有机统一的花园,它包含雨水生态、土壤生态、植物生态、景观生态和生态美育等。

3. 北京交通大学雨水花园——校园雨水花园设计

校园环境的感染力是无意识教育实现的重要途径。校园雨水花园能够以雨水花园为媒介,对"雨水生态"进行"特征刻画",通过功能、技术和艺术的结合创造花园的感染力,通过生态显露设计呈现花园的雨水生态过程,使学生们在雨水花园的使用过程中,无意识地体验雨水生态过程,感受雨水的间歇性景观,在植物的季相变化中领悟生命与自然的力量,在花园的感召力下无意识地享受雨水生态的自我教育。不同校园雨水管理的目标不同,校园雨水花园的雨水路径、功能、形式、形态也不同。

北京交通大学雨水花园位于逸夫楼和电气楼形成的 U 形庭院中,建筑屋面雨水经雨水管直接排向庭院地面,导致雨水管附近的建筑散水出现大裂缝和不均匀沉降。

设计以海绵校园为出发点,对建筑屋面、庭院地面和绿地的雨水进行收集、净化,使雨水处理后的水质达到《城市污水再生利用　城市杂用水水质》(GB/T 18920—2020)的要求。雨水原位收集、处理及循环利用的过程通过高位植坛(雨水初次过滤)—雨水沟—小型人工湿地(雨水二次过滤和净化)的生态显露设计直观地呈现在花园中(图 4-9),将雨水资源化利用的过程展示出来。

学生们在经过、进入或使用花园的过程中能够潜移默化地体验这一路径,自主完成对雨水生态的认知。

图 4-9 雨水路径的生态显露设计

(图片来源:http://news.sohu.com/a/620839113_121123915)

参与雨水花园的建造与维护是进行校园生态美育直接、高效的方式。学生们通过初期参与挖坑、进行土壤渗透试验,对土壤特性进行了解。花园中高位植坛、人工小湿地的介质施工及雨水花园的定期监测和维护均由学生完成。北京交通大学雨水花园设计过程中,在对花园秩序图片的抽样调查中,发现学生们对花园竖向秩序的认知度较高。雨水花园设计即围绕竖向秩序视景营造花园的感染力,吸引经过花园的学生进入和使用花园。平行阵列的不锈钢板灯箱、修剪的绿篱和乔木形成了竖向视景(图 4-10),用以增强校园夜景效果。高位植坛上裸露在外的排水口,既为雨水取样提供方便,也通过雨水跌落到雨水沟的过程提示人们雨水路径的走向。庭院中原有的建筑长楼梯不仅为俯瞰花园提供了良好的视角,还特意将楼梯下部空间解放出来,引入灯光,添置桌椅,形成可以遮风避雨的停留空间,雨天时可驻足梯下,一观雨水动向(图 4-11)。

图 4-10 竖向视景

(图片来源:http://news.sohu.com/
a/620839113_121123915)

图 4-11 校园室外空间

(图片来源:http://news.sohu.com/
a/620839113_121123915)

4. 贵州大学新校区雨水花园——校园的生态认知设计

贵州大学新校区雨水花园由4个小雨水花园,1个具有过滤、渗透与净化作用的台地式花海梯田,以及1个用于雨水调蓄的湖区组成,提供不同尺度的雨水生态过程展示。4个小雨水花园位于校区西侧的平坦地带,分区汇集雨水,通过观赏草和低维护的乡土植物形成生物滞留系统,滞留和净化雨水。小雨水花园汇集了西区整个场地中的雨水,各个小雨水花园的雨水路径终端相互连接,最终通向东部台地式花海梯田。雨水经过台地的二次渗滤、净化后排入最低处的湖区。

小雨水花园还提供两种不同的观赏与参与空间。观赏性雨水花园以感官体验为主;参与性雨水花园局部设置了参与性活动场所,以沉浸式的环境体验和行为体验为主。贵州大学新校区用地较为充裕,东部大面积的花海梯田以低造价、低维护的乡土景观要素,创造近自然景观中能够放松心情的场所和情景。片岩砌筑的台地、花带、草地形成有强烈冲击力的梯田视景(图4-12、图4-13),这里也可以提供室外剧场及晨读、交谈、讨论的空间,抑或作为欣赏雨水调蓄湖的风光和冥想的空间。

图 4-12　片岩砌筑的台地景观
(图片来源:http://tuchong.com/18264623/
73722350/#image271111857)

图 4-13　环境体验式雨水花园
(图片来源:http://tuchong.com/18264623/
73722350/#image271111857)

贵州大学新校区雨水花园直观地呈现了小雨水花园—台地式花海梯田—调蓄湖相对完整的雨水生态过程,在大尺度下,为学生创造一个大面积观赏草与地被花卉组合运用的低维护景观,在环境使用中促进学生欣赏乡土植物、观赏草的自然美与荒野美、思辨环境保护、颐养生态伦理、潜移默化完善个体的生态认知。

第五章　雨水花园的构造研究

雨水花园的构造是雨水花园营建的基础内容,属于地下隐蔽工程部分,其处理方式直接关联雨水花园的入渗率、净化能力、维护管理难度、工程造价、调蓄能力和全生命周期长度,同时还影响雨水花园中植物的生长。研究雨水花园的结构层次、材料特性、组合比例等,可以实现不同场地雨水花园的雨水管理,从而发挥其最大的生态效益。

第一节　雨水花园的构造理论

在雨水花园的构造过程中,场地雨水系统通常根据"渗、滞、蓄、净、用、排"的六字建设要求,由源头汇聚、就地留滞、净化与入渗、收集与调蓄、多余部分的溢出与排走几个部分构成。其中,雨水的净化与入渗为雨水花园建设中的重要环节。在雨水的净化与入渗过程中,雨水的渗透形式、渗透性质、渗透材料及净化效果都是重要考量指标。

一、雨水花园的渗透类型

雨水花园根据内部处理介质可分为排水型和入渗型两种。雨水花园对雨水径流的净化是通过土壤吸附、植物吸收及微生物降解等反应过程实现的。鉴于雨水径流水质的特点,雨水花园设计一般要求对初期污染物含量较高的雨水径流进行大部分处理,超过设计标准的多余降雨可通过溢流设施直接进入城市雨洪管道。

(一)按渗透措施分类

雨水花园按照渗透措施可分为绿地渗透型和设施渗透型两种。

1. 绿地渗透型

绿地渗透是指降水到达地面后,以自然的方式渗入地下,入渗量随绿地地表特点(植被情况)、土壤性质、地形坡度、降雨强度、降雨总量而变化。这种类型的雨水花园有如下特点。

(1)生态性突出。绿地入渗的雨水一部分被植物吸收,或通过毛细管吸力被保持在土壤中,另一部分则补充地下水,有助于水循环。土壤和植物根系都可以对雨水进行进一步净化,雨水径流中的悬浮物、杂质等被土壤过滤。

(2)入渗能力有限。当降雨速度和雨量达到土壤的渗透峰值后,绿地入渗量已经达到饱和,会在地表形成径流,此时雨水花园已经没有任何入渗能力。要解决更多的径流,则需要利用合适的渗透设施进行渗透或者通过排水设施导走。

针对不同植被结构的土壤进行试验,得到在不同植被结构类型中,土壤的渗透速率由大到小依次为乔、乔灌草、灌草、乔草、草。乔灌草结构与乔结构土壤的渗透能力较强,草结构土壤的渗透能力较弱。不同土层的整体渗透速率也有差异,具体表现为近地面层土壤渗透能力更强。

　　2. 设施渗透型

　　设施渗透型可分为分散渗透方式和集中回灌方式两大类。雨水渗透设施可以让雨水回灌地下,补充地下水资源,进一步修复水循环系统,减少地面沉降。在城市中心、居住小区、道路、公园绿地等各种区域内,雨水花园多采用分散式渗透方式,这种散布的雨水花园规模可因地制宜,设施简单。我国的大多城市采用这种渗透方式更具有实际效果。雨水渗透设施具体包括渗透管、渗井、渗透塘、渗透沟槽、渗池及透水地面等,这些渗透设施的设计和应用会提高雨水的渗透效率。

　　渗透管通常使用穿孔的PVC管及透水材质制造,占用空间较小,可与雨水管、渗池、渗井等组合利用,也可独立使用,但一旦出现堵塞,渗透力减弱,地下式的管沟就很难清洗和修复,因此需要进行预处理,除去悬浮固体。渗透管主要在土地供应紧张、表层土壤通透性差但下层土壤透水性较好、旧横向排水管系统改造以及雨水水质较好等特殊条件的地区中应用。

　　渗井主要用来管理屋面的径流水。渗井布置在与地面建筑间距3 m及以上的地下,以保证距地下水位不少于1 m。渗井高度在0.9~1.2 m,地下水深度在1~4 m,渗井周围1 m以内用碎石填充。当降雨落入渗井后,朝碎石渗漏,依靠土层净化回补地下水。渗井构造如图5-1所示。

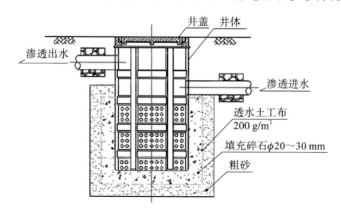

图 5-1　渗井构造

(图片来源:陈玉敏等,2022)

　　渗透塘是一种利用降雨下渗补给地下水的洼地,能够净化雨水和降低峰值流量。渗透塘广泛应用于汇水建筑面积较大(大于1 ha)且具备特定空间条件的地区。当其应用于径流污染较重的地区,或基础设施底层的渗透面距离季节性最大地下水位(或岩土层)低于1 m、建筑水平间距低于3 m的地区时,都应采取保护措施。渗透塘施工费用相对较低,但工程对现场条件的要求较严,对后期养护管理水平的要求较高。

　　透水地面是一种用于道路路面的雨水花园建设措施,雨水通过透水砖的孔隙垂直往下流入砂砾基层。基层中有自然产生的油脂降解微生物,它们可以有效地分解雨水中的污染物。经过滤的雨水能够缓慢往下渗透进原有的路基土中,以补充地下水,过量的雨水则经底部PVC穿孔排水管排至蓄水池。

透水铺装主要包含面层、基层、底基层和垫层四个结构部分。与传统路面相比,透水铺装可以改善路面剥落、开裂、不均匀沉降等现象,能够抗车辙和开裂,同时还可以减少地表径流。透水铺装的降雨渗透率相比传统硬化铺装可提高 5 倍以上,可以降低排水管网压力,提高环境舒适度。常见的透水铺装如图 5-2 所示。

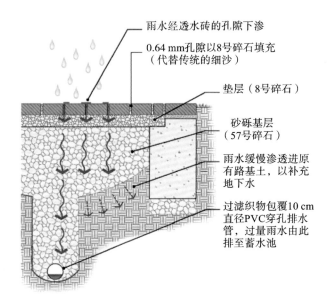

雨水经透水砖的孔隙下渗

0.64 mm孔隙以8号碎石填充（代替传统的细沙）

垫层（8号碎石）

砂砾基层（57号碎石）

雨水缓慢渗透进原有路基土,以补充地下水

过滤织物包覆10 cm直径PVC穿孔排水管,过量雨水由此排至蓄水池

图 5-2　透水铺装结构剖面

(图片来源:曹玮等,2018)

美国基于土壤在水文方面的渗透性,将土壤分为四种类型(表 5-1)。其中 A、B 类型的土壤渗透性能较好,应尽量保护此类土壤区域不被破坏;C、D 类型的土壤渗透性能较差,可用于建设建筑、道路等不透水表面。

表 5-1　基于水文特性的土壤分类方法

土 壤 类 型	土 壤 组 成	透水速率 /(μm/s)
A	砂土、壤质砂土、砂质壤土	$\geqslant 40$
B	粉砂壤土、壤土	$10 \sim 40$
C	砂质黏壤土	$1 \sim 10$
D	黏质壤土、粉质黏壤土、砂质黏土、粉质黏土、黏土	$\leqslant 1$

数据来源:王佳《基于低影响开发的场地景观规划设计方法研究》。

马秀梅在论文《北京城市不同绿地类型土壤及大气环境研究》中,分别重复采样了北京地区的居住区绿地、单位附属绿地、城市公共绿地、道路绿地、生产绿地、防护绿地中的土壤,对渗透率等进行对比分析得到,北京市城区建成绿地的渗透率虽然没有山地的大,但并不影响植物的正常生长,其土壤环境符合雨水花园的建造标准。

（二）按渗透效果分类

雨水花园按渗透效果可分为雨水渗透型和雨水收集型。其中,前者是以控制雨水径流为主要目的,后者则是以控制径流污染为主要目的。雨水渗透技术与措施的具体应用要求、特点、侧重功能不尽相同。在雨水花园建设中,需要先了解该区域的水文特点和基本渗透要求,充分调研场地内的土壤渗透条件、雨水污染程度、基本绿化层次、建筑结构特点等,再针对场地布置雨水花园的结构。

1. 雨水渗透型——控制径流量

雨水渗透型雨水花园以控制径流量为主要功能目标,由于主要起滞留和渗透雨水的作用,这类雨水花园的结构相对简单,通常适用于环境本底较好、雨水污染相对较轻的区域,如城市居住区、商业区、休闲游憩区等。雨水渗透型雨水花园根据渗透程度可以分为完全渗透型雨水花园和部分渗透型雨水花园。

（1）完全渗透型。

该类型雨水花园强调雨水就地渗入,基本不考虑雨水滞留。建造该类雨水花园的必备条件是土壤要有良好的渗透性。该类雨水花园重在对所属地区的雨洪进行调节与补充地下水。需在水资源相对充足、雨水污染较轻的地区适当布置该类雨水花园,实现雨水生态最优化。

由于强调完全渗透,完全渗透型雨水花园的土壤雨水渗透率非常高,雨水水质污染控制能力较弱,建造之前需对该地区污染的程度和地基承载安全进行调研,并根据调研结果对雨水水质和地下水位进行监测和控制。

完全渗透型雨水花园的具体表现形式有低势绿地、渗透浅沟、渗井、渗透塘等。

（2）部分渗透型。

部分渗透型雨水花园是指径流流入绿地后大部分被渗透掉,而少部分被滞留利用或排放。这一类雨水花园以渗透为主,但却结合了雨水收集利用系统,同样要求土壤有较好的渗透性,又加入了雨水收集的部分功能,使区域内的雨水在入渗补充地下水的过程中,水质得到有效的保证。

根据现状植被、土壤、建筑、广场等具体状况设计渗透设施,无法渗透的雨水通过城市管网进行排放。在地下某一深度铺设盲管收集雨水,先将所有的雨水渗透至地下,然后再排放或循环使用。

部分渗透型的雨水花园多适用于处理水质相对较好的小汇流面积的雨洪,如公共建筑或小区中的屋面雨水、污染较轻的道路雨水、城乡分散的单户庭院径流等。

2. 雨水收集型——控制径流污染

雨水收集型雨水花园以控制径流污染为主要功能目标。这类雨水花园对土壤条件、土层结构及植物配置方面的要求更为严苛,需要更加严密的设计,更适用于雨洪污染相对严重的城市区域,如老城中心区、停车场、旧工业区等。这类雨水花园根据雨水的收集程度可以分为部分收集型和完全收集型。

（1）部分收集型。

雨水收集型的雨水花园更加强调在雨水的收集过程中,对雨水水质起到的净化作用,在城市中心区、停车场、广场、道路的周边等城市环境污染相对严重的地块比较适用。由于要去除雨水中的污染物质,因此在土壤填料配比、植物选择及底层结构上需更严密的设计。

部分收集型雨水花园是以收集雨水、控制径流污染为主,小部分结合雨水渗透设施的雨水花园。这类雨水花园同样适用于有用水要求、水资源有污染的地区。建造时根据用水量要求确定集雨面面积和采取的技术措施,以提高集雨效率。当收集的雨水超过需求量时,雨水通过土壤渗透或通过渗透设施来处理。

(2)完全收集型。

该类雨水花园尽可能储存利用雨水,并借助雨水花园的生态技术充分控制径流污染。干旱地区更注重雨水收集和储存利用。完全收集型雨水花园应先保证水量与水质,减少雨水在地面的渗透量,短时间内将降雨汇集到蓄水池,并充分净化、控制径流污染,然后加以综合利用。

二、雨水花园的渗透性

场地内土壤具有良好的渗透性是建造雨水花园的前提,是决定建造何种类型雨水花园的重要指标。设计建造之前,应对雨水花园现状场地进行土壤检测。砂土的最小吸水率为 5.83×10^{-5} m/s,砂质壤土的最小吸水率为 6.94×10^{-6} m/s,壤土的最小吸水率为 4.17×10^{-6} m/s,黏土的最小吸水率仅为 2.78×10^{-7} m/s。比较适合建造雨水花园的土壤是砂土和砂质壤土。

当雨水花园的主要功能是控制径流量时,只要土壤的渗透性达到要求即可。测量土壤渗透性的简易方法:挖约 15 cm 深的坑,充满水后如果能在 24 h 内渗完,即适合作为雨水花园的土壤。如果达不到渗透要求,可局部换土以增加土壤渗透性,如采用 50%～60% 的砂土和碎石、20%～30% 的腐殖土、20%～30% 的表层土混合。雨水收集型雨水花园对土质的要求比较高,一般要求为壤质砂土,含 35%～60% 的砂土,土壤中含有大量直径大于 25 mm 的碎石、木屑、树根或其他腐殖质及大量的无害草籽等。

美国基于土壤在水文方面的渗透性,将土壤分为四种类型,见表 5-1。其中 A、B 类型的土壤渗透性能较好,应尽量保护此类土壤区域不被破坏;C、D 类型的土壤渗透性能较差,可以用于建设建筑、道路等不透水表面。

雨水花园的设计渗透能力需要不小于区域内暴雨强度降雨量的要求。雨水花园具有显著的雨洪调节作用,但是也具有局限性。在大型公共绿地内也可建设雨水渗透型绿地,却要注意结合相应的溢水管道和雨水集水型设施共同使用。根据雨水水质不同,雨水花园也可采用初期雨水分流、截污、沉淀等措施。

另外,在不同地区,不同功能的雨水花园对渗透的要求也不同。从土壤入渗来说,南方水网密集、地下水位高、降水时间长并且间隔时间短,不利于处置雨水,需对过量的雨水进行及时处理。北方干旱、半干旱地区地下水位低、降水时间少且降水集中,需设计雨水花园进行雨水的渗透、净化及再利用。综上所述,在建造雨水花园时,要充分考虑其功能的适宜性,尤其是渗透性的适宜度,这样才能使雨水花园充分发挥其雨水滞留、调蓄和再利用的作用。

三、基底材料的选择

雨水花园被认为是消减场地径流量、提升雨水质量的有效措施。雨水花园通常被设计为一种较宽且浅的储水入渗洼地,地下基础常设置双层过滤措施。基底材料需满足以下要求。

1. 环保、无毒害的材料

基底材料埋藏在地下,承担入渗和滞污的双重功能。基底材料首先需要环保,对土壤环境尤其是地下水不造成污染。材料本身容易制作,尽可能采用当地天然材料,不但便于获得,也能较好地回收利用。

2. 净化能力强的多孔材料

净化能力强的基底材料多为表面孔隙率高的材料。多孔介质按成因可分为天然多孔介质和人造多孔介质。天然多孔介质又分为地下多孔介质和生物多孔介质,前者如岩石和土壤,这是雨水花园基底常用的生态材料,后者如人和动物体内的毛细血管网络和组织间隙,以及植物体的根、茎、枝、叶等,在人工湿地中常利用植物株体来净化水体污染成分。

人造多孔介质种类繁多,如过滤设备内的过滤器,陶瓷、砖瓦、木材等建筑材料,活性炭、催化剂、鞍形填料和玻璃纤维等的堆积体等。

3. 经济且易获得的当地材料

材料选择需要兼顾经济性和易获得性。如细砂、碎石等都是常用的相对便宜且易获得的基底材料,另外可以将废弃建筑材料或生产废料再利用,如煤渣、木屑等。

在部分渗透率较小的地区,如需建造雨水花园,可通过换填不同配合比的砂土、人工填料等进行改善。国外研究表明:砂质壤土、含有 5% 蛭石或珍珠岩的砂质壤土、低 pH 值的砂质壤土及活性炭等可作为较好的填料。增加蛭石、珍珠岩增加铜离子的去除效果,增强渗透及滞留能力,提高吸附能力,并能延长使用寿命,但需要考虑填料的成本、性能,进行合理选择。

四、基底材料的组合渗透率

根据达西定律 $v=kj$,饱和土中水产生渗流运动的条件:一种是在附加应力下土的孔隙被挤压、孔隙水渗流排出;另一种是在自重作用下,孔隙中的自由(重力)水自动渗流排出。后者是"自动入渗",这就需要土层具有一定的透水性。一般情况下,当土的渗透系数 $K<1\times10^{-6}\,\mathrm{m/s}$ 时,就视为不透水层,这类土层中的孔隙水在自重作用下不会出现渗流排出现象。

地下水埋深保持在地面以下 3 m,可认为地下水对入渗没有顶托作用。入渗达到恒定后,可以认为入渗过程的水力梯度为 1。当雨水花园蓄水面上形成积水,达到稳定入渗但尚未发生溢流时,任一观测时段(Δt)内雨水花园的雨水入流总量 $W_入$ 如公式(5-1)所示。

$$W_入 = \Delta HA + KA\Delta t \qquad (5\text{-}1)$$

式中:ΔH 为计算时段内花园中蓄水深度变化量,单位为 m;

A 为雨水花园的面积,单位为 $\mathrm{m^2}$;

K 为雨水花园土壤的入渗率,单位为 m/s;

Δt 为观测时段,单位为 s。

根据公式(5-1),通过监测花园中一定时段内入流总量以及积水深度的变化,土壤的入渗率 K 计算公式如公式(5-2)所示。

$$K = (W_入 - \Delta HA)/(A\Delta t) \qquad (5\text{-}2)$$

五、基底材料的污染物去除率

径流污染物指标常采用悬浮物（SS）浓度、化学需氧量（COD）、总氮（TN）浓度、总磷（TP）浓度、重金属浓度等表示。其中 SS 常与其他污染物指标具有一定的相关性，故可采用 SS 作为径流污染物控制指标。低影响开发雨水系统的年 SS 总量去除率一般为 40%～60%。

年 SS 总量去除率可用公式（5-3）进行计算。

$$年\ SS\ 总量去除率＝年径流总量控制率×低影响开发设施对\ SS\ 的平均去除率 \qquad (5-3)$$

城市或开发区域年 SS 总量去除率可通过不同区域、地块的年 SS 总量，除以年径流总量（年均降雨量×综合雨量径流系数×汇水面积），加权平均计算得出。

潘安君、张书函、廖日红、周玉文等分别在北京城区西部的北京市水科学技术研究院内外、城区东南部的北京工业大学西校区和城区北部的清华大学校外机动车道采集降雨和地表径流水样，进行雨水径流水质调研分析。2001—2004 年的检测结果表明，北京城区天然降雨的 pH 值为 6.70～7.99，化学需氧量为 5.72～9.62 mg/L，硫酸盐含量为 5.55～18.10 mg/L，氯化物含量为 0.56～1.53 mg/L。根据清华大学校外采样位置一年中天然降雨的检测结果，北京地区天然降雨中主要污染物为氮元素，与北京大气污染属于汽车尾气污染型相吻合。

屋面初期径流的主要污染物为悬浮物、总氮、总磷、重金属、无机盐等，随着降雨过程的持续，污染物浓度逐渐下降，色度也随之降低。屋面后期径流的主要污染物浓度变化趋势基本一致，浓度随降雨历时延长而降低，并且后期径流污染物浓度趋于一个稳定值，化学需氧量范围为 30～100 mg/L，悬浮物浓度范围为 20～200 mg/L，总氮浓度值一般为 2～10 mg/L。

对于道路中的径流水质，根据北京城区机动车道雨水径流监测资料，机动车道雨水径流污染严重，尤其是机动车道的初期径流污染物含量很高，化学需氧量、悬浮物浓度、总氮浓度超过了生活污水中的浓度。在机动车道的初期径流中，化学需氧量为 50～9000 mg/L、悬浮物浓度为 50～25000 mg/L、总氮浓度为 20～125 mg/L；在机动车道的后期径流中，化学需氧量为 50～900 mg/L、悬浮物浓度为 50～1000 mg/L、总氮浓度为 5～20 mg/L。居住区内道路的初期径流中，化学需氧量为 120～2000 mg/L，悬浮物浓度为 200～5000 mg/L，总氮浓度值一般在 5～15 mg/L；居住区内道路的后期径流中，化学需氧量为 60～200 mg/L，总氮浓度一般为 2～10 mg/L，悬浮物浓度为 50～200 mg/L。

绿地径流水质中，由于绿地土壤对降雨具有入渗能力，因此一般情况下在降雨初期，绿地一般不产生径流，尤其在降雨强度较小、降雨总量也不大的降雨过程中，绿地将不产生径流。若绿地低于周围硬化铺装 5 cm，在 5 年一遇的降雨条件下，绿地不产生径流；若绿地低于周围硬化铺装 10 cm，在 10 年一遇的降雨条件下，绿地也不产生径流。即使在降雨强度较大、绿地坡度较大时，由于绿地土壤及种植的草坪植被对降雨径流污染物的拦截、过滤与吸附等作用，绿地的径流水质要优于其他形式的下垫面，且变化幅度也较小。绿地径流中主要污染物浓度如下：化学需氧量平均浓度值为 30 mg/L，总氮平均浓度值为 5 mg/L，悬浮物平均浓度值为 100 mg/L。向璐璐在 3 个月内对北京城区某办公大楼附近建造的雨水花园的连续 6 场典型的暴雨进行了监测和数据采集，并进行了研究和分析，同时对其中的主要污染物指标（如悬浮物浓度、化学需氧量、总氮浓度、硝态氮浓度、总磷浓度、正磷酸盐浓度、铅离子浓度、锌离子浓度、铜离子浓度、铁离子浓度、浊度、色度等)进行采样和数据分析,得出了以下结论:雨水花园对总氮的去除有一定的效果,去除率为22%~45.4%,对硝态氮、总氮的去除效果相对不稳定,对正磷酸盐无任何去除效果。对6场暴雨的化学需氧量数据进行分析,结果表明:雨水花园对化学需氧量有较明显的去除效果,去除率为35%~91.4%。对其中3场暴雨的铅离子、锌离子、铜离子、铁离子等重金属数据进行分析,结果表明:除铁离子在径流原水中浓度较低之外,雨水花园对其他重金属均有较好的去除效果,去除率均在80%以上。

通过试验结论我们可以清楚地确定,雨水花园可以有效地去除径流中的污染物,尤其是对化学需氧量、重金属浓度的削减有重要的作用,所以雨水花园的修建对于处理雨水径流污染有着重要的意义。

第二节　雨水花园的构造方式

一、雨水花园构造相关导则

2022年4月,住房和城乡建设部办公厅印发了《关于进一步明确海绵城市建设工作有关要求的通知》(以下简称《通知》),明确阐释了海绵城市的内涵和特征。

1. 聚焦雨水问题

与雨水相关的问题,包括城市内涝、水资源利用、雨水径流污染、合流制溢流污染等,这些是海绵城市建设应重点关注的内容。

2. 源头减排优先

海绵城市要优先从源头控制雨水径流,实现对雨水径流总量的削减和峰值流量的削减,尽可能减少城市开发建设对水文过程的影响。

3. 绿色设施优先

海绵城市建设要利用天然的、修复的和人工建设的绿色基础设施,实现对雨水的自然积存、自然渗透、自然净化。

4. 系统治理,"蓝绿灰"相结合

海绵城市建设要综合采取"渗、滞、蓄、净、用、排"等综合措施,统筹考虑雨水产、汇、流到排入受纳水体的全过程,要做到"蓝绿灰"相结合。在充分利用蓝绿空间的基础上,还要结合排水管网、泵站、调蓄池等必要的灰色措施,解决设防标准以内的暴雨内涝问题。

二、构造层次

雨水花园内部结构主要是为了配合其特定的渗水、集水、净化等生态功能而设计建造的。有学者在理论研究的基础上建立了雨水花园设计模型,美国的一些州也发布了各自的雨水花园设计指南,但其适用范围需考虑气象条件的差异,有一定的地区适用性。

雨水花园常用构造如图 5-3 所示,其主要部分的结构说明及厚度如表 5-2 所示。

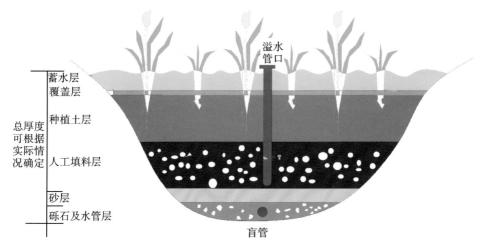

图 5-3　雨水花园常用构造

(图片来源:作者自绘)

表 5-2　雨水花园主要部分的结构说明及厚度

结　　构	作用和功能	厚　　度
蓄水层	为暴雨提供暂时的存储空间,使部分物质在此沉淀,进而使附着在沉淀物上的金属离子和有机物得以去除	多为 100～250 mm
覆盖层	一般采用树皮、树根或树叶进行覆盖,保持土壤的湿度,避免表层土壤板结而造成渗透性降低,有利于微生物的生长和有机物的降解,有助于减少径流雨水的侵蚀	多为 50～80 mm
种植土层	种植土层为植物根系吸附以及微生物降解碳氢化合物、金属离子、营养物和其他污染物提供了很好的场所,有较好的过滤和吸附作用	0.25～1 m
人工填料层	多选用渗透性较强的天然或人工材料,其厚度应根据当地的降雨特性、雨水花园的服务面积等确定。当选用砂质壤土时,其主要成分与种植土层一致。当选用炉渣或砾石时,其渗透系数一般不小于 10^{-5} m/s	多为 0.5～1.2 m
砂层	防止土壤颗粒进入砾石层	150 mm 左右

结　构	作用和功能	厚　度
砾石及水管层	由直径不超过 50 mm 的砾石组成,在其中可埋 φ100 mm 的穿孔管,经过渗滤的雨水由穿孔管收集进入邻近的河流或其他排放系统	200～300 mm

资料来源:白洁.北京地区雨水花园设计研究[D].北京:北京建筑大学,2014.

1. 蓄水层

蓄水层位于雨水花园最上层,作用是暂时滞留、储存雨水,发挥雨洪调节功能,同时使部分物质在此沉淀,并去除附着在沉淀物上的有机物和金属离子。其厚度根据周边地形和当地降雨特性等因素而定,多为 10～25 cm。

2. 覆盖层

覆盖层常由 3～5 cm 厚的树皮、木屑或者细沙等材料组成,不但能保持土壤的湿度,减少径流雨水对表层土壤的侵蚀,避免土壤板结而导致土壤渗透性能下降,而且还能促进微生物在树皮、木屑、土壤界面上良好的生长和发展,降解有机物,净化水体。其厚度一般为 5～8 cm。

3. 种植土层

种植土层拥有很好的过滤和吸附作用。雨水内的碳氢化合物、金属离子、营养物和其他污染物被植物根系吸附和微生物所降解。一般选用渗透系数较大的砂质壤土,其中砂含量为 60%～85%,有机成分含量为 5%～10%,黏土含量不超过 5%。种植土层的厚度根据所种植的植物来确定。草本植物种植土层一般厚度为 25 cm 左右,灌木种植土层厚度常为 50～80 cm,乔木种植土层厚度则需在 1 m 以上。

4. 人工填料层

人工填料层多选用渗透性较强的天然或人工材料,如砂石、陶粒、煤渣等。具体厚度根据当地的降雨特性、雨水花园的服务面积等确定,多为 50～120 cm。选用砂质土壤时,其主要成分与种植土层一致。选用炉渣或砾石时,其渗透系数一般不小于 10^{-5} m/s。

5. 砂层

在人工填料层和砾石层之间铺设一层 15 cm 厚的砂层,防止土壤颗粒进入砾石层而引起穿孔管道的堵塞,砂层上下都需用土工布隔离,同时也能通风透气。

6. 砾石及水管层

砾石层为最下部的基础层,常由直径不超过 5 cm 的砾石组成,厚度在 20～30 cm。

雨水花园中的水管一般有溢水管和穿孔管两种。穿孔管一般埋于下部的砾石层中,经过渗滤的雨水由穿孔管收集进入其他排水系统,以满足雨水净化后的利用要求。溢水管直接接入场地排水系统就近排入其他排水系统,且溢流口设置在雨水花园的顶部。溢水管主要是为了在雨水的收集量超出雨水花园的承载量时能将多余的雨水排出。

雨水渗透型雨水花园结构比较简单,与常用构造基本相同。只需调整各部分构造比例,保证其设计渗水能力,同时安装溢水管,保证雨水平衡。地下穿孔管盲管是将净化后水质较好的雨水由穿孔管引出,可用于喷洒道路、浇灌绿地等,实现雨水资源充分利用(位置低时需要外动力的加入)。

雨水收集型雨水花园结构既要保证雨水收集过程中水质得到净化,又要将净化后可利用的水导出,其结构在常用构造的基础上,增加植被缓冲带、有机覆盖层等。

三、雨水平衡系统设计

国外常用的雨水花园设计方法有三种:汇水面积比例估算法、蓄水层有效容积法、达西定律渗滤法。这三种设计方法各有优势和劣势,结合国内外雨水花园的相关研究资料,分析如表 5-3 所示。

表 5-3　雨水花园设计方法优劣势比较

设计方法	优　势	劣　势
汇水面积比例估算法	计算相对简单,并且容易操作	计算结果不够精确,要求设计者具有一定的专业积淀
蓄水层有效容积法	充分考虑了植物种植对雨水花园蓄水量的影响	忽略了雨水花园自身结构的蓄水能力和渗透能力
达西定律渗滤法	能够比较精确计算出雨水花园的渗透能力	忽略了植物对雨水花园蓄水层的影响及雨水花园自身的蓄水能力

我国学者经过仔细研究,基于我国雨水管理的实际情况,结合上述三种方法,建议对构造的雨水平衡系统进行设计,设计过程主要采用完全水量平衡法。完全水量平衡法的优势是可以设定区域雨水量来设计雨水花园,并能够计算出蓄水量、雨水下渗量、径流雨水量、空隙储水量以及雨水花园面积等重要数据,适用范围更加广泛。

假定在雨水花园汇流范围内的径流雨水首先汇入雨水花园,当水量超过雨水花园集蓄和渗透量最大值时,水开始溢流出该区域。此时,在一定时段内任一区域的水文要素之间均存在着水量平衡关系,如公式(5-4)所示。

$$V + U_1 = S + Z + G + U_2 + Q_1 \tag{5-4}$$

式中:V 为计算时段内进入雨水花园的雨水径流量,单位为 m^3;

U_1 为计算时段开始时雨水花园的蓄水量,单位为 m^3;

S 为计算时段内雨水花园的雨水下渗量,单位为 m^3;

Z 为计算时段内雨水花园的雨水蒸发量,单位为 m^3;

G 为计算时段内雨水花园种植填料层空隙的储水量,单位为 m^3;

U_2 为计算时段结束时雨水花园的蓄水量,单位为 m^3;

Q_1 为计算时段内雨水花园的雨水溢流外排量,单位为 m^3。

通常,计算时段可以取独立降雨事件的历时,此时,由于蒸发量较小,Z 可以忽略。在设计雨水花园时,一定设计标准对应的雨水溢流外排量 Q_1 可假设为 0。

因此,雨水花园的场地雨水平衡系统是由源头汇聚、就地留滞、雨水净化与入渗、收集与调蓄、多余雨水的溢出与排走几个部分组成。其中"渗"即雨水花园的入渗,与"滞""净"在本书第二章中已有讨论,在此不再专门解释,仅就"汇""集""蓄""溢"做重点讨论。

1. 汇

汇即雨水花园汇水面、汇水量的确定。硬化汇水面的面积确定后,可通过简化公式计算得到汇水量,如公式(5-5)所示。

$$V_汇 = S_汇 \gamma \kappa \tag{5-5}$$

式中:$V_汇$ 为汇水量,单位为 m^3;

$\quad S_汇$ 为有效汇水面积,单位为 m^2;

$\quad \gamma$ 为计算时段内降雨总量,单位为 m;

$\quad \kappa$ 为不同流经面的径流系数,为经验系数。

2. 集

集即管网的雨水收集方式,主要指通过集水管网、导管将多余雨水跟集水设施相连,形成输水连通途径。管底竖向标高的设计是解决场地雨水收集管网布局问题的关键因素,对整个雨水平衡系统健康运行起着决定性作用。

3. 蓄

蓄即蓄水池及具有雨水储存功能的集蓄设施。常见的蓄水池有钢筋混凝土蓄水池,砖、石砌筑蓄水池,以及塑料蓄水模块拼装式蓄水池等。用地紧张的城市大多采用地下封闭式蓄水池。蓄水池同时也具有削减峰值流量的作用,其典型构造可参照《雨水综合利用》(10SS705)章节。

蓄水池适用于有雨水回用需求的建筑与小区、城市绿地等,根据雨水回用用途(如绿化浇灌、道路喷洒及冲厕等),配建相应的雨水净化设施,不适用于无雨水回用需求和径流污染严重的地区。

蓄水池具有节省占地面积、雨水管渠易接入、避免阳光直射、防止蚊蝇滋生、储存水量大等优点,雨水可回用于绿化灌溉、冲洗路面和车辆等,但建设费用高,后期需注意维护管理。雨水贮留方式评估比较见表5-4。

表5-4　雨水贮留方式评估比较

贮留方式	优　点	缺　点
地面开挖方式	①在地面挖方或利用低洼自然地形贮留雨水; ②贮留雨量大,工程造价便宜; ③可增加造景与休憩功能; ④取用雨水较方便	①管理困难,如易造成溺水、难以清洁等; ②占用的土地不易再利用; ③因暴露于空气中,水质维护不易; ④较易淤积
地下贮留方式	①地上面积可多元利用; ②水质不易受外界环境影响; ③适合建于高密度人口市区; ④管理容易且无使用的危险性	①单位贮留雨水工程造价较高; ②无地下水辅助功效

4. 溢

雨水花园的蓄水能力针对一定的设计暴雨条件而计算,在设计暴雨条件下,能全部蓄渗暴雨径流。超出设计标准时,多余的径流则通过溢流管网进入城市雨洪排泄系统,保证雨水花园的水平衡和水安全,绿色基础设施需要与灰色基础设施相互补充、完善。

计算降雨强度大于临界雨强度,雨水花园开始积水,雨水花园临界雨强值 I,由稳定入渗率 K(单位为 m/s,与土质、土壤含水率等因素有关)和雨水花园汇流面积比 S 共同决定,其关系如公式(5-6)所示。

$$I_r = K / (S+1) \tag{5-6}$$

式中，S 为集水面积与入渗面积的比值，$S+1$ 表明计入了雨水花园本身的降雨。

对于大于临界雨强的暴雨强度 I_i，雨水花园在维持稳定入渗率 K 的条件下，蓄水深度 H 与发生溢流所需时间 t_0 间的关系如公式(5-7)所示。

$$H = [I_i (S+1) - K] t_0 \tag{5-7}$$

因此，发生溢流所需的时间 t_0 可由公式(5-8)计算。

$$t_0 = H / [I_i (S+1) - K] \tag{5-8}$$

当某一雨水花园的入渗率 K、蓄水深度 H 和汇流面积比 S 确定时，根据公式(5-6)、公式(5-7)、公式(5-8)可以得到该雨强下雨水花园的溢流时间 T'，若 T' 小于降雨历时 t，则雨水花园发生溢流，溢流量 $W_出$ 可由公式(5-9)计算：

$$W_出 = I_r (t - T') (S+1) \tag{5-9}$$

完全水量平衡法在雨水花园设计中的应用比较广泛。采取完全水量平衡法设计的雨水花园不仅能收集、净化初级雨水，还可以消减径流高峰期的雨水量，最终实现雨水的充分收集和利用，没有溢流外排现象的发生。也可以采用完全水量平衡法计算蓄水池里净化过的雨水用量。雨水花园主要用来缓解降雨频繁区域的雨水径流问题，通常会根据当地的降雨情况等，设定雨水花园合理的雨水消减目标。

四、最适构造探讨

（一）雨水花园降雨模拟试验设计

雨水花园构造层次不同，对雨水花园功能的影响非常大，其主要影响因素是构造层次的材料类型、材料厚度两方面。车生泉等(2015)将雨水花园构造层次分为预处理设施、蓄水层、种植层、过滤层、填料层、排水层、渗水设施和溢流设施 8 个部分，并在上海市利用其进行了雨水花园的降雨模拟试验。

为保证人工降雨模拟试验的可控性，试验选择在联动温室内进行，试验装置分为模拟降雨器和雨水花园装置两部分。雨水花园装置分为 6 个结构层（图 5-4），包括蓄水层、覆盖层、种植层、过渡层、填料层、排水层，以及位于蓄水层上部的溢水口和位于排水层下部的渗水设施（包括渗水管、出水口与集水器）。

模拟试验以种植层材料、种植层厚度及排水层厚度为变量，对不同情况进行了模拟。具体试验设计以及数据统计分析结果等详见《海绵城市研究与应用——以上海城乡绿地建设为例》一书。

（二）雨水花园最适应用模式

对室内雨水花园模拟试验结果进行统计分析，确定了调蓄型雨水花园、净化型雨水花园、综合型雨水花园这三种不同功能雨水花园的最适设计参数，为雨水花园设计提供更加便捷的途径。

1. 调蓄型雨水花园设计参数及应用模式

调蓄型雨水花园适用于地表径流较多但径流污染较轻的场地，具有良好的径流水文方面的改善能力。

根据模拟试验的结果，建议采用沸石作为填料层填料，以填料层厚度为 50 cm、排水层厚度为

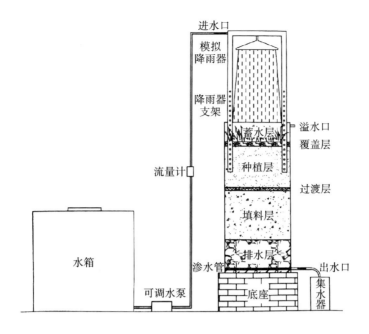

图 5-4 联动温室内人工降雨模拟器以及雨水花园装置

(图片来源:车生泉等,2015)

30 cm 的结构参数,来构建对水文特征改善能力较强的调蓄型雨水花园。溢流设施包括贯穿蓄水层厚度方向的溢流管和位于雨水花园底部的溢流排水管,溢流管与溢流排水管连通。溢流管具有溢流口,溢流口上安装有孔隙直径为 10～20 mm 的蜂窝形挡板,蜂窝形挡板高出蓄水层120 mm。溢流排水管具有 1‰～3‰ 的坡度,溢流排水管较高一端与溢流管连通,较低一端与附近的排水支管或雨水井连通。同时,调蓄型雨水花园可以与导流设施串联,从而形成分散联系的绿色基础设施系统。例如,在绿地中设置植草沟、阴沟、暗沟等传输装置连通至雨水花园中,增加流入雨水花园的径流量。应用于公园绿地的调蓄型雨水花园剖面图如图 5-5 所示。

  2. 净化型雨水花园设计参数及应用模式

  由于净化型雨水花园能以较小的面积处理较大汇流面积所收集的径流,且对污染严重的径流有非常好的处理能力,因此可以应用于广场、道路、停车场等污染较为严重的区域。

  净化型雨水花园四周应该安排初期雨水弃流装置,将前 15 min 汇集的雨水径流直接排放至污水管网。

  此外,雨水花园的渗水设施由渗水管和渗水排水管构成。渗水管位于排水层的底部,常采用 ϕ100 mm 的穿孔管制成,经过系统处理的雨水径流,由穿孔管收集进入渗水排水管,渗水排水管具有 1‰～3‰ 的坡度,渗水排水管较高的一端与渗水管连通,较低的一端与附近的排水支管或雨水井连通,也可收集净化后的雨水再利用。溢流设施包括贯穿蓄水层厚度方向的溢流管和位于雨水花园底部的溢流排水管,溢流管与溢流排水管连通。溢流管的溢流口上常安装有孔隙直径为 10～20 mm 的蜂窝形挡板,挡板高出蓄水层 120～170 mm。溢流排水管管径为 120～170 mm,具有 1‰～3‰ 的坡度,较高一端与溢流管连通,较低一端与附近的排水支管或雨水井连通。应用于道路绿地的净化型雨水花园剖面图如图 5-6 所示。

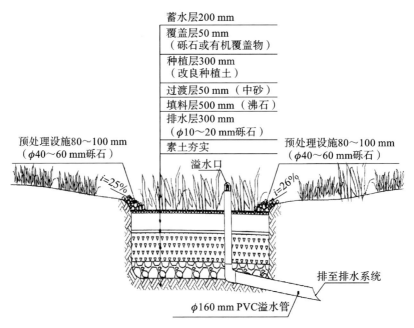

蓄水层200 mm
覆盖层50 mm
（砾石或有机覆盖物）
种植层300 mm
（改良种植土）
过渡层50 mm（中砂）
填料层500 mm（沸石）
排水层300 mm
（φ10～20 mm砾石）
素土夯实

预处理设施80～100 mm
（φ40～60 mm砾石）

预处理设施80～100 mm
（φ40～60 mm砾石）

溢水口

i=25%

i=26%

排至排水系统

φ160 mm PVC溢水管

图 5-5　应用于公园绿地的调蓄型雨水花园剖面图

（图片来源：车生泉等，2015）

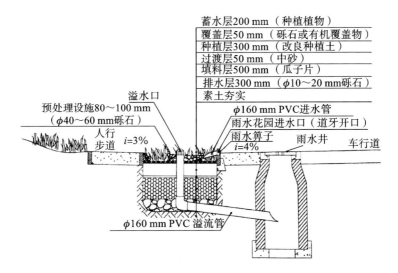

蓄水层200 mm（种植植物）
覆盖层50 mm（砾石或有机覆盖物）
种植层300 mm（改良种植土）
过渡层50 mm（中砂）
填料层500 mm（瓜子片）
排水层300 mm（φ10～20 mm砾石）
素土夯实

溢水口

预处理设施80～100 mm
（φ40～60 mm砾石）

φ160 mm PVC进水管
雨水花园进水口（道牙开口）

人行
步道　i=3%

雨水箅子

雨水井

车行道

i=4%

φ160 mm PVC溢流管

图 5-6　应用于道路绿地的净化型雨水花园剖面图

（图片来源：车生泉等，2015）

3. 综合型雨水花园设计参数及应用模式

综合型雨水花园是一种对径流在流量与水质两方面处理能力都非常好的生态技术。由于雨水花园的功能为就地滞留雨水，因此水文、水质方面的权重分别确定为70％、30％。综合型雨水花园可以应用于公园绿地中的带状公园、街旁绿地以及居住小区绿地，与导流设施串联，如可将居住小区建筑落水管直接或通过植草沟等设施连通至雨水花园中，增加雨水花园对径流量的处理率。当雨水花园用于承接屋面雨水径流或者建筑立面冲刷产生的径流等情况时,可在雨水花园预处理设施前段加设明沟、暗沟、植草沟等引流设施。居住小区绿地中综合型雨水花园剖面图如图5-7所示。

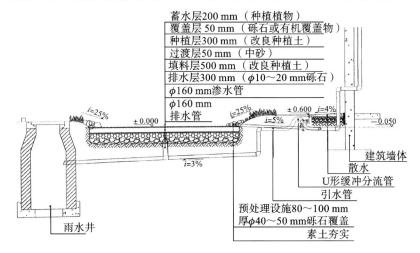

蓄水层200 mm（种植植物）
覆盖层50 mm（砾石或有机覆盖物）
种植层300 mm（改良种植土）
过渡层50 mm（中砂）
填料层500 mm（改良种植土）
排水层300 mm（ϕ10～20 mm砾石）
ϕ160 mm渗水管
ϕ160 mm
排水管
建筑墙体
散水
U形缓冲分流管
引水管
预处理设施80～100 mm
厚ϕ40～50 mm砾石覆盖
素土夯实
雨水井

图 5-7　居住小区绿地中综合型雨水花园剖面图

(图片来源:车生泉等,2015)

调蓄型、净化型及综合型雨水花园的结构参数与在暴雨情况下的预计功效如表5-5所示。

表 5-5　调蓄型、净化型及综合型雨水花园的结构参数与在暴雨情况下的预计功能

	雨水花园类型		调蓄型雨水花园	净化型雨水花园	综合型雨水花园
结构	预处理设施	材料	ϕ400～600 mm 环坡砾石	初期弃流装置	ϕ400～600 mm 环坡砾石
		厚度/mm	—	—	—
	蓄水层	材料	—	—	—
		厚度/mm	200	200	200
	覆盖层	材料	砾石或有机物覆盖等	砾石或有机物覆盖等	砾石或有机物覆盖等
		厚度/mm	50	50	50
	种植层	材料	改良种植土	改良种植土	改良种植土
		厚度/mm	300	300	300
	过渡层	材料	中砂	中砂	中砂
		厚度/mm	50	50～100	50～100
	填料层	材料	沸石	瓜子片	改良种植土
		厚度/mm	500	500	500
	排水层	材料	ϕ10～20 mm 砾石	ϕ10～20 mm 砾石	ϕ10～20 mm 砾石
		厚度/mm	400	300	300

雨水花园类型		调蓄型雨水花园	净化型雨水花园	综合型雨水花园
功能	出流洪峰延迟时间/min	50	30	40
	洪峰时刻累积削减率/(%)	180	90	110
	前1h削减率/(%)	40	20	30
	渗透率/(m/d)	70	40	55
	蓄水率/(%)	30	30	30
	COD去除率/(%)	65	50	45
	TN去除率/(%)	60	70	60
	TP去除率/(%)	45	65	60
汇流面积/m²		20~25		
面积范围/m²		30±10		
深度范围/m		0.2		
坡度		25%		

第三节　雨水花园构造设计

一、雨水设施构造原则

2014年10月,住房和城乡建设部印发了《海绵城市建设技术指南——低影响开发雨水系统构建(试行版)》,提出"因地制宜"的基本原则,即各地应根据本地自然地理条件、水文地质特点、水资源禀赋状况、降雨规律、水环境保护与内涝防治要求等,合理确定低影响开发控制目标与指标,科学规划布局和选用下沉式绿地、植草沟、雨水湿地、透水铺装、多功能调蓄等低影响开发设施及其组合系统。2022年4月,住房和城乡建设部办公厅印发了《关于进一步明确海绵城市建设工作有关要求的通知》,明确了建设海绵城市应坚持因地制宜。海绵城市建设应聚焦城市建成区范围内因雨水导致的问题,以缓解城市内涝为重点,统筹兼顾削减雨水径流污染,提高雨水收集和利用水平。避免无限扩大海绵城市建设内容,避免将传统绿化、污水收集处理设施建设等项目作为海绵城市建设项目,避免将海绵城市建设机械理解为透水、下渗设施建设。海绵城市建设应坚持问题导向和目标导向,结合气候地质条件、场地条件、规划目标和指标、经济技术合理性、公众合理诉求等因素,灵活选取"渗、滞、蓄、净、用、排"等多种措施组合,增强雨水就地消纳和滞蓄能力。

雨水花园建设对内涝防治、面源污染控制、水资源利用等均有一定的效果,对于我国缓解城市雨洪灾害具有重要的意义。但是,不同地域的水文条件、地形条件、天气条件等不同,面临的问题也不尽相同。

二、城市道路雨水花园构造设计

城市道路面积率指城市建成区内道路(有铺装的宽度在 3.5 m 以上的城市主干路、次干路、支路,不包括人行道和居住区内的道路)面积与建成区面积之比,是反映城市建成区内城市道路拥有量的重要经济技术指标。2013 年,武汉市的道路面积率为 11.6%,道路面积为 3247 万 m²。由于道路是不透水面,且面积较大,道路雨污又是城市自然水体非面源污染的主要贡献者,加之初期雨水有毒、有害、污染严重,城市道路的路面雨水收集、净化、安全入渗具有重要意义。

1. 与停车场绿地结合的雨水花园构造设计

道路绿地常分为道路中间绿化分车带、道路两侧绿化分车带、道路隙地绿化带等线性绿地,以及交通环岛、停车场等点状绿地。与停车场绿地结合的雨水花园的常见做法是首先降低停车场绿地标高,将雨水口布置在低于停车场地面标高的线性绿地中,计雨水经过停车场绿地中的草地、灌木、乔木、土壤下渗,多余雨水通过停车场绿地中的溢水口汇聚,排入市政管网或储蓄设备中(图 5-8)。

图 5-8 停车场雨水花园构造

(图片来源:照片由 Kevin Robert Perry 摄,图片由作者改绘)

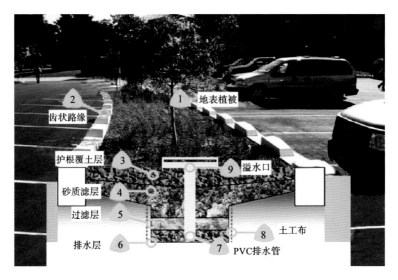

续图 5-8

2. 与人行道树池结合的雨水花园构造设计

人行道树池是很多城市老街、用地有限的街道常见的街道点状绿地,也是这些街道就近进行雨水生态过滤的主要场所。国内现有建成案例不多,国外有较好的应用(图 5-9)。这类微型雨水花园依托单个树池,利用单棵行道树、土壤共同承担街道雨水的就近过滤、入渗、雨污吸附工作。树池雨水口一般以种植池草皮为第一道过滤,同样将雨水口置于种植穴范围内,设置溢水雨水口,结合雨水口内部结构改造,如采用生态挂篮、滤网等措施对雨水进行第二次、第三次过滤,将雨水从溢水管口汇入排水管网。

与人行道树池结合的微型雨水花园制作难度较小,布置灵活,应用范围广,基本上只要有行道树的地方都可以采用。缺点是因为靠近道路,储水量不大,放置的排水管常较细,导致管道容易堵塞,不利于日常清理和维护。同时为了人车安全,通常人行道会高于路面。为组织雨水排入种植池,需要设置一定高度的防护性开口路缘,因此行人需注意安全。在人行道与车行道路面高差不大时,侧立式雨水口高度会受到限制。

图 5-9　结合行道树设置道路微型雨水树池

(图片来源:课题组改绘)

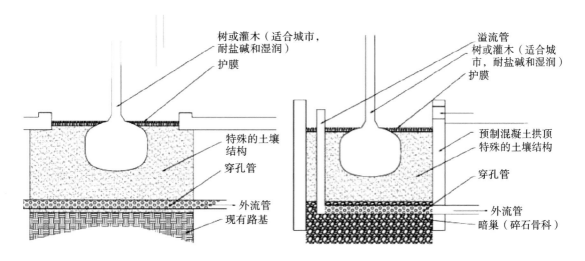

续图 5-9

乔治华盛顿大学 Square 80 广场采用了与人行道树池结合的雨水花园设施(图 5-10),经过竖向设计,人行道的雨水由西向东经由线性排水沟流入数个人行道旁的树池中,树池中的土壤下陷形成低于地平面约15 cm的蓄水层,可以保证 15 cm 以内的降雨量被暂时滞留在树池内进行缓慢的过滤和渗透,过量的雨水可通过一侧的管道经涡旋分离器过滤后进入蓄水池,有效避免了带有污染物的地表径流进入城市雨水管道造成污染,同时补充地下水。

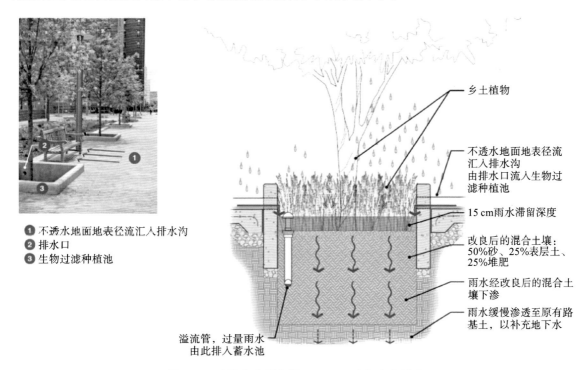

❶ 不透水地面地表径流汇入排水沟
❷ 排水口
❸ 生物过滤种植池

图 5-10　乔治华盛顿大学 Square 80 广场生态树池

(图片来源:曹玮等,2018)

3. 具有势能优势的高架桥下雨水花园构造设计

高架桥具有较大的空中竖向高度,从而使桥面雨水的排放具有了较大的势能优势。我国现有城市高架桥排水多由雨落管直接导入城市排水管网,这对雨水的收集利用,雨污滞留、降解等都不利。尤其是高架桥下多设置绿地空间,桥阴绿化植物需水矛盾凸显,具有势能优势的桥面雨水可提供有效缓解这一矛盾的可能。因地制宜地就地收集、入渗部分桥面雨水,对减缓市政雨水管网排水压力也带来一定的积极作用。

高架桥下雨水花园的设置,主要围绕顺墩柱而下的雨落管周边布置。桥面初期雨水污染重,在落水口的雨水进入雨水花园的同时,如果增加生态过滤膜网、拦污挂篮等构造,将较大粒径污染物、杂物进行初步截留、过筛,可有效完成雨污的初级净化。

由于桥阴绿地缺少自然雨水的浇淋,桥阴植物生长需水主要靠人工补水,现多以洒水车浇灌补水,易导致高碳养护问题。在桥阴绿地设置桥阴雨水花园,其类型以入渗为主,局部场地配备储水设施,以便调蓄回用雨水。在入渗之前,初期雨水需通过弃流装置分离并单独处理。

桥阴雨水花园的设置,在满足城市交通、高架桥桥墩基础安全的基本前提下,不但可减少城市高架桥对城市街道排水产生的压力,减少可能的城市街道内涝灾害,还能有效地进行桥面雨水的收集、就地净化以及回收再利用,促进桥下空间景观的提升及城市街道雨水管理系统自然化(图5-11)。

高架桥下绿地空间的应用有两种模式。第一,可以采用低洼地雨水花园,将绿地周边的道路雨水迅速地集蓄在绿地中,一方面通过自然的力量排除雨水,因地制宜地就地收集、入渗部分桥面雨水,对减少市政雨水管网排水压力带来一定积极作用,另一方面可以在其底部设计排水管道,将收集的雨水用于街道的清洁及绿化的浇灌。第二,对于一些具有休闲、游憩功能的高架桥绿地空间,可以将其设计为微地形绿地,不仅可以利用地形收集雨水,缓解城市道路的雨洪灾害,同时还可以创造良好的城市道路景观。

本书第八章将专门对"武汉市桥阴绿地雨水花园"的设计构思和应用进行探讨。

三、高绿地率场地中的雨水花园构造设计

居住小区、大型科技园区、高校校园等专属用地中具备更好的雨水花园营建基底,有较高的绿地率和大的绿化面积,其地形、地势的竖向变化也更加丰富,雨水花园构造设计可以更加灵活多样。

简单入渗型雨水花园可以结合土壤入渗条件对应布置,其溢水可与周边的地形和地势结合,尤其是可与小区的湿地、水池、景观水体连成系统(图5-12)。

首先,复杂型雨水花园可构建相对复杂的雨水收集和利用系统,如与道路结合的雨水收集和利用系统(图5-13、图5-14),通常降低园区绿地高度,将雨水口置于绿地中。其次,对土壤进行改造,添加石英砂、煤灰等提高土壤的渗透性,同时在地下增设排水管,穿孔管周围用石子或其他多孔隙材料填充,使地下具有较大的蓄水空间。超过调蓄量的多余雨水由设在绿地中的雨水溢流口及渗流管排走。

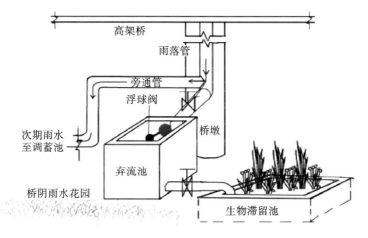

图 5-11　高架桥下雨水花园设计

（图片来源：课题组摄、绘）

图 5-12　美国 Serramonte 图书馆雨水花园借鉴

（图片来源：http://photo.zhulong.com/proj/detail59912.html）

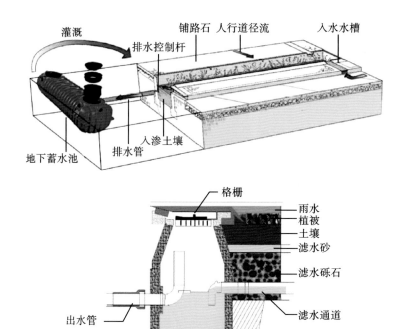

图 5-13　武汉市居住小区雨水收集和利用系统

(图片来源:张大敏,2013;项目组改绘)

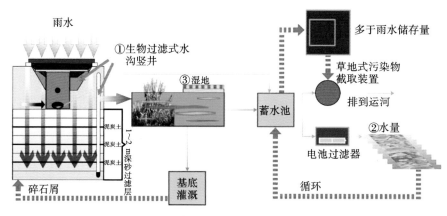

图 5-14　澳大利亚维多利亚公园完整的雨水收集和利用系统

(图片来源:玲珑景观)

四、建筑周边雨水花园构造设计

1. 与建筑屋面结合的雨水花园

屋面雨水径流较大,将其收集用于水资源的再利用。收集屋面雨水也可缓解城市雨洪灾害。建筑屋顶依次由保温层、不透水层、排水层、种植土层与植物蓄水层构成。降雨时,雨水通过植物蓄水层进行蓄水与净化,然后通过种植土层进行沉淀、过滤,多余的雨水则经排水层中的材料渗透,并通过埋设在其中的管道排出。屋面收集的多余雨水沿管道流入建筑周边场地的雨水花园中,经雨水处理设施处理后可进行二次利用,作为商业区的绿化灌溉与路面清洁用水等,如图 5-15 所示。

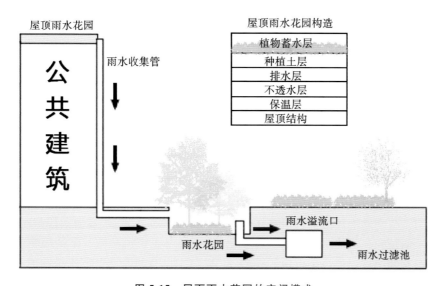

图 5-15　屋面雨水花园的空间模式

[图片来源:课题组参考张婧(2010)自绘]

2. 建筑周边雨水花园的防渗问题探讨

雨水通过雨水花园渗入地下时,会对其邻近建筑的地基产生不良的影响。建筑周边的雨水花园应尽量在建筑外墙 3 m 以外,如果用地条件不允许,则需考虑采用调蓄型雨水花园构造,对雨水花园内部基础结构进行防水设计,尽量减少渗水对建筑基础的不良影响。

同时,有学者提出在雨水花园和周边建筑之间布置防渗膜、防渗墙等设施。防渗墙的位置宜选在靠近雨水花园的一端,且防渗墙越靠近雨水花园,其防渗效果越好。在雨水花园施工的同时设置防渗膜、防渗墙,不仅方便施工,还能节约成本。雨水花园构造属于地下隐蔽工程,是雨水花园功能发挥的基础,其入渗能力、净化能力、调蓄能力都在地下实现,需要审慎对待。

本章对雨水花园的渗透类型、基底材料、构造方式进行了梳理,解析了适合在武汉市道路、居住小区、校园、独立建筑周边建立雨水花园的构造设计对应的注意事项,结合相关案例的分析和研究,提出了结合停车场绿地、人行道树池、高架桥下空间进行雨水花园设置的思考,并结合设计图,为后面的实证研究提供参考。

第六章　城市雨水花园植物的筛选与配置

　　雨水花园中的植物是构建雨水花园的重要元素,也是城市景观和生态价值的重要体现。植物从雨水中吸取成长所需的氮、磷等化学元素,并吸附水中多种重金属污染物,从而实现生态净化和减少雨水污染。

　　雨水花园植物景观设计是雨水花园的重要设计内容,选择植物时除了考虑景观功能,更重要的是考虑何种植物能在雨水花园的特殊条件下生长良好,最大限度地发挥其净化功能。国外学者对雨水花园植物的选择与设计进行了较为深入的研究,如美国、澳大利亚及加拿大的学者对不同植物去除污染物的能力、不同环境因素对植物的影响进行了大量试验研究。研究表明,植物对雨水花园功能的发挥起着重要的作用,合理的植物选择与设计是雨水花园能够更好地发挥并长期维持其功能的关键。

　　目前,我国对雨水花园植物的功能、选择要求、设计方法、污染物吸收与净化、雨水滞留与渗透、审美与环境教育及生态功能等方面的研究还较薄弱。雨水花园在设计、实施阶段很难准确选择和配置植物。对其不同植物在不同生长状况下的净化效果、景观组织也存在一定的模糊性,这在一定程度上制约了雨水花园在城市生态建设中的推广、应用。因此,探讨雨水花园中植物的选择要求、设计方法,进行植物筛选等,对雨水花园建设具有重要的理论与实践意义。

第一节　雨水花园植物选择要求

一、总体植物性能要求

　　雨水花园的植物不仅可以美化环境,还能有效控制地表径流,改善土壤的粗糙度、抗侵蚀能力,有利于保水固土。植被覆盖度越高,雨水径流量减少越明显。植物根系使土壤相对疏松,入渗性能将大为提升。

　　植物配置要综合考虑植物自身的姿态、色彩、质感、花期、植株大小,形成具有野趣的、自然的雨水花园景观。同时植物也可与石材、圆灯、座椅、标识牌等相互搭配,丰富雨水花园的景观类型。为了更好地发挥雨水花园的作用,植物选择应当满足以下几个要求。

　　(1) 以乡土植物、本地植物为主,适当引进外来植物。

　　(2) 以多年生植物为主,且植物能满足短时间耐水涝、较长时间耐旱的水适应特点。

　　(3) 采用无毒、入侵性不明显、无安全影响的植物。

　　(4) 植物搭配讲究季相分明,体现自然趣味。

　　(5) 提倡应用香花类植物吸引蜜蜂、蝴蝶等,尽量提升场地的生物多样性。

　　(6) 根据现状环境条件,科学合理配置植物景观。

二、耐适性要求

雨水花园植物的环境耐适性表现在对水、光、土壤、养护等几个主要环境因子的适应性。

（一）水耐适性

不同植物对水的要求不同,常分为生长在非常干燥的地方的耐旱植物(xerophyte)、生长在水中或者非常潮湿的土壤中的水生植物(hydrophyte)、在适当供水情形下生长的中生植物(mesophyte)3种类型。雨水花园植物对水的耐适性包括三个主要方面:①雨水多的时候耐涝、耐淹;②雨水少或缺水的时候耐旱;③能吸附并净化水污,耐受水体污染。

每种类型的植物都有一定的水耐适性范围,如不同水生植物对水质、水深、水流速度的要求均不同。植物只有在符合自身生态习性的范围内才能良好生长,并形成高品质的植物景观。

1. 耐淹、耐涝

水生植物对水忍耐度较高,但对于挺水植物、浮水植物,如果水体深度超过一定的限度,也会对生长产生影响。降雨存在时令不均、场次不均等特征,雨水花园虽因雨水利用类型不同而允许有一定的淹水深度,但为了避免安全隐患和蚊虫滋生,常要求24 h内安全入渗,见不到明水,这使得植物根部土壤水分也随之有相应的变化。湿生植物也不宜长期浸泡在深水中生长,故通常雨水花园内植物淹水的时间不宜超过48 h。

每一种植物的需水量都有差异,叶面蒸发量及土壤蒸发量的总和视植物种类、气象条件、土壤的理化性质而定,加上因气温、环境、光线、通风度、盆土性质不同,需水程度也不相同。一般叶片厚的植物比叶片薄的耐旱。在植物养护管理中讲究"见干见湿",即土干了才浇水,并且要浇透。同时应依据土壤含水量和不同植物种类采用不同的浇灌方式,土壤含水量是影响植物绿化的重要因子之一,如每浇水10 cm深能保持较长一段时间的植物需水量。

2. 耐旱

雨水花园植物宜粗放管理,尽量减少人工补水。因很容易遇到长时间不下雨的情形,所以雨水花园植物应对水有较大的耐受范围,如在耐旱方面能承受长达1个月的干旱。经过长期自然选择的乡土植物能较好地应对当地的气候,因此雨水花园中多采用乡土植物,尤其是当地的原生植物会更好地应对水的耐适性问题。

3. 耐水污染

很多水生或湿生植物对水中污染成分有很好的吸附、降解作用,比如雨污中的氮、磷成分还为植物提供了养料。雨水花园植物应能吸附并降解水中的有毒或有害物质,但超过植物耐受范围的重金属则会对植物造成毒害,甚至引起植物死亡。因此选择雨水花园植物前需要分析雨水的主要污染成分,采用耐污和降污能力强的植物能更好地应对雨水污染,这对于路面雨污严重的道路雨水花园植物应用尤为重要。

（二）光耐适性

光是驱动绿色植物进行光合作用最为重要的因子。已有很多学者对不同光环境下植物的光合特性进行了研究,大多研究集中在处于林缘、林窗或人工遮光等特定光环境下的森林植物、试验大棚、试验地。已有研究表明,植物可以通过改变形态和生理结构来适应光环境。幼苗能够通过改变生物量分配模式来适应光环境,林木通过调整叶片种类(阴生叶和阳生叶)、叶聚集程度、叶倾角和叶片气孔导度等适应光环境。

植物按其形态特征通常可分为乔木、灌木、草本、藤本四类。不同类型、不同品种的植物对光的适应能力也有差异。植物按其对光的适应能力可分为阳性植物、阴性植物、中性植物三种。LCP(光补偿点,单位:$\mu mol \cdot m^{-2} \cdot s^{-1}$)、LSP(光饱和点,单位:$\mu mol \cdot m^{-2} \cdot s^{-1}$)、$A_{max}$(最大净光合速率,单位:$\mu mol\ CO_2 \cdot m^{-2} \cdot s^{-1}$)等相关光合特性指标值,以及光照时数指标要求是判断植物为阴性、中性还是阳性植物的重要参考指标。

阳性植物是指全光照或强光下生长发育良好,在庇荫或弱光下生长发育不良的植物,一般需光量为全日照(即以太阳东升至西落都能照到阳光的环境所接受的全部光照强度)的70%以上。阴性植物是指在较弱光照下比强光下生长良好,且不能忍受强光的植物,需光量一般为全日照的5%~20%,光照过强会使一些阴性植物叶片失去光泽,发生"焦尖"现象,有的很快死亡。中性植物即介于阳性植物和阴生植物之间的植物,一般对光的适应幅度较大,大多数植物属于此类。另外,太阳辐射不均匀容易引发植物主干倾斜、扭曲等"向光生长"的现象。

雨水花园植物根据所处场地光环境的特点,选择的植物种类应尽量符合其光环境需求。耐阴植物在强光下容易被灼伤,阳性植物在遮阴条件下会被抑制生长。

(三)土壤耐适性

土壤是植物生存和生长发育的基础,是由固相(矿物质、有机质、生物体)、液相(土壤水分)和气相(土壤空气)所构成的系统,通常固相占一半,其他两相占一半。土壤组分与植物生长密切相关,常用的考核土壤的指标包括土壤 pH 值、土壤土质疏松透水性(土壤持水率)、土壤肥沃程度(有机质含量百分比)、电导率 4 个指标。很多植物喜欢酸性土壤,则应增施有机肥以改良土壤。对水、肥要求不高的植物,其土壤耐适性相对较强。

雨水花园植物应能耐适较贫瘠的土壤,甚至有一定污染的土壤,因此雨水花园植物需要有一定的耐受性,并能主动吸附和降解部分土壤污染。

(四)养护耐适性

耐粗放管理的雨水花园植物,除具有上述三项耐适性外,还应具有不易生虫、不与周边植物相克、生长速度不会太快、耐空气污染等特征。

第二节 雨水花园耐适性植物筛选

一、水耐适性植物筛选

1. 耐污性

大气污染会使得降水直接携带污染物,如不少城市出现的酸雨。分析部分城市降雨水质可知,天然雨水中含有浓度相对较低的污染成分,如 SS、COD、硫化物、氮氧化物等。雨水降落到城市硬质表面,如屋面、道路,所形成的表面径流携带了新污染物,使得雨水尤其是初期雨水的污染加重。路面材料、汽车排放尾气、生活垃圾、裸露或植被地带冲出的泥沙等成分复杂,主要污染成分有 SS、COD、油类、表面活性剂、磷氮类营养物、重金属及无机盐类。SS、COD 含量均可能高达几千毫克每升。雨水花园植物可以吸收、净化雨水径流携带的多种污染物。与传统工程措施相比,利用植物来转移、容纳或转化污染物,具有成本低、不破坏生态环境、不引起二次污染等优点。因此植物修复已成为景观设计和环境污染治理交叉领域的主要课题内容。

美国学者 Lucas 等(2008)对种植植物和未种植植物土壤的氮、磷等污染物去除率进行了对比研究。结果表明,种植植物的土壤能更有效地吸收、净化雨水中的污染物(图 6-1)。研究还表明,生长速度较快、生物量较大的植物去污效果更佳,同时植物根系的生长可以在一定程度上提升土壤的吸收净化能力。

Fletcher 等(2007)、Read 等(2008,2010)针对不同植物种类对雨水中氮、磷的去除能力进行了进一步研究。试验结果表明,不同植物去除污染物的能力具有显著差异,莎草科植物、灯芯草属植物及玉树表现出了良好的去污性能,而这些植物共同的特点就是根系发达。由此可见,发达的根系在去除雨水中的污染物方面起决定性作用。

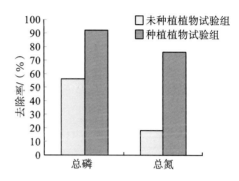

图 6-1　种植植物土壤与未种植植物土壤对雨水径流总磷、总氮降解情况对比

不同种植区的水淹情况有所不同,一般可将种植区分为蓄水区、缓冲区和边缘区三个部分。三个分区水淹状况依次递减,植物在这三个分区中的配置要充分考虑到不同植物的耐水、耐旱特性。为了提高对雨水中污染物的去除能力,雨水花园植物需要选择根系发达、净化能力强的植物。

2. 耐湿、耐旱

植物的耐湿、耐旱能力主要表现为对土壤水的适应性。土壤水的有效性通常以土壤持水量为上限,凋萎系数为下限,从而决定灌溉允许的土壤最大含水量为土壤持水量,允许最小土壤含水量为凋萎系数。

不同植物对土壤含水量的要求也不同,如侧柏和油松均为耐旱树种,其最小土壤含水量分别为 3.9% 和 4.17%,其适宜的土壤含水量则分别为 8%~18% 和 10%~18%。钱瑭璜测试过 7 种地被植物,发现鹅掌藤、蚌花和白蝶合果芋较耐旱,在土壤含水量为 30%~35% 时仍可生长良好且观赏性不受影响;而红花龙船花、红背桂、水鬼蕉和肾蕨的耐旱性较弱,在上述条件下已出现不同程度的叶片萎蔫、脱落和生长缓慢等现象,其土壤含水量应保持在 55% 以上,避免过度干旱。

研究园林植物所需的最小土壤含水量,对指导园林绿地的水分管理具有较高的参考价值。王春晓在研究中发现灯芯草和多花蓝果树这两种都是兼具耐湿和耐旱要求的植物。灯芯草能帮助减缓水流速度,其根系结构则有助于水渗入并通过土壤,能有效地阻挡雨水径流中的杂质和沉积物。植物种植的密度通常大于城市雨水管理手册所要求的密度,这样做是为了减少维护费用(除草、灌溉等),同时迅速创造了一处具有美感和吸引力的景观。

二、光耐适性植物筛选

笔者对城市有建筑物、构筑物遮阴影响下的绿地植物进行过一定的研究,提出了基于光合有效辐射(photosynthetically active radiation,PAR)的光耐适性植物筛选方法。

1. 试验方法

利用 LI-6400XT 光合仪(美国),对有采光影响的绿地中正常健康生长的植物叶片进行光-光响应曲线的测定,目的在于:①测试植物叶片在外界不同梯度光量子通量密度(PPFD)响应下,对应的光合有效速率(Pn)的变化情况,得到 Pn-PPFD(光合光通量子密度,单位:$\mu mol \cdot m^{-2} \cdot s^{-1}$)的光响应曲线;②通过非直线双曲线方程,求解出该植物光响应曲线中光补偿点(LCP,单位:$\mu mol \cdot m^{-2} \cdot s^{-1}$)、光饱和点(LSP,单位:$\mu mol \cdot m^{-2} \cdot s^{-1}$)、最大净光合速率($A_{max}$,单位:$\mu mol$ $CO_2 \cdot m^{-2} \cdot s^{-1}$)等相关光合特性指标值;③依据求得的光合特性指标值进行耐阴性的聚类分析,得到测试植物正常生长所需要的外界光强类别范围,有利于针对自然光环境配置植物。

2. 测试材料

笔者曾针对高架桥下试验地种植的 22 种苗木进行光合测试,尝试分析其在遮阴影响下的光适应范围。具体试验材料为:八角金盘、麦冬、杜鹃、沿阶草、狭叶栀子、玉簪、海桐、小叶黄杨、日本珊瑚树、茶梅、南天竹、红叶石楠、花叶青木、扶芳藤、结香、忍冬、常春藤、大叶黄杨、十大功劳、爬山虎、络石、棣棠。种植位置如图 6-2 所示,利用 Ecotect 2013 软件分析高架桥下绿地空间光环境情况,结果如图 6-3 所示。

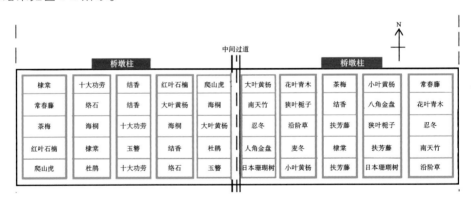

图 6-2 试验地苗木种植位置示意图

(图片来源:作者自绘)

白天自然光下,常见光照度与光合有效辐射强度有如下基本换算关系。

$$1 lx = 0.0185 \ \mu mol \cdot m^{-2} \cdot s^{-1}$$
$$1 lx = 0.00402 \ W/m^2$$

从上面两个关系式可知:①1 klx=18.5 $\mu mol \cdot m^{-2} \cdot s^{-1}$;②1 klx=4.02 W/m²;③1 W/m²=248.76 lx;④1 W/m²=4.6 $\mu mol \cdot m^{-2} \cdot s^{-1}$;⑤1 W=0.0864 MJ/d。理清这些转换关系有利于建立物理光环境分析结果和植物需光强度范围之间的互通平台,有助于实际应用。

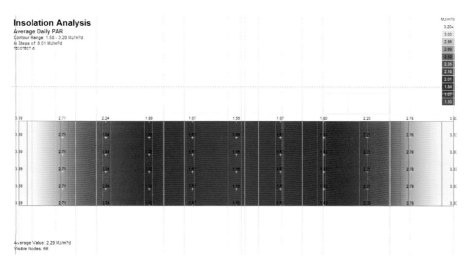

图 6-3　试验地在观察期平均 PAR 强度分布情况

［注：此分析图为 2013 年 5 月 1 日至 2013 年 10 月 31 日，武汉市三环线高架桥荷叶山段

PAR 强度分布的 Ecotect 模拟。PAR 强度以两边往中间递减，PAR 强度西面为 3.39 MJ/(m² · d)，

东面为 3.3 MJ/(m² · d)，中间为 1.56 MJ/(m² · d)。图片来源：作者自绘。］

3. 试验结果与结论

LCP、LSP、φ 三个因子的综合聚类结果与 LSP 聚类结果相同。根据上述 PAR 强度的分析结果，最高值很少超过 700 $\mu mol \cdot m^{-2} \cdot s^{-1}$，即 13.15 MJ/(m² · d)，除少量地方光强低于桥阴植物补偿点外，其余都在其上，则综合上述分析，将测试地桥阴植物分为 3 个大类、6 个小类，具体见表 6-1。

表 6-1　桥阴植物耐阴性综合分类

大类	划分标准 LSP / $(\mu mol \cdot m^{-2} \cdot s^{-1})$	小类	划分标准 LCP / $(\mu mol \cdot m^{-2} \cdot s^{-1})$	案例数	植物种名
Ⅰ	<400	A	<22	3	八角金盘、熊掌木、扶芳藤
		B	≥22	2	茶梅、爬山虎
Ⅱ	400～700	A	<22	9	桂花、狭叶栀子、海桐、南天竹、 花叶青木、棣棠、凌霄、 常春藤、络石
		B	≥22	2	金丝桃、麦冬
Ⅲ	>700	A	<22	3	鸡爪槭、红叶石楠、结香
		B	≥22	10	紫薇、日本珊瑚树、杜鹃、 十大功劳、黄杨、 夹竹桃、石楠、丝兰、 大叶黄杨、红花酢浆草
合计				29	

Ⅰ类：具有低 LSP(<400 $\mu mol \cdot m^{-2} \cdot s^{-1}$)的植物。其根据光补偿点 LCP 又可以分为两小类，即Ⅰ-A 类(LCP<22 $\mu mol \cdot m^{-2} \cdot s^{-1}$)和Ⅰ-B类(LCP≥22 $\mu mol \cdot m^{-2} \cdot s^{-1}$)植物。Ⅰ-A 类是典型的耐阴

或阴性植物,能够充分利用弱光,适合在弱光环境下栽培,这类植物不宜布置在强阳光暴晒处。I-B类植物光饱和点较低,能适应桥阴环境,但 LCP 稍高,故布置位置比I-A 靠外栽种较好。

Ⅱ类:具有较中间的 LSP($400\sim700\mu\mathrm{mol}\cdot\mathrm{m}^{-2}\cdot\mathrm{s}^{-1}$)的植物。其根据 LCP 值可以分为Ⅱ-A 类(LCP$<22\mu\mathrm{mol}\cdot\mathrm{m}^{-2}\cdot\mathrm{s}^{-1}$)和Ⅱ B 类(LCP$\geqslant22\ \mu\mathrm{mol}\cdot\mathrm{m}^{-2}\cdot\mathrm{s}^{-1}$)植物。Ⅱ类植物适合在有一定遮阴的环境下生存,是高架桥下丰富植物种类的主要候选对象,但在布置时需要保证其 LCP 的有效范围,一般在桥下高净空处、近桥边处可以很好地应用。Ⅱ-B 类植物应比Ⅱ-A 类更靠近桥边种植。

Ⅲ类:具有高 LSP($>700\ \mu\mathrm{mol}\cdot\mathrm{m}^{-2}\cdot\mathrm{s}^{-1}$)的植物。其根据 LCP 可以分为两小类,即Ⅲ-A 类(LCP$<22\ \mu\mathrm{mol}\cdot\mathrm{m}^{-2}\cdot\mathrm{s}^{-1}$)和Ⅲ-B 类(LCP$\geqslant22\ \mu\mathrm{mol}\cdot\mathrm{m}^{-2}\cdot\mathrm{s}^{-1}$)。Ⅲ类植物对 PAR 强度有较宽泛的适应范围,对生境的光照条件要求不严,根据不同植物的 LCP 再适当布置其相应位置(图6-4)。为了保证其较好的生长状态,Ⅲ-A 类植物在桥阴绿地配置中,更适宜配置在桥边两侧有阳光直接照射、稍靠里的位置。Ⅲ-B 类植物为典型的喜阳性植物,对光能利用效率较高,适合在全光照下应用,除非桥阴下有特殊的强光地段,否则应较慎重应用在桥阴下。

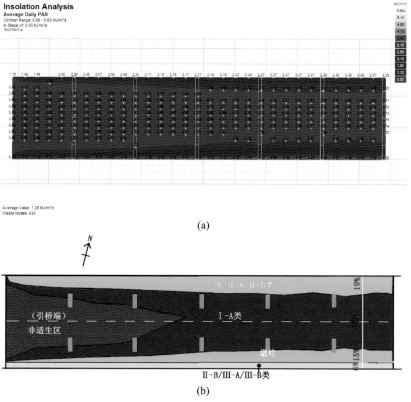

(a)

(b)

图 6-4 武汉市较差走向城市高架桥下 PAR 强度分布及绿地耐阴植物种植范围

(a)较差走向高架桥下 PAR 强度分布;(b)对应的耐阴植物种植范围

(图片来源:作者自绘)

以上结果对受遮阴影响的城市雨水花园植物筛选和应用同样有研究方法、研究结果上的参考价值,尤其为本书第七章实践中的植物选择提供依据。

第三节　雨水花园冠层雨水截留能力植物筛选

一、植物冠层截留技术

植物群落作为低影响开发设施的基本构成元素,是在微观尺度城市中绿地可持续雨水管理的媒介之一。研究表明,有植被覆盖的土地降雨下渗量可达 90%,而不透水地表的下渗量仅有 10% 左右,可见植物群落有截留雨水、促进雨水下渗的功效。植被叶片可有效截留降雨并减缓径流洪峰。目前对植物冠层截留技术的研究对象以自然植被为主,包括热带雨林、灌丛、针叶林群落及城市森林等,主要测定方法是水平衡法和浸水法。

二、基于植物冠层雨水截留能力的园林植物排序

车生泉等对上海市一些常用园林植物进行了植物冠层雨水截留能力的测定试验,由此得出一些常用园林植物雨水蓄积量排序表,为海绵城市植物筛选提供了新的方向。

通过试验,可得到并比较植物冠层雨水截留量,将常见园林植物划分为强雨水截留型、中等雨水截留型及弱雨水截留型 3 种,具体如表 6-2 所示。

表 6-2　上海市城市社区绿地常用园林植物冠层雨水蓄积量排序

		种名	生活型	单位面积雨水截留量 /mm	叶面积指数
强雨水截留型	乔木	落羽杉	常绿针叶	5.98	5.10
		雪松	常绿针叶	3.62	3.07
		龙柏	常绿针叶	3.54	6.37
		枇杷	常绿阔叶	3.47	3.47
		水杉	落叶针叶	2.77	3.17
		广玉兰	常绿阔叶	2.49	2.96
		梧桐	落叶阔叶	2.10	2.51
	灌木	龙柏球	常绿针叶	7.72	5.31
		春鹃	常绿阔叶	3.94	5.23
		火棘	常绿阔叶	3.28	5.24
		小叶黄杨	常绿阔叶	3.19	4.56
		红花檵木	常绿阔叶	3.16	4.57
		慈孝竹	常绿阔叶	2.65	6.86
		海桐	常绿阔叶	2.56	5.56
		木芙蓉	落叶阔叶	2.49	3.64
	草本	细叶沿阶草	常绿草本	3.22	8.83
		大花马齿苋	常绿草本	2.55	4.13

		种名	生活型	单位面积雨水截留量 /mm	叶面积指数
中雨水截留型	乔木	石榴	常绿阔叶	1.69	3.56
		榉树	落叶阔叶	1.61	2.80
		香樟	常绿阔叶	1.60	2.71
		罗汉松	常绿针叶	1.52	3.89
		悬铃木	常绿阔叶	1.28	2.21
		蚊母树	常绿阔叶	1.14	5.10
		龙爪槐	落叶阔叶	1.10	3.42
		棕榈	常绿阔叶	1.03	2.44
		蒲葵	常绿阔叶	1.03	2.44
		乌桕	落叶阔叶	1.02	2.70
		桂花	常绿阔叶	0.95	4.45
		黄山栾树	落叶阔叶	0.93	2.15
		女贞	常绿阔叶	0.87	1.87
		日本晚樱	落叶阔叶	0.86	2.15
		山茶	常绿阔叶	0.85	3.95
	灌木	八角金盘	常绿阔叶	1.86	5.60
		日本珊瑚树	常绿阔叶	1.72	5.43
		龟甲冬青	常绿阔叶	1.55	4.89
		椤木石楠	常绿阔叶	1.52	4.81
		花叶青木	常绿阔叶	1.51	5.65
		苏铁	常绿阔叶	1.35	3.38
		小叶女贞	常绿阔叶	1.30	4.16
		南天竹	常绿阔叶	1.29	3.97
		水栀子	常绿阔叶	1.22	4.74
		结香	落叶阔叶	1.21	2.14
		金丝桃	常绿阔叶	1.14	3.39
		云南黄馨	常绿阔叶	1.10	5.42
	草本	络石	常绿藤本	1.98	7.56
		阔叶麦冬	常绿草本	1.77	5.41
		芭蕉	常绿草本	1.38	4.30
		花叶蔓长春	常绿草本	1.07	3.37

		种名	生活型	单位面积雨水 截留量 /mm	叶面积 指数
弱雨水 截留型	乔木	加拿利海枣	常绿阔叶	0.76	2.11
		鸡爪槭	落叶阔叶	0.73	2.53
		桃树	落叶阔叶	0.68	1.74
		杜英	常绿阔叶	0.67	1.92
		合欢	落叶阔叶	0.67	1.45
		白玉兰	落叶阔叶	0.66	1.73
		红叶李	落叶阔叶	0.65	2.55
		银杏	落叶阔叶	0.58	1.71
		紫薇	落叶阔叶	0.57	1.66
		垂丝海棠	落叶阔叶	0.56	1.78
		紫荆	落叶阔叶	0.37	2.37
		无患子	落叶阔叶	0.33	0.88
		垂柳	落叶阔叶	0.26	2.09
	灌木	夹竹桃	常绿阔叶	0.96	4.60
		十大功劳	常绿阔叶	0.95	3.55
		全缘枸骨	常绿阔叶	0.87	2.64
		蜡梅	落叶阔叶	0.85	4.51
		木槿	常绿阔叶	0.84	2.56
		大叶黄杨	常绿阔叶	0.83	4.44
		紫叶小檗	常绿阔叶	0.49	1.99
	草本	鸢尾	多年生草本	0.88	3.35
		美人蕉	常绿草本	0.43	5.71

第四节　雨水花园植物养护管理建议

一、专业性管理与粗放性管理相结合

　　雨水花园植物在符合本章第一节中所述要求的前提下,还应尽量满足雨水花园特殊的环境条件、水文、土壤情况,这样才能充分发挥植物的功能特性及景观特性。

　　专业性管理是指了解所应用植物的相关特性,充分考虑影响植物正常生长的相关因子,将其布置在场地中相对合适的位置,并进行针对性的水肥管理。雨水花园植物优先选择乡土植物并"慎用外来物种",确保各物种之间不存在负面影响。尽量选择根系发达,净化能力、耐水污染性好,既耐短期水淹,又有一定耐旱能力,能适应空气污染、土壤紧实等不良城市环境的植物。

　　粗放性管理是指栽种成活后,基本上仅需要投入较少的人力即可获得稳定、良性的植物景观。提高雨水花园的景观性、生物多样性、稳定性及功能性,尽量选择多年生植物及常绿植物,以减少养护成本。专业性管理与粗放性管理两者结合应用,主要体现在栽种中具有较严格专业选择和项目布置,养护时具有粗放性,实现雨水花园的低碳、生态特性。

二、经济性管理与易操作性管理相结合

养护管理需要低成本、易操作。雨水花园植物应选择适配性强,在抗逆性、生态稳定性等方面优势比较明显,管护操作方便,养护成本低的乡土树种。

三、园林植物生态性与艺术性管理相结合

园林植物的养护必须建立在各种植物的生态学特征之上,只有充分了解园林植物的相应生活习性,才可以将养护与种植结合起来,真正地做到游刃有余。

1. 乔木类的养护

乔木类植物本身的高大特性决定了其在进行水肥管理时的独特性,不同乔木的需求不同,有的乔木对水的要求非常高,有的则是对于微量元素的需求特别高,这不仅仅取决于乔木本身的根系长度和能力,也取决于水肥方案的设计问题。对乔木的水肥管理可以保证其正常的生长,但是病虫害对于乔木的生长影响很大,因此就需要提前发现问题,尽早将虫害消灭掉。

园林设计的目的在于彰显美,因此在对乔木进行树形修剪的时候必须要有提前的设计。如果没有前期系统的修剪就会显得树木疏密不一,这就直接影响了园林设计的目的在于美这一理念,这说明实际的设计过程中出现了不合适的地方。

2. 灌木类的养护

灌木类植物的躯干比较小,但是生长起来非常快,这就决定了必须要对灌木类的植物进行有效的修剪,高频度的修剪也就意味着必须不断地补充水分和肥料。生长速度快使得灌木的修剪次数比较多,这种为了保证灌木的外形而进行的修剪通常比较重要。病虫害对于灌木的生长影响也很大,需要及时发现并治理。

3. 草本植物的养护

草本植物的养护与乔木和灌木有着本质的不同,它的种类非常多,因此养护方案也不能一成不变,要求我们在养护时根据园林植物的不同特点制定相应的方案。

园林植物的养护归根到底在于管理,至于技术和其他因素则相应次要。总体而言,植物的生长和养护须因地而异、因时而变。

第五节　雨水花园植物种类推荐

我国南北地区由于温度、土壤类型、降水量(或湿度)等条件的差异,植物选择范围显著不同。根据气候条件,一般从耐寒性、耐旱性及抗盐碱能力等方面判断植物是否适宜当地的条件。

由于北方地区冬天气候干冷,因此植物需要具有一定的耐寒性。虽然许多植物具有良好的亲水性及抗污染能力,但因无法抵抗严寒而不能在北方地区应用,如木芙蓉、刺桐、黄木连、红千层等乔木类,黄金榕等灌木类,以及再力花、风车草等具有高效净化能力的草本植物。对于天津地区来说,土地盐碱化也是限制植物选择的因素之一,如紫叶李、桂花、香樟等均喜湿润且具有一定抗水淹能力,但其无法在盐碱土壤中生长,因此难以作为雨水花园的备选植物。

北方典型的乔木有白蜡、法国梧桐、国槐、香花槐、合欢、臭椿、栾树、云杉、女贞、白皮松、圆柏等。而南方典型的乔木则有水杉、落羽杉、红叶杨、三角枫、秋枫、湿地松、紫叶李、棕榈、鹅掌楸、枫香、黑松、香橼、桂花、河桦、串钱柳、小叶榄仁、黄槿、红千层、蓝花楹、杜英、木荷等。

灌木的南北差异较小,如胡枝子、木槿、贴梗海棠、金叶女贞、大叶黄杨、火棘、紫叶小檗、锦带花、凤尾兰、红瑞木、紫荆、忍冬、冬青、杜鹃等均广泛地分布在我国南北城市中。因此,可供选择的灌木种类相对较多。

草本植物的南北差异也很小,大部分草本植物可以在我国的北方和南方城市种植。有些草本植物但不能抵抗严寒,如波斯菊、紫鸭跖草、春羽、海芋、花叶良姜、野古草、泽泻、茭白等主要集中于我国南方,北方城市较少出现。

一、适合沈阳市雨水花园的植物种类推荐(华北)

选取沈阳市若干种乡土植物和若干种外来植物进行耐淹试验,综合分析不同植物在水淹条件下的形态特征和生理指标,总结出每种植物的生活习性,由此可以得出适合沈阳市雨水花园种植的植物(表6-3、表6-4)。

表 6-3 沈阳市乡土植物生长特性

大类	序 号	名 称	生 长 特 性
乔木	1	美国红枫	耐寒、耐旱、耐湿、吸收氯气
	2	白桦	喜光、不耐阴、耐寒、耐涝、深根性
	3	臭椿	耐寒、耐旱、不耐涝
	4	色木槭	耐寒、耐湿、稍耐旱、深根性
	5	元宝槭	耐半阴、耐寒、不耐旱、抗氟化氢
灌木	6	山杏	耐寒、耐旱、耐瘠薄、适应性强、喜光、根系发达
	7	辽东水蜡树	适应性较强、喜光、耐寒
	8	接骨木	喜光、较耐寒、耐旱、根系发达、不耐涝、抗污染性强
	9	荚蒾	喜温暖湿润、耐阴、耐寒(冬季开花)
	10	金银忍冬	稍耐旱、耐寒、耐水涝
	11	木槿	耐热、耐寒、耐涝、耐旱、稍耐阴、耐修剪、萌蘖性强
	12	金叶女贞	喜光、稍耐阴、耐寒、不耐涝

大类	序 号	名 称	生 长 特 性
草本	13	高羊茅	耐寒、耐涝、喜光、耐半阴、耐酸、抗逆性强
	14	黑麦草	耐酸、较能耐湿、不耐旱、不耐寒
	15	黄菖蒲	挺水植物、耐寒、耐盐碱、喜光、较耐阴
	16	莲	水生植物、极不耐阴
	17	芦苇	水生植物、去污能力强
	18	睡莲	水生植物、稍耐寒、喜光
	19	萍蓬草	水生植物、耐寒
	20	鸭舌草	水生植物、喜肥、耐阴
	21	芒	耐半阴、耐旱、耐涝
	22	水烛	水生植物、耐寒
	23	红蓼	耐涝、适应性强、适于观赏

表 6-4 沈阳市成功引进植物的生活习性

大类	序 号	名 称	生 长 特 性
乔木	1	油松	喜光、深根性、耐旱、较耐寒
	2	圆柏	喜光树种、耐涝、稍耐寒
	3	毛白杨	深根性、耐旱、耐涝、稍耐寒
	4	水曲柳	耐湿、稍耐寒、不耐旱
	5	刺槐	喜光、不耐庇荫、耐旱、一般耐涝、耐盐碱、萌芽力和根蘖性强
	6	梓	喜温暖、耐寒、抗污染能力强、不耐干旱瘠薄
	7	千金榆	一般耐涝、耐旱、喜光、耐热
	8	黑弹树	耐寒、耐旱、抗有毒气体
	9	黄檗	较耐寒、耐热、稍耐涝、根系发达、萌发能力强
	10	辽东栎	喜阳、耐寒、根系发达
	11	东北鼠李	喜光、耐寒、耐旱、稍耐阴、适应性强
灌木	12	胡枝子	耐旱、耐酸性、耐盐碱、耐寒、对土壤适应性强、再生性强、不耐涝
	13	鸡树条	耐寒、喜湿、耐旱
	14	紫丁香	耐旱、耐寒、耐瘠薄、不耐涝、适应性较强
	15	绣线菊	喜光、抗寒、耐旱、耐涝、萌蘖力和萌芽力强、耐修剪
草本	16	蛇鞭菊	耐寒、耐热、喜光、耐涝
	17	延叶珍珠菜	喜光、耐阴、耐寒、耐涝、耐高温、耐旱、耐盐碱、耐污染、根系发达
	18	水烛	水生植物、耐寒
	19	水葱	水生植物、耐寒

适当引进、培育适宜沈阳市生长的外来植物，既可以改善自然景观和丰富本地的植物景观，

又可以作为新的基因资源,提高物种多样性。

二、适合武汉市雨水花园的植物种类推荐(华中)

武汉市雨水花园植物以灌木和多年生草本为主。武汉地区雨水花园推荐植物名录及基本特性见表 6-5。表 6-5 中植物通过以下条件进行推荐:①全日照采光、受遮阴影响的不同光环境;②场地土壤不同;③雨水花园构造类型对应的基础雨水情况,并结合实践考察、相关文献研究、相关专业网站查询、课题组桥阴下试种观测、试验测试。

表 6-5　武汉市雨水花园推荐植物名录及基本特性

大类	序号	名称	基 本 特 性	大类	序号	名称	基 本 特 性
乔木	1	桂花	常绿灌木或小乔木。喜温暖湿润,耐高温,不耐寒,对 Cl_2、SO_2 有较强抗性,中度耐阴。秋季香花植物	乔木	2	三角枫	落叶乔木。弱阳性,稍耐阴;喜温暖湿润气候及酸性、中性土壤。秋季树叶变红
	3	鸡爪槭	落叶小乔木。喜疏阴环境,夏日忌暴晒;抗寒、抗旱性强。秋色叶树		4	石楠	常绿乔木。喜温暖湿润,喜光也耐阴,对土壤要求不高,萌芽力强,耐修剪,对烟尘和有毒气体有一定抗性
灌木	1	紫薇	落叶灌木或小乔木,耐旱、怕涝,喜温暖潮润,喜光、喜肥;抗 SO_2、HF 及 N_2 性强,能吸入有害气体。夏季观花	灌木	2	蜡梅	落叶丛生灌木。冬季观花。喜阳,能耐阴、耐寒、耐旱,忌渍水
	3	八角金盘	常绿灌木。叶大、掌状,优良的观叶植物。喜阴湿温暖气候,不耐旱和严寒,抗 SO_2 性较强		4	阔叶十大功劳	常绿灌木,观赏效果好。耐阴,喜暖湿气候,不耐寒。对土壤要求不高
	5	熊掌木	常绿性藤本植物,高 1 m 以上。阳光直射时叶片会黄化,具强耐阴能力		6	八仙花	落叶花灌木。高 1～4 m,喜温湿和半阴环境,60%～70% 遮阴最为理想。短日照植物
	7	花叶青木	常绿灌木,喜湿润、排水良好、肥沃土壤。极耐阴,夏季怕暴晒。不耐寒。观叶树种。对烟尘和大气污染抗性强		8	雀舌黄杨	常绿小乔木或灌木,成丛。喜温湿和阳光充足的环境,耐干旱和半阴。耐修剪,较耐寒,抗污染。景观效果好
	9	狭叶栀子	常绿灌木。香花植物。喜温湿和光照充足、通风良好的环境,忌强光暴晒。宜用疏松肥沃、排水良好的酸性土壤种植		10	木槿	落叶灌木,高 3～4 m。适应性强,喜阳光也能耐半阴。耐寒,较耐瘠薄,耐修剪。抗烟尘,抗 HF。观花、绿化效果好

大类	序号	名称	基 本 特 性	大类	序号	名称	基 本 特 性
灌木	11	海桐	常绿灌木或小乔木,高 3 m。耐寒耐暑热。对光照适应能力较强,半阴地生长最佳。可作绿篱和孤植。抗海潮及毒气	灌木	12	山茶	常绿灌木和小乔木。观花。喜半阴、忌烈日,喜温湿气候,忌干燥,喜肥松的微酸性土壤
	13	红叶石楠	常绿灌木或小乔木,叶革质,春季新叶红艳,夏绿,秋、冬红色。适应性强,耐低温、耐旱、耐瘠薄、较耐盐碱性。喜强光照,也能耐阴,在直射光照下,色彩更鲜艳		14	瑞香	常绿小灌木,3—5 月开花,浓香。丛生,性喜阴,忌阳光暴晒,喜肥湿的微酸性壤土。耐修剪,病虫害少
	15	金丝桃	半常绿灌木。喜温湿气候,喜光,略耐阴,耐寒,对土壤要求不高。花期5—6月,金黄色,观花灌木		16	胡颓子	常绿灌木,高 4 m,有刺。耐阴力较强,耐干旱、瘠薄,不耐水涝。花期9—11月,果实美艳
	17	南天竹	小檗科常绿灌木。钙质土壤指示植物。喜温湿及通风良好的半阴环境。较耐寒		18	毛白杜鹃	半常绿灌木。花白色、芳香,花期4—5月。喜半阴温凉气候、酸性土壤,忌碱忌涝,不耐寒
	19	结香	瑞香科结香属,落叶灌木。早春花木。喜半阴,也耐日晒。喜温暖,耐寒性略差。根肉质,忌积水		20	连翘	木樨科落叶灌木。早春先花后叶,观花灌木。喜光,能弱耐阴;耐寒、耐瘠薄,怕涝;不择土壤;抗病虫害能力强
	21	棣棠	落叶花灌木。土壤要求不高,性喜温暖、半阴之地,较耐寒,花期4—6月,黄色		22	金缕梅	落叶灌木或小乔木,2月前后先花后叶,花簇生,金黄。喜光,耐半阴,喜温湿气候,土壤要求不高
	23	杜鹃	常绿灌木或小乔木,种类多。喜凉爽、湿润气候,恶酷热干燥。喜腐殖质及酸性土壤。不耐暴晒,夏秋宜遮阴		24	金边六月雪	常绿或半常绿丛生小灌木。喜温湿气候。喜半阴半阳,畏烈日暴晒。喜疏松肥沃、排水良好之中性及微酸性土壤,抗寒力不强
	25	黄杨	黄杨科常绿灌木或小乔木。观叶类植物,耐阴,喜光,但长期荫蔽环境易导致枝条徒长或变弱。生长慢,耐修剪,抗污染		26	枸骨	常绿灌木或小乔木。喜光,稍耐阴,喜温湿气候及排水良好微酸性土壤,耐寒性不强;抗有害气体。生长缓慢,耐修剪

大类	序号	名称	基 本 特 性	大类	序号	名称	基 本 特 性
灌木	27	丝兰	常绿灌木。土壤适应性很强,性喜阳光充足及通风良好的环境,耐寒。花簇状,白色	灌木	28	白鹃梅	落叶灌木。喜光,耐旱,稍耐阴,喜温湿气候,抗寒力强,对土壤要求不严。花期 4 月
	29	含笑	常绿灌木或小乔木。花香袭人,花期 3—4 月。喜暖湿,不耐寒。夏季宜半阴环境,忌暴晒。其他时间需阳光充足		30	山麻杆	落叶丛生小灌木,早春嫩叶鲜红。阳性树种,喜光稍耐阴,喜温湿气候,对土壤的要求不高,萌蘖性强,抗旱能力弱
	31	水果蓝	香料植物。小枝四棱形,全株被白色绒毛。对环境有超强耐受能力。叶片全年淡蓝灰色,与其他植物形成鲜明对照		32	卫矛	常绿灌木。耐寒、耐阴、耐修剪,生长较慢。嫩叶及霜叶均紫红色。蒴果美观,观赏效果佳
	33	红花檵木	金缕梅科常绿灌木或小乔木,花期 4—5 月。喜光,稍耐阴,但阴时叶色易变绿。适应性强,耐旱。喜温暖,耐寒冷,耐修剪		34	雀梅藤	落叶藤状或直立灌木,喜半阴,喜温湿气候,能耐寒。小枝具刺,互生或近对生,褐色,被短柔毛
	35	龟甲冬青	常绿小灌木。多分枝,小叶密生,叶形小巧,叶色亮绿。观赏价值高。喜光,稍耐阴,喜温湿气候。较耐寒		36	金银木	落叶丛生灌状小乔木。喜光,耐半阴、耐旱、耐寒。喜湿润肥沃及深厚的土壤。管理粗放。果实为鸟类美食
	37	日本珊瑚树	常绿灌木或小乔木。能吸有害气体和烟尘,厂区绿化常用。喜温湿润气候。酸性和微酸性土均能适应。喜光亦耐阴。特耐修剪		38	小蜡	半常绿灌木。叶革质,喜光,稍耐阴;较耐寒,耐修剪。对土壤湿度较敏感,干燥瘠薄地生长发育不良
	39	茶梅	常绿灌木,观花效果好。喜光,也稍耐阴,阳光充足处花朵更为繁茂。喜温湿气候,宜长在排水良好、湿润的微酸性土壤		40	小叶女贞	落叶或半常绿灌木。喜光,稍耐阴;较耐寒;对 Cl_2、SO_2 等毒气有较好的抗性。耐修剪
	41	夹竹桃	常绿直立大灌木,观花。汁液有毒。喜光,喜温湿气候,不耐寒,忌水渍,能耐空气干燥		42	大叶栀子	常绿灌木。香花植物。喜光照,忌强光暴晒。pH 5~6 的酸性土壤中生长良好

大类	序号	名称	基 本 特 性	大类	序号	名称	基 本 特 性
灌木	43	大叶黄杨	常绿灌木或小乔木。喜光,亦较耐阴。喜温湿气候,较耐寒。极耐修剪整形	灌木	44	木本绣球	落叶或半常绿灌木。观花效果好。喜光,略耐阴。耐寒、耐旱
	45	十大功劳	常绿小灌木,喜温湿气候,喜光也较耐阴湿,对土壤要求不严。秋冬季观赏效果佳		46	天目琼花	落叶灌木。喜光又耐阴;耐寒,喜夏凉湿润多雾环境;花期5—6月。观花、观果效果好
	47	大花六道木	半落叶到常绿的观赏性花灌木。耐旱,耐瘠薄;萌蘖力很强,可反复修剪		48	小檗	落叶小灌木。喜光也耐阴,喜温凉湿润环境,耐寒,也较耐旱、耐瘠薄,忌水涝。观花观果效果好
	49	金边黄杨	常绿灌木或小乔木,中性,喜温湿气候。观叶为主		50	金钟花	落叶灌木。喜光,略耐阴。喜温湿环境,较耐寒。适应性强,耐干旱,较耐湿。萌蘖力强
	51	千头柏	常绿灌木。适应性强,需排水良好。喜光,过度遮阴易使植株枝叶稀疏,不利于造型		52	蜡瓣花	落叶灌木。早春先花后叶。喜阳光,也耐阴,较耐寒,喜温湿、富含腐殖质的酸性或微酸性土壤。萌蘖力强
	53	云南黄馨	常绿半蔓性灌木。3—4月开花,喜光,稍耐阴,喜温湿气候		54	蔷薇	落叶灌木。茎细长,蔓生。春季观花效果好。适应性广
	55	铺地柏	常绿匍匐小灌木。喜光,稍耐阴,适生于滨海湿润气候;耐寒力、萌蘖力均较强。阳性树。喜石灰质的肥沃土壤		56	四照花	落叶灌木或小乔木。性喜光,亦耐半阴,喜温暖气候和阴湿环境。初夏开花,良好的观花植物
	57	胶东卫矛	卫矛属直立或蔓性半常绿灌木。常作绿篱和地被。耐阴,喜温暖,稍耐寒				

大类	序号	名称	基 本 特 性	大类	序号	名称	基 本 特 性
多年生草本	1	细叶麦冬	多年生草本。喜半阴、湿润而通风良好的环境,耐寒性强	多年生草本	2	黄荆	落叶灌木或小乔木。枝叶有香气,生于向阳坡地
	3	沿阶草	多年生草本。长势强健,耐阴性强;植株低矮,根系发达,覆盖效果好		4	红花酢浆草	多年生草本。自春至秋开花,粉红,耐寒性不强、但耐热、耐阴
	5	马尼拉草	暖季型草坪草系列。耐践踏、耐修剪、耐寒、耐旱		6	麦冬	常绿或落叶多年生草本。在潮湿、排水良好、全光或半阴的条件下生长良好。观赏性强
	7	单花鸢尾	多年生矮小草本。花期5—6月。喜阴,湿润环境		8	草地早熟禾	多年生草本植物。适宜在气候冷凉,湿度较大的地区生长。耐旱性稍差,耐践踏。喜光耐阴。夏季停止生长
	9	石蒜	多年生草本。喜阴湿,耐寒性强。先花后叶,观赏效果好		10	匍匐剪股颖	多年生草本。喜冷凉湿润气候,耐阴性强。耐寒、耐热、耐瘠薄、较耐践踏、耐低修剪
	11	葱兰	多年生常绿球根草花。喜阳光充足,耐半阴和低湿;喜肥沃、带有黏性而排水好的土壤		12	万年青	多年生常绿草本。叶自根状茎丛生,质厚;喜半阴、温暖、湿润、通风良好的环境;不耐旱,稍耐寒;忌阳光直射、忌积水
	13	玉簪	多年生草本。耐寒,喜阴湿环境,不耐强光照射。要求土层深厚,排水良好且肥沃的砂质壤土		14	野菊花	多年生草本。花期9—11月,可入药。适应性强
	15	萱草	多年生宿根草本花卉。花鲜艳。耐寒,适应性强,喜湿润也耐旱;喜光又耐半阴		16	紫茉莉	多年生草本花卉。花香。各种颜色。性喜温和而湿润的气候,不耐寒,在略有荫蔽处生长更佳
	17	红花韭兰	多年生草本。喜光,耐半阴。喜温暖环境,但也较耐寒。适宜生长于土层深厚、地势平坦、排水良好的壤土或砂质壤土中。怕水淹		18	白及	多年生草本。高15～70 cm,花期4—5月,生林下阴湿处或山坡草丛中。可入药

大类	序号	名称	基 本 特 性	大类	序号	名称	基 本 特 性
多年生草本	19	菖蒲	禾草状的多年生草本。根茎具气味。喜阴湿环境,不耐阳光暴晒,不耐干旱,稍耐寒	多年生草本	20	紫叶酢浆草	多年生宿根草本。叶丛生,大而紫色。对光敏感,花朵仅晴天开放。喜湿润、半阴且通风良好的环境,也耐干旱
	21	吉祥草	多年生常绿草本。喜温湿环境,较耐寒耐阴,对土壤的要求不高,适应性强		22	美丽月见草	多年生低矮草本。非常耐旱,适应范围广。花期4—10月,花粉红,观赏效果好。自播能力强。喜光,耐寒,忌积水
	23	金边过路黄	报春花科、珍珠菜属,常绿宿根彩叶草本植物。株高约10 cm,枝条匍匐生长,叶色金黄艳丽。耐低温,抗逆性强,稍耐阴		24	蛇莓	多年生草本。茎细长,匍状,节节生根。花、果、叶均有较好的观赏性。适应性强,较耐阴
	25	大花葱	多年生球根花卉,是花境、岩石园或草坪旁装饰和美化的品种,主要分布在我国北方地区。花期春、夏季,性喜凉爽、阳光充足的环境,忌湿热多雨,忌连作、半阴,适温15～25 ℃。要求疏松肥沃的砂质壤土,忌积水		26	百合	多年生草本球根植物,原产于中国。花期6—7月,喜凉爽,较耐寒。高温地区生长不良。喜干燥,怕水涝。对土壤要求不高,黏性土不宜栽培
	27	中华天胡荽(铜钱草)	伞形科-天胡荽属。常见于中国各地。花期4月,果期7月。性喜温暖潮湿,栽培处忌阳光直射,栽培土不拘,或用水直接栽培,最适水温22～28 ℃。耐阴、耐湿,稍耐旱,适应性强。种植容易,繁殖迅速,水陆两栖皆可		28	紫娇花	石蒜科-紫娇花属多年生球根花卉。花期5—7月。喜光,栽培处全日照、半日照均理想。喜高温,耐热,生育适温24～30 ℃。对土壤要求不严,耐贫瘠。在肥沃而排水良好的砂质壤土或壤土中开花旺盛
	29	紫叶千鸟花	柳叶菜科-山桃草属,多年生宿根草本,是新型观叶观花植物,可用于花园、公园、绿地中的花坛、花境,或做地被植物群栽,与柳树配植或用于点缀草坪效果甚好。花期5—11月,性耐寒,喜凉爽及半湿润环境,要求阳光充足、疏松、肥沃、排水良好的砂质壤土		30	紫三叶草	豆科-车轴草属多年生常绿草本,观叶植物,适应性强,喜光,稍耐阴,不择土壤,耐寒、耐旱。适合片植,营造优良的地被景观;或花坛镶边、点缀花境,增强色彩的丰富度

大类	序号	名称	基本特性	大类	序号	名称	基本特性
多年生草本	31	矮生蒲苇	禾本科,芦竹亚科蒲苇属。性强健,耐寒,喜温暖湿润、阳光充足气候	多年生草本	32	花叶芦竹	禾本科-芦竹属多年生挺水草本观叶植物。我国广泛分布,常生于河旁、池沼、湖边。花果期9—12月。喜光、喜温,耐水湿,也较耐寒,不耐干旱和强光,喜肥沃、疏松和排水良好的微酸性砂质壤土
	33	斑叶芒	禾本科-芒属多年生草本,喜光,耐半阴,性强健,抗性强。分布于华北、华中、华南、华东及东北地区		34	水葱	莎草科-藨草属多年生宿根挺水草本植物。常生长在沼泽地、沟渠、沛畔、湖畔浅水中。国内外均有分布
	35	花叶美人蕉	美人蕉科-美人蕉属,是美人蕉的园艺变种,分布于印度及中国等地。花期7—10月,性喜高温、高湿、阳光充足的气候条件,喜深厚肥沃的酸性土壤,可耐半荫蔽,不耐瘠薄,忌干旱,畏寒冷,生长适温23～30 ℃		36	千屈菜	千屈菜科-千屈菜属多年生草本,花期夏季。生于河岸、湖畔、溪沟边和潮湿草地。喜强光,耐寒性强,喜水湿,对土壤要求不严,在深厚、富含腐殖质的土壤中生长更好。中国各地均有分布
	37	八宝景天	景天科-八宝属多年生肉质草本植物,花期7—10月。性喜强光和干燥、通风良好环境,不择土壤,要求排水良好,耐贫瘠和干旱,忌雨涝积水。植株强健,管理粗放。各地广为栽培		38	紫鸭跖草	鸭跖草科-紫竹梅属多年生披散草本。喜温暖、湿润,不耐寒,忌阳光暴晒,喜半阴。对干旱有较强的适应能力,适宜肥沃、湿润的壤土。栽培较广
	39	非洲百子莲	石蒜科-百子莲属,多年生草本,中国各地多有栽培。花期7—8月,喜温暖、湿润和阳光充足环境。要求夏季凉爽、冬季温暖,夏季避免强光长时间直射,冬季栽培需充足阳光。土壤要求疏松、肥沃的砂质壤土,pH值5.5～6.5,切忌积水		40	水竹	禾本科-刚竹属多年生草本,广泛分布于长江流域以南,性喜温暖湿润气候和通风透光,耐阴,忌烈日暴晒。喜光照充足的环境,耐半阴,不耐寒,对土壤要求不严,以肥沃稍黏的土质为宜。生长在河岸、湖旁灌丛中或岩石山坡

大类	序号	名称	基 本 特 性	大类	序号	名称	基 本 特 性
多年生草本	41	黄金菊	菊科-菊属,多年生草本花卉,主要作为园林的花坛花卉。夏季开花,全株具香气。喜阳光,喜排水良好的砂质壤土或土质深厚、中性或略碱性的土壤	多年生草本	42	菲白竹	禾本科-赤竹属,世界上最小的竹子之一,原产日本。笋期4—6月,喜温暖湿润气候,好肥,较耐寒,忌烈日,宜半阴,喜肥沃疏松排水良好的砂质壤土。具有很强的耐阴性,可以在林下生长
藤本	1	扶芳藤	常绿或半常绿灌木。匍匐或攀缘。喜湿润,温暖,较耐寒,耐阴,不喜阳光直射	藤本	2	五叶地锦	落叶木质藤本。具分枝卷须,叶掌状;耐寒耐旱,喜阴湿环境。对土壤要求不高,适应性广泛
	3	凌霄	落叶藤本。长10余米。性喜阳、温湿环境,稍耐阴。喜排水良好土壤,较耐水湿,并有一定的耐盐碱能力		4	金银花	多年生半常绿缠绕木质藤本植物。香花植物。喜阳光和温湿环境,生命力强,适应性广,耐寒、耐旱
	5	常春藤	常绿吸附藤本。极耐阴,也能在光照充足之处生长。喜温湿环境;稍耐寒;喜肥沃疏松的土壤		6	葛藤	多年生半木本豆科藤蔓植物。茎长10余米,常铺于地面或缠于他物而向上生长。喜温湿气候,喜光
	7	络石	常绿木质藤蔓植物。喜光、强耐阴,喜空气湿度较大的环境		8	爬山虎	多年生大型落叶木质藤本植物。枝条粗壮,卷须短。适应性强,性喜阴湿环境,不怕强光,耐寒、耐旱、耐贫瘠,气候适应性广泛;阴湿、肥沃的土壤中生长最佳。抗SO_2等有害气体
	9	南蛇藤	卫矛科落叶藤本。观赏价值高。喜阳也耐阴,分布广,抗寒、耐旱,对土壤要求不高				
总计						112种	

三、适合广东省雨水花园的植物种类推荐(华南)

在广东省选择的63种植物均具有一定的观赏性(表6-6、表6-7),其中有38种尚未进行商业应用,占60.3%,仅有7种常见于园林工程,占11.1%。有45种景观表现能力较优秀,观赏价值较大,具有可观的园林应用潜力,说明这些植物有较大的可开发空间,市场前景广阔。

表 6-6　广东省雨水花园适用的乡土植物

种植区域	名　　称	高度/cm	适生性	生活习性	栽培习性	繁殖方法
中心积水区	剪刀草	40～50	阳生	多年生水生或沼生草本	平原、丘陵或山地的湖泊、沼泽、沟渠、水塘、稻田等水域浅水处	匍匐茎
	白药谷精草	4～10	阳生	一年生挺水草本	沼生,生于海拔1200 m以下的稻田、水沟	种子
	华南谷精草	35	阳生	一年生或多年生大型草本	沼生,生于海拔760 m以下水坑、池塘或稻田	种子
	荸荠	15～60	阳生	多年生或一年生草本	耕层松软、底土坚实的壤土	匍匐茎、组培
	短叶茳芏	80～100	阳生	多年或一年生匍匐根状茎草本	沟边、河边、稻田	匍匐茎
	牛毛毡	8～25	阳生	多年生或一年生草本	水田、池塘边或湿黏土中	匍匐茎
	虎杖	100～200	阳生	多年生草本	喜温暖湿润,在低洼易涝地不能正常生长,根系发达,耐旱力、耐寒力较强	种子、根状茎、组培
	水蓼	40～70	阳生	一年生草本	生于湖泊边缘的浅水中、沟边及田边湿地,海拔50～3700 m	种子、根状茎
	两栖蓼	20～30	阳生	多年生草本	生于湖泊边缘的浅水中、沟边及田边湿地,海拔50～3700 m	种子、根状茎
	柊叶	100	偏阴	多年生草本	喜温暖潮湿气候,宜选土层深厚肥沃的阴湿地栽培	分株、扦插
	醉鱼草	200	阳生	落叶灌木	喜温暖湿润的气候和深厚肥沃的土壤	扦插
	笔管草	100	阳生	中小型蕨类植物	河边潮湿处及沼泽	孢子
	黄花水龙	60～300	阳生	多年生浮水或上升草木	生于运河、池塘、水田湿地,海拔50～200 m	种子、分株
	毛草龙	50～200	阳生	多年生亚灌木或直立草本	生于田边、湖塘边、沟谷旁及开旷湿润处,海拔0～300 m	种子
	香蒲	130～200	阳生	多年生水生或沼生草本	喜水稻土、塘泥	分株、播种

种植区域	名称	高度/cm	适生性	生活习性	栽培习性	繁殖方法
中心积水区	江南短肠蕨	60~70	阳生	常绿中型林下蕨类植物	生于山谷林下,海拔600~1400 m	孢子
	芦竹	200~300	阳生	多年生草本	喜温暖、水湿,耐寒性不强,生于河岸道旁,砂质壤土	地下茎、组培
	水蕨	30~70	偏阴	一年生蕨类植物	生于池沼、水田或水沟淤泥中,有时漂浮于深水面上	孢子
	三白草	30~80	偏阴	多年生湿生草本	生于低湿沟边、塘边或溪旁	种子、地下茎、组培
	蕺菜	15~50	偏阴	多年生腥臭草本	生于沟边、溪边或林下湿地,喜湿、耐涝,土壤潮湿,砂质壤土、砂土为好	种子、地下茎
斜坡区	类芦	200~300	阳生	多年生草本	生于河边、山坡或砾石草地,海拔300~1500 m	种子、地下茎分株
	闭鞘姜	100~300	偏阴	多年生草本	生于疏林下山谷阴湿地、路边草丛荒坡、水沟边,喜水源充足、肥沃、排水良好的壤土或砂质壤土	分蘖、扦插、播种
	艳山姜	200~300	阳生	多年生草本	喜高温、多湿,不耐寒,怕霜雪,喜阳光、耐阴,喜肥沃、保湿性好的壤土	种子、分株
	花叶山姜	15	偏阴	多年生草本	生于山谷阴湿之处,海拔500~1100 m	种子、分株、组培
	大车前	15~20	阳生	二年生或多年生草本	生于潮湿处,喜肥沃、疏松、微酸性砂质壤土	播种
	水团花	500	阳生	常绿灌木或小乔木	喜温暖湿润、阳光充足,较耐寒,不耐高温、干旱,耐水淹,喜酸性砂质壤土	播种、扦插
	朱砂根	100~200	偏阴	常绿矮灌木	喜温暖湿润,不耐旱瘠暴晒,不适水湿,喜疏松湿润、排水良好、富含腐殖质、酸性或微酸性砂质壤土或壤土	播种、扦插、压条
	海刀豆	30	阳生	一年或多年生粗壮草质藤本	喜生于海边砂质壤土	播种、扦插
	金锦香	20~60	阳生	直立草本或亚灌木	生在空旷山坡上	扦插
	裂叶秋海棠	15~60	偏阴	多年生具茎草本	生林下、山谷,喜阴湿	播种、扦插

种植区域	名 称	高度/cm	适生性	生 活 习 性	栽 培 习 性	繁 殖 方 法
斜坡区	假蒟	50～100	偏阴	多年生匍匐逐节生根草本	生林下或水旁湿地	种子、块茎
	莱蕨	15～200	阳生	陆生大型常绿蕨类	生于山谷林下湿地及河沟边，海拔 100～1200 m	孢子
	华南紫萁	100	偏阴	多年生大中型陆生蕨类	生于草坡和溪边阴处，喜酸性土	孢子
	福建观音座莲	150～300	偏阴	多 年 生 蕨 类植物	喜凉爽、湿润、半阴环境，喜酸性土壤，生长期要求有足够的水分，忌积水	孢子
	假马齿苋	5～20	阳生	一年生或多年生湿生草本	生水边、湿地及沙滩	扦插
	马蹄金	3～6	阳生	多年生匍匐小草本	喜温暖湿润砂壤黏土，喜光照，耐荫蔽，生于海拔 1300～1980 m的山坡、草地、路旁、沟边	分蘖、扦插、播种
	华凤仙	30～60	偏阴	一 年 生 草 本植物	肥沃、疏松、湿润、排水良好的砂质壤土	播种、扦插
	大果水竹叶	100	阳生	多年生草本	生于海拔 1600 m 以下林中和湿草地	扦插
	牛轭草	15～100	阳生	多年生草本	生于低海拔山谷溪边林下、山坡草地	扦插
	聚花草	20～70	阳生	多年生草本	湿生，生于海拔 1700 m 以下水边、山沟边草地及林中	种子、根状茎繁殖
	饭包草	70	阳生	多年生披散草本	喜高温多湿、湿润肥沃的低地	播种、扦插
	红蓼	100～200	阳生	一年生草本	生沟边湿地，海拔 30～2700 m，喜温暖湿润，土壤湿润、疏松	种子、根状茎
	火炭母	100	阳生	多年生草本	喜温暖湿润，忌干燥、大雨冲刷，喜疏松肥沃的腐叶土	种子、根状茎
	酸模	40～100	阳生	多年生草本	生于山坡、林缘、沟边、路旁	种子
	菖蒲	20～30	偏阴	多年生草本	生于海拔 20～2600 m 的密林下、湿地或溪旁石上，喜阴湿，不耐暴晒及干旱，稍耐寒	根茎
	海芋	50～500	偏阴	多年生大型常绿直立草本植物	喜高温，潮湿，耐阴，不宜风吹，不宜强光照，喜园土、腐叶土	根茎、组培
	滴水珠	12～25	偏阴	多年生草本	海拔 800 m 以下，生于林下溪旁、潮湿草地、岩石边、岩隙中或岩壁上	组培
	龙师草	25～90	阳生	多年生或一年生草本	湿生，生长于水塘边或水沟边	根状茎

种植区域	名称	高度/cm	适生性	生活习性	栽培习性	繁殖方法
外围缓冲区	球柱草	6～25	阳生	一年生草本	生于海边沙地或河滩沙地、田边、沙田湿地上,海拔130～500 m	根状茎、种子
	淡竹叶	40～80	偏阴	多年生草本	耐贫瘠,喜温暖湿润,耐阴、稍耐阳,喜肥沃、透水性好的黄壤土和菜园土	分蘖、籽播
	短叶黍	10～50	偏阴	一年生草本	多生于阴湿地和林缘	扦插
	垂柳	1200～1800	阳生	乔木	喜温暖湿润,喜潮湿深厚酸性及中性土壤,较耐寒,特耐水湿,可生于干旱处	插条、组培
	水杉	3500	阳生	乔木	喜光,喜温暖湿润、肥沃、排水良好土壤,酸性、石灰性及轻盐碱土均可,耐寒	扦插、播种
	水松	80～1000	阳生	乔木	喜光、喜温暖湿润,耐水湿,不耐低温。除盐碱土土壤,适应性均较强,喜冲渍土	播种、扦插
	酢浆草	10～35	阳生	一年生或多年生草本	喜阴湿,抗旱能力较强,不耐寒,喜腐殖质丰富的砂质壤土	播种
	三点金	10～45	阳生	多年生平卧草本	生于旷野草地、路旁或河边砂土	扦插、播种
	广东金钱草	30～100	偏阴	直立亚灌木状草本	喜温暖、湿润,不耐寒,适宜肥沃、疏松、腐殖质较多的砂质壤土	播种、扦插
	狗脊	8～12	偏阴	多年生草本	阴生,生于疏林下,为酸性土指示植物	孢子、分株
	肾蕨	30～80	阳生	多年生草本	喜温暖潮湿,喜疏松透气、富含腐殖质的中性或微酸性砂质壤土,不耐寒,较耐旱,耐瘠薄	孢子、块茎、匍匐茎
	水翁	1500	阳生	乔木	喜光、喜暖热,生于水边,耐湿性强,根系发达,萌生性强,喜酸性土壤	播种
	血桐	5～10	阳生	乔木	喜高温湿润气候,全日照或半日照均适应,抗风,稍耐盐碱,不耐寒	播种
	水同木	200～400	偏阴	常绿小乔木	喜温热、湿润,耐贫瘠,耐阴,以湿润、肥沃、深厚、微酸性土壤为宜	播种、扦插
	常山	100～200	偏阴	落叶灌木	生于海拔200～2000 m阴湿林中	播种、扦插

表 6-7 广东省雨水花园适用的乡土植物的应用方式及主要观赏期

景观价值	名 称	园林应用方式	花 期	应用频率
观叶	短叶茳芏	丛植、片植	6—11 月	—
	虎杖	孤植	8—9 月	—
	柊叶	林缘群植	5—7 月	+
	江南短肠蕨	丛植、片植	—	+
	芦竹	盆栽、池栽	9—12 月	+++
	菜蕨	孤植、丛植	—	—
	龙师草	丛植、片植	9—11 月	—
	淡竹叶	地被植物	6—10 月	—
	狗脊	南方多植于林缘、溪边,北方多用于盆栽垂吊	—	—
	肾蕨	露地和盆栽,室内吊篮式栽培	—	+++
	水翁	列植于庭院公园近水边,固堤水土保持树种	5—6 月	++
	假蒟	片植、丛植	4—11 月	—
	香蒲	点缀园林水池湖畔花境,水景背景材料,盆栽	5—8 月	+++
	菖蒲	密林下作地被植物	2—5 月	—
	三白草	沼泽园林绿化水边条状配置或湿地成片作地被种植	4—6 月	—
	花叶山姜	丛植、群植、盆栽	4—6 月	++
	大车前	丛植、群植、盆栽	6—8 月	—
	滴水珠	边坡丛植	3—6 月	—
	剪刀草	群植、片植于湿地水体	5—10 月	+
	水蕨	盆栽、池栽	—	—
	蕺菜	地被植物,带状丛植于溪沟旁,群植于潮湿的疏林下	4—7 月	—
	垂柳	庭荫树、行道树,固堤护岸重要树种	3—4 月	+++
	水杉	造林、绿化、庭院树种、丛植	2 月下旬	+++
	水松	庭院树种,华南防风护堤及水边湿地绿化树种	1—2 月	++
	血桐	沿海地区作行道树或住宅旁遮阴树	4—5 月	+
	裂叶秋海棠	盆栽	7—9 月	+
	马蹄金	地被	4—9 月	+
	海芋	群植、孤植、丛植	四季	+++
	华南紫萁	庭院观赏植物	—	—
	球柱草	群植、孤植、丛植	4—10 月	—
	闭鞘姜	丛植	7—9 月	+
	福建观音座莲	孤植、丛植		+
	笔管草	群植、片植于湿地水体		—
	水同木	孤植、列植或片植作庭荫树、行道树、防护林	5—7 月	—
	牛毛毡	丛植、片植	4—11 月	—
	火炭母	园林垂直绿化植物	7—9 月	—
观叶、观果	朱砂根	丛植、群植或盆栽	5—12 月	++
	常山	片植、丛植形成花海	2—4 月	++

景观价值	名　称	园林应用方式	花　期	应用频率
观叶、观花	类芦	丛植	8—12 月	＋
	海刀豆	棚架种植、地被	6—7 月	—
	大果水竹叶	片植、丛植	6—10 月	—
	牛轭草	片植、丛植	5—10 月	—
	酸模	丛植、群植	5—7 月	—
	短叶黍	丛植、群植	5—12 月	—
	广东金钱草	片植、丛植	6—9 月	—
	饭包草	丛植、群植	7—10 月	—
观花	白药谷精草	前景草	6—8 月	—
	华南谷精草	前景草	7—12 月	—
	醉鱼草	草地、坡地、墙隅绿化	4—10 月	＋
	艳山姜	丛植、群植、盆栽	4—6 月	＋＋＋
	水团花	固堤植物	6—7 月	—
	莕菜	群植、片植于湿地水体	5—10 月	＋
	水蓼	园林水景观赏植物	5—9 月	—
	两栖蓼	园林水景观赏植物	7—8 月	—
	水龙	群植、片植于湿地水体	5—8 月	—
	毛草龙	园林水景造景植物	6—8 月	—
	金锦香	片植、丛植	7—9 月	—
	假马齿苋	地被	5—10 月	—
	华凤仙	水体镶边种植	5—8 月	—
	聚花草	片植、丛植	7—11 月	—
	红蓼	丛植	6—9 月	—
	酢浆草	片植、丛植	2—9 月	＋＋
	三点金	片植、丛植	6—10 月	—

第六节　雨水花园植物配置

一、配置的基本要求

绿化植物配置应遵循以下要求。

1. 安全要求

道路雨水花园用地大多属于道路用地范畴，是人和车的共享空间，是定向的交通活动和不定向的人群活动的统一体。道路绿化植物应保持交通空间的视线通畅，满足低视点的小汽车驾驶员安全行车的视线要求。在道路拐弯处，植物种植以低矮为主，或进行退让处理。拐弯、出口之前的对景位置宜设置标示性较强的异质景观,提醒司机注意并形成很好的交通引导效果。

2. 景观丰富度要求

利用可以丰富景观效果的植物打破道路、建筑等带来的视线紧张、单调、重复的视觉效果,形成许多形态、性质、功能各异的空间景观序列,增加雨水花园景观的丰富度。

3. 凸显特色要求

植物应用宜彰显个性,避免应用过多重复的配置方案和植物品种。每个场地的雨水花园植物应结合各城市街区、各条街道、所经地段环境、网格特征等特质进行对应的品种搭配和组合,使得绿化景观有标识性、内涵性。

4. 生态、美观要求

(1) 耐粗放管理。雨水花园植物首先得在符合雨水花园立地生境的基础上选用品种,筛选道路边的雨水花园植物时还应兼顾交通尾气污染的影响,植物应有一定的抗污染能力。例如,城市高架桥下绿地的桥阴雨水花园植物宜兼顾耐阴、耐旱、短时耐淹、蒸腾量较小、抗污染、吸附有害气体、抗病虫害,甚至是耐盐碱土等多重苛刻要求,以便适应城市高架桥桥阴下的粗放管理。

(2) 注重草、灌、藤本甚至乔木的合理搭配。适当增加开花、色叶植物,在取得良好观花、观叶、观果效果的同时,有利于增加生物多样性和小群落稳定性,了解植物生长特性和环境匹配关系,最终为雨水花园植物的健康、可持续生长提供保障,发挥其最大的生态效益。

二、季相景观的设计

1. 雨水花园植物的季相变化

植物景观受到当地季节变化的影响和制约,在各个季节显示出不同的色彩和形态。这种季相变化在北方地区显得尤为明显,在春季,植物景观很短暂,有着短期的百花争艳现象。在南方地区,由于四季变化并不显著,因而植物的季相变化也不明显。植物随着季节的交替而变化是植物适应环境的主要形式,也是植物对气候的一种反映。在春季,植物会开花、发芽且长出新枝,在秋季又是硕果累累,并且树叶也会逐步泛黄或呈现其他色彩。因而可以说植物的季相变化是植物景观体现出自然美的一种方式,植物在不同季节变化下产生不一样的美感。

2. 植物季相对雨水花园景观空间的影响

植物季相变化对植物景观的营造不仅体现在空间上,而且体现在植物栽植上,植物在培养的过程中由于受到大小、形态、高低的影响,要求在栽培中上下结合、高低调和,而且以互相浸透的方式来还原其自身所具有的自然之美。扩展景深、丰富空间层次是现阶段植物栽培的主要方式,通过合理配置,形成丰富的景观,能使植物景观发生小一样的变化,呈现出不同的景观效果,使雨水花园形成多样化的观赏空间。

3. 雨水花园植物季相景观营造要点

(1) 因地制宜突出植物季相特点。

植物季相就是在不同的季节变化下,植物景观所表现出的变化概况。要尽量使雨水花园的整体植物景观在不同时节色彩协调、整体一致。

季节变化对雨水花园的植物景观有影响,气候和地理位置是植物变化的决定性因素。由于中国纬度跨度大,所以各地区的环境气候差异也十分明显。与南方的气候环境相比,北方的气候环境最为突出的特点就是四季分明,季节变化对植物的影响很大。因此,在不同的地理环境下,要注意因地制宜,研究出合适的植物配置方式。整体可归纳为夏日繁花似锦,冬季以暗淡的灰色调为主,可以利用冬季的雪景营造特色景观。东北的冬季较为寒冷,城市特色较易突出,稍加装饰就易形成特色显著的冬季景观。而华北及华中部分区域的冬季没有东北的冬季时间长,降雪量也比较少,当植物进入落叶期,除了建筑色彩,其他背景色都处于灰暗的状态下,植物景观特色不明显。季相变化不仅影响植物景观,而且影响整个雨水花园的基调。

(2) 植物配置强调四季有景。

植物的配置方式要适应不同季节的变化,要依据季节特色精心规划,科学确定、栽培特色品种,合理调配乔木、灌木、草本植物,做到层次分明、互相烘托、因地制宜。要依据不同地势差异设计,做好与场地环境的地势地貌、整体风格的协调,将艺术融入节点绿化,要去人工化,提高雨水花园的绿化层次。

在冬季色彩暗淡的季节,植物景观要尽量有色彩,但不要过于突兀。冬季色调属于灰色系,可以经过人工方法添加一些色彩,使雨水花园景观的色调更加协调。夏季色彩比较丰富,可放入适当的小品,其色彩也要尽量与植物景观相协调,不能过于明亮或过于暗淡。植物的景观变化在四季都应处于灵动状态下,要依据人们的心理需求,营造具有场地特色的植物景观。将四季变化的植物景观与人工的色彩设计相互呼应、协调,将雨水花园植物季相景观打造成四季色彩协调的特色景观。

(3) 注重植物多样性和层次性。

在植物季相景观的营造中,植物的多样化选择起着很重要的作用。只有种植多样化的植物,才能营造出丰富的植物景观。植物种类单一,不仅使植物季相变化不够明显,植物景观也会显得单调。所以在营造植物季相景观时,植物种类要多样,不仅要有灌木类,还要有乔木类、草本类等多种植物。

在注重植物选择多样性的同时,还要注重植物种植的层次性。在营造植物景观时,植物的层次结构非常重要,但大多数的景观设计师忽略了这一点,导致植物景观整体看起来不够灵活或者给人一种混乱感。营造较好的景观模式为乔木、灌木、草本相结合的立体结构模式。

4. 季相景观植物推荐

春华秋实,夏荫冬枝,一年四季的不同植物季相景观可以带给人鲜明的季节概念,同时可以很好地营造植物生生不息、丰富多彩的景观效果。

春季:万物复苏,春花烂漫。本书结合武汉市所处环境推荐了 112 种植物,春季观赏效果良好的开花灌木和多年生草本植物有狭叶栀子、红叶石楠、金丝桃、杜鹃、含笑、红花檵木、云南黄馨、金钟、八仙花、木槿、瑞香、毛白杜鹃、连翘、金缕梅、白鹃梅、山麻杆、木本绣球、大叶栀子、天目琼花、蔷薇、萱草、单花鸢尾、四照花等。

夏季:灌木或多年生草本有紫薇、棣棠、丝兰、夹竹桃、大花六道木、金边六月雪、紫茉莉、紫叶酢浆草、美丽月见草、菖蒲、石蒜、葱兰、红花韭兰、玉簪、凌霄、金银花、蛇莓等。

秋季:桂花、三角枫、南天竹、小檗、野菊花、五叶地锦等。

冬季:石楠、蜡梅、南天竹、结香、茶梅、山茶等。

三、色彩景观设计

(一) 色彩分类

色彩是植物独具魅力的外观表现,植物的不同色彩可以给人留下丰富、美好的视觉享受。

1. 绿色系列

(1) 深绿、墨绿色系:桂花、石楠、山杜英、女贞、八角金盘、熊掌木、狭叶栀子、海桐、阔叶十大功劳、枸骨、卫矛、小蜡、龟甲冬青、日本珊瑚树、茶梅、大叶黄杨、夹竹桃、铺地柏、细叶麦冬、沿阶草、万年青、常春藤、十大功劳、葛藤等。

(2) 浅绿色系:花叶青木、雀舌黄杨、瑞香、大叶栀子、金银木、小叶女贞、黄杨、丝兰、金边黄杨、千头柏、吉祥草、草地早熟禾、匍匐剪股颖、马尼拉、扶芳藤、络石、五叶地锦、地锦、胶东卫矛、胡颓子、南蛇藤、蛇莓、黄荆、白及、枸杞等。

2. 红色系列

(1) 深红色系:三角枫、红叶石楠、阔叶十大功劳、小檗、南天竹、地锦、十大功劳等。

(2) 鲜红色系:鸡爪槭、山茶、山麻杆、茶梅、红花韭兰、石蒜、凌霄等。

(3) 粉红色系:紫薇、木槿、杜鹃、夹竹桃、大花六道木、紫茉莉、美丽月见草、红花酢浆草、红花檵木、天目琼花、四照花、蜡瓣花等。

3. 白色系列

狭叶栀子、毛白杜鹃、金边六月雪、白鹃梅、大叶栀子、丝兰、水果蓝、玉簪、葱兰、金银花、含笑、金钟花、厚皮香等。

4. 黄色系列

蜡梅、连翘、金丝桃、棣棠、结香、云南黄馨、金边过路黄、萱草、野菊花、金银花、金缕梅等。

5. 蓝紫色系列

八仙花、木本绣球、蔷薇、紫茉莉、菖蒲、单花鸢尾、紫叶酢浆草、麦冬等。

(二) 色彩景观的应用

1. 植物色彩景观应用

(1) 叶色应用。

在大部分园林景观中,植物色彩一般为绿色,绿色的叶片在人们的思维中根深蒂固,但只采用绿色这一主色彩已经不能让人产生眼前一亮的效果,甚至会产生视觉疲劳。应从色彩景观应用的角度出发,将植物叶色作为主要的色彩搭配要素,选择不同的树种,使得不同颜色的叶片共同营造出较为新奇的景观体验。园林景观中的叶色主要包括春色叶片和秋色叶片等,以较为常见的攀缘植物为例,设计时,应以绿色为主,可适当伴有其他颜色。

(2) 花色应用。

植物花色较叶色种类更多,可按照冷、暖色调进行划分。搭配同一花期的树种时,也可打造出引人入胜的色彩景观。季节不同,选用的花卉种类也不同,但都要遵循色彩适宜的原则。以春季为例,常用的花卉植物为白色海棠、粉色紫玉兰等;在夏季则主要为茉莉花、白色栀子花等。

此外,在设计花色景观时,还要注重打造花境景观。打造花境景观时,应在考虑整体色彩的同时,合理搭配单种植物。搭配花境色彩应主要把握以下几个要点。

①确立基调,突显花境色彩协调性。花境色彩可分为柔和调、活泼调等,若想营造浪漫的氛围,则要采用柔和调的花卉植物,若要营造热烈、活泼的氛围,则要选择色彩相对跳跃的花卉植物。

②适当点缀,平衡花境色彩观感。可适当选用浅淡色调或冷色调的植物花卉,营造幽深的视觉效果。可在花境尽头点缀一些淡蓝色的植物,当出现雾蒙蒙的天气时,花境的整体意蕴将更加悠远。此外,也可采用亮色进行点缀,主要用来吸引观赏者的视线。

③大片铺色,展现花境色彩之美。以多年生植物构成的花境为例,可在打造集聚性、大面积的色调后,对细节之处花卉植物的形状等的差异进行利用,不断放大色彩效果。较小的花园景观可利用色彩相近的构图原理,若出现相邻植物色彩不协调的现象,则可栽种叶色介于两色之间的植物缓冲视觉效果。

2. 人工色彩景观应用

在构造园林景观中的色彩景观时,除叶色、花色等自然色彩外,还会应用到诸多人工色彩,包括建筑色彩、灯光色彩、广场及道路色彩、山石色彩、水体色彩等。

(1) 建筑色彩。

虽然园林景观中的建筑物等占比相对较小,但由于其与游客之间有着密切关联,也应将建筑作为色彩景观的一部分进行设计,充分考虑环境因素、气候因素、民俗因素等,确保在最佳的审美价值下设计建筑色彩。可将建筑色彩作为园林景观色彩构图的一部分,要以当地气候条件、自然元素等为主,明确色彩选择范围。若为北方地区,则主要采用暖色调的建筑色彩,南方地区则要增加冷色调的占比。同时,要考虑当地的民俗特色,不同的民族在色彩偏好方面存在差异,突显出一定的地域性。此外,在选择建筑色彩时,还要结合建筑功能,若为休息区,则在色彩氛围营造方面以宁静、淡雅为主。

(2) 灯光色彩。

设计园林景观时,灯光为主要的色彩呈现方式,也是人工色彩应用最为灵活的要素之一。合理应用灯光色彩可有效装点园林景观,灯光色彩的转变可打造更加美观的夜间园林景观。此外,灯光也可使植物的色彩达到最好的呈现效果,提升整体美感。灯光可与静态景观、动态景观等相协调,若为动态景观,一般适用黄色光或紫色光,若为静态景观(如绿色植物等),则常使用蓝色光和绿色光。此外,在灯光色彩应用过程中,还要关注水体色彩,可在夜间打造色彩绚丽的喷泉景观,通过不同色彩的明暗、冷暖变化,体现水体景观的层次感,同时可借助音乐律动等变换灯光色彩,进一步增强色彩的渲染力。

(3) 广场及道路色彩。

广场及道路色彩是园林景观色彩中的主要构成部分。传统的园林景观中,广场和道路部分的色彩常为暗色,最常见的为灰色,此类色彩不突出,整体氛围较低沉。在现代化的园林景观色彩设计视角下,广场和道路的色彩应根据建筑材料特质及景观风格来确定。当前,各种类型的广场和道路材料(如广场砖、地砖)的出现,也使得广场、道路等的色彩更加多元化。在具体设置广场和道路色彩时,应提高灵活性,注重构图的合理性,将其与植物色彩构图相衔接,保证其不过于明亮,一般应选择明度较低的色彩,但草坪部位的道路可适当选择相对明亮的色彩。同时可在色彩相对明亮的广场或道路部位设置岩石,岩石一般色调较为沉稳,可实现园林景观色彩的整体协调。

(4)山石色彩。

园林山石色彩往往较为单一,呈暗色调,且体积较大,通常作为景观背景或以远景形式存在,因此,山石色彩的应用要结合园林实际色彩,采取混合搭配方式,基于园林整体空间结构进行宏观规划、微观调整,以山石色彩提升园林景观色彩的层次感。

(5)水体色彩。

"湖光山色两相宜,心醉神亦迷。"在园林景观中,水体是关键内容,美景中常有水的衬托,这是因为水体不仅可增加景观的灵动感,更由于原本无色的水,可以反射周围景观,水光潋滟,给人以美的视觉享受。水体景观构造则要与周围景观色彩协同匹配,以亮度与饱和度的差异增强与水体的色彩对比。同时,水生植物也可以表达色彩的意境,如睡莲、鸢尾等。此外,在进行水体景观建设时,还可利用灯光投射,打造多色的水体色彩景观,且可随时或定时调整色彩,增强水体色彩景观的灵动性,展现水体玲珑之美。

四、景观特色主题表达

雨水花园相关主题表达,可以借用园林绿地中的一些主题设计思路。如色彩主题、季相主题、植物科属主题、地方文化主题、情感主题、功能主题等,对应选择植物并组成相应景观效果。在中国江南地区的很多私家园林中,可以看到很多以植物为主题的景点及环境营造优秀经典案例,都是植物景观特色主题表达学习的范本。

五、与其他景观元素组合设计

其他景观元素主要有风景园林中传统的地势地形、园路、植物、水体、园林家具、小品几个部分,基本少有大体量的园林建筑。园林植物与其他景观元素组合,可以形成更多丰富的景观效果。如竹类植物与石头组成的竹石小品景观,可以联想到古代文人郑燮的相关竹石诗词及画作,使场地更具有意境和韵味。

六、典型植物配置模式构建

1. 适用于调蓄型雨水花园植物的配置与应用

调蓄型雨水花园主要用于地表径流较多、径流污染较轻的场地,建设面积在 $20\sim40$ m² 较为适宜。因此,在进行植物配置时,应考虑到植物的耐涝性和对大量雨水径流的抵抗能力。调蓄型雨水花园多应用于公园绿地及公园广场之中。在建造过程中,应根据公园及雨水花园的绿地地形起伏及广场汇水面积进行植物的配置,这样既增加了雨水花园的使用效率,又对地形、结构、排水设施起到了一定的保护和修饰作用。同时,在植物配置的过程中,应结合公园的主题、景观小品、周边植物配置的方式进行配置,更贴合整体的设计风格,提升雨水花园形式上的美感。

(1) 公园绿地雨水花园典型植物配置模式。

公园绿地雨水花园较适用的草木植物品种有中华天胡荽、千屈菜、吉祥草、蓝花草、斑叶芒、细叶芒、晨光芒、菖蒲、金边麦冬、花叶芒。结合雨水花园植物配置要点,进行典型植物配置,如图6-5所示。图中蓝花草和千屈菜的耐涝能力较强,植株较高,故将其种植于易受水涝的一区;而细叶芒、花叶芒、晨光芒、斑叶芒等植物耐涝能力也相对较强,根系分布较广,植株无明显的杆径,遭受大量降雨径流时不易倒伏,且能够有效防止土壤遭受侵蚀,故将其植于二区;而吉祥草、中华天胡荽、金边麦冬、菖蒲的抗旱能力较强,且植株较为低矮,将其植于三区,可对雨水花园的堰体起到较好的巩固作用,同时可与其他植物一起营造较为立体的雨水花园景观。

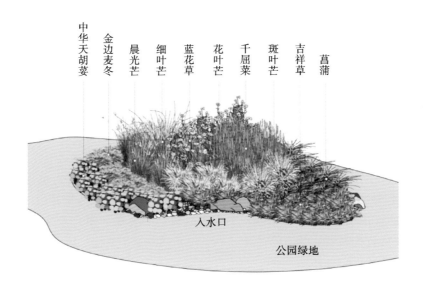

图 6-5　公园绿地雨水花园典型植物配置模式

(图片来源:臧洋飞,2016)

(2) 公园广场雨水花园典型植物配置模式。

公园广场雨水花园较适用的草本植物包括兰花三七、蓝羊茅、花叶芒、细叶芒、中华天胡荽、晨光芒、斑叶芒、佛甲草、吉祥草、金边麦冬。结合雨水花园配置要点,进行典型植物配置,如图6-6所示。图中,芒属植物的耐涝能力、抗旱能力均较强,且植株较高,故将其配植于一区;佛甲草、吉祥草、金边麦冬、兰花三七的植株较矮,且有良好抗性,对土壤的固着能力较强,所以种植于二区;蓝羊茅、中华天胡荽具有较强的抗旱能力,且植株较为低矮,适宜配置于三区,以形成良好的景观效果。

(3) 效益预估。

由于调蓄型雨水花园的径流污染较轻,在植物抗污能力方面考虑得较少,但其中千屈菜、吉祥草、中华天胡荽、斑叶芒等植物的去污能力较强,能够有效地净化处理装置内70%左右的 TN、TP、COD、Cr 等污染物。

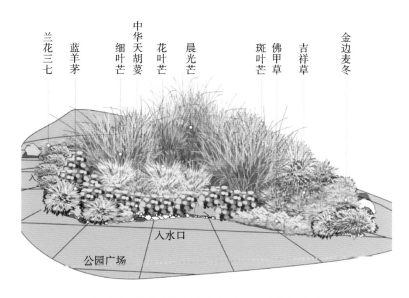

兰花三七　蓝羊茅　细叶芒　中华天胡荽　花叶芒　晨光芒　斑叶芒　佛甲草　吉祥草　金边麦冬

入水口

公园广场

图 6-6　公园广场雨水花园典型植物配置模式

（图片来源：臧洋飞，2016）

（4）维护。

在调蓄型雨水花园中，中华天胡荽、千屈菜、吉祥草、蓝花草等植物的耐涝性极好，在水涝的情况下，可正常生长 22 天以上。斑叶芒、细叶芒、晨光芒、菖蒲、金边麦冬、花叶芒等植物的耐涝性能也较好，研究表明其可以在水涝情况下，保持植株正常生长 15 天左右，斑叶芒、细叶芒、晨光芒、金边麦冬、花叶芒等植物可于干旱条件下正常生长 20 天左右，极大地减少了人工的维护和管理成本。

公园绿地及广场两种雨水花园植物景观均属于自然型景观，四季景观效果不同，禾本科植物冬季地上部分枯萎，秋季开花，蓝花草、千屈菜等植物则在夏季开花，故这两种雨水花园在植物的季相变化上较为丰富，四季的景观各有特色。

2. 适用于净化型雨水花园植物的配置与应用

净化型雨水花园多设置于硬质化程度较高、径流污染较为严重的城市道路、露天停车场等区域。在进行植物配置时，应着重考虑所选植物对径流污染物的削减能力。净化型雨水花园的植物可以有效地对周边汇集至雨水花园的污染径流进行吸收、净化处理，在植物选择过程中，根据所设置区域的不同进行植物种类的选择。对城市道路雨水花园进行植物配置时，应着重考虑植物的去污能力、景观效果及是否易于管理等，特别是在城市干道周边的雨水花园，应选择污染物去除能力较强、景观效果较好、易于打理的草本植物。露天停车场雨水花园植物配置与城市道路雨水花园的相似，均以去除污染物为主，营造更加适宜的城市生活环境。

（1）城市道路雨水花园典型植物配置模式。

根据书中对草本植物污染物去除能力的研究，选择去污能力较强且景观效果相对较好的植物，如千屈菜、佛甲草、吉祥草、金边麦冬、兰花三七、中华天胡荽、萱草、花叶芒、斑叶芒、蓝羊茅进行城市道路雨水花园典型植物配置模式设计。如图 6-7 所示,一区所种植的植物是具有良好的污染物去除能力且耐涝性较强的千屈菜,二区所配置的植物为花叶芒和斑叶芒,具备良好的景观效果及污染物去除能力,对土壤的保水能力也有较大增强,三区则配置耐旱能力较强、相对较为低矮、对土壤的水分要求较低的草木植物,以有效地保持雨水花园的正常生态功能,营造较为良好的景观效果。

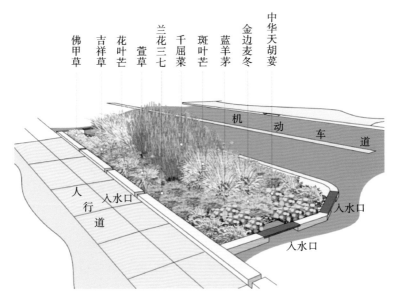

图 6-7　城市道路雨水花园典型植物配置模式

(图片来源:臧洋飞,2016)

　　(2) 露天停车场雨水花园典型植物配置模式。

　　露天停车场的雨水径流污染与城市道路相似,均较为严重,所以在植物的选择上应注重植物的污染物去除能力。选取吉祥草、斑叶芒、细叶芒、花叶芒、晨光芒、蓝羊茅、兰花三七、紫穗狼尾草、金边麦冬作为露天停车场雨水花园所配置的植物。图 6-8 中一区的植物主要为芒属植物,抗旱、耐涝、污染物去除能力均较强,且植物较高,易于形成中心景观;二区则种植紫穗矮桃、金边麦冬,此类植物对土壤的固着能力较强,且植株较芒属植物矮,在景观上可形成良好的竖向景观;三区所种植的植物为蓝羊茅和吉祥草,具备优良的抗旱能力,植物较为低矮,根系较深,能抵抗来自停车场雨水径流的冲刷。

　　(3) 效益预估。

　　试验过程中发现,千屈菜、佛甲草、吉祥草等植物对其所种植的装置内 TP 的去除能力较好,可达 75% 左右;萱草、金边麦冬、兰花三七等植物对 TN 的去除能力较好,去除率可以达到 75% 左右;对 COD、Cr 去除效果较好的植物是吉祥草、千屈菜、佛甲草、斑叶芒、萱草,去除率均大于 50%。以上植物的组合可大大降低道路及停车场雨水径流中污染物的浓度,能够有效地从污染物的源头对雨水进行蓄积和净化,减轻城市河湖的污染。

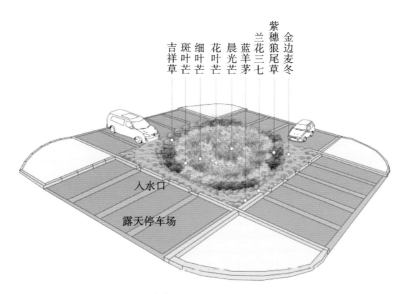

紫穗狼尾草 金边麦冬 兰花三七 蓝羊茅 晨光芒 花叶芒 细叶芒 斑叶芒 吉祥草

入水口

露天停车场

图 6-8　露天停车场雨水花园典型植物配置模式

(图片来源:臧洋飞,2016)

(4)维护。

此类植物中,佛甲草、吉祥草、金边麦冬、兰花三七、斑叶芒、蓝羊茅的抗旱性较强,可在干旱的条件下正常生长 15 天以上。中华天胡荽、吉祥草、千屈菜的耐涝性较强,可以在水涝的情况下正常生长 20 天以上。因此在进行维护管理的时候,可根据上述植物在水分方面的特性进行人工管理,可有效减少人力及水资源的浪费。

城市道路及露天停车场两种雨水花园植物景观均属于自然型景观,由于处于城市道路及停车场周边,故对其景观效果要求较低,植物配置上也尽量以植物的污染物去除能力为主,满足生态功能。

3. 适用于综合型雨水花园植物的配置与应用

综合型雨水花园适用于径流量较大且污染较严重的区域,该类型雨水花园的应用范围相对较广,如城市广场绿地、带状滨河绿地等。因此,在对综合型雨水花园进行植物配置时,应对植物的抗性、水质改善能力等进行综合考虑。

(1)城市广场绿地雨水花园典型植物配置模式。

根据本书对草本植物抗旱性、耐涝性、污染物去除能力的综合评价结果,选择综合得分较高的佛甲草、金边麦冬、吉祥草、晨光芒、细叶芒、兰花三七、矮桃、千屈菜、花叶芒、斑叶芒、波叶玉簪、萱草、中华天胡荽、紫穗狼尾草、蓝羊茅 15 种植物进行植物配置,典型植物配置模式如图 6-9 所示。用于一区种植的植物为千屈菜、紫穗狼尾草、花叶芒、斑叶芒、细叶芒、晨光芒,这些植物均具备良好的抗旱、耐涝和污染物去除能力。二区的植物主要是萱草、波叶玉簪、吉祥草、矮桃等植物,这些植物具备相对中等的植物高度,且对土壤结构的稳定性帮助较大,同时具备短时期的耐涝能力。三区则配置了耐旱能力较强、土壤保水率较好、植株低矮的兰花三七、金边麦冬、蓝羊茅、吉祥草等草本地被植物。

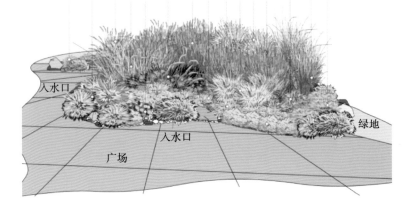

兰花三七 蓝羊茅 矮桃 细叶芒 中华天胡荽 紫穗狼尾草 千屈菜 萱草 波叶玉簪 花叶芒 斑叶芒 佛甲草 吉祥草 晨光芒 金边麦冬

入水口 入水口 广场 绿地

图 6-9 城市广场绿地雨水花园典型植物配置模式

(图片来源：臧洋飞，2016)

（2）带状滨河绿地雨水花园典型植物配置模式。

选择综合抗旱、耐涝、污染物去除能力均较强且景观效果良好的植物进行此类雨水花园典型植物模式构建。选取佛甲草、金边麦冬、波叶玉簪、吉祥草、兰花三七、矮桃、花叶芒、晨光芒、细叶芒、斑叶芒、千屈菜、中华天胡荽进行植物配置。为了形成良好的景观及净化效果，将佛甲草、金边麦冬、波叶玉簪、吉祥草置于三区，如图 6-10 所示。三区位于较高的区域，为周边道路、绿地雨水径流进入雨水花园的第一片区域，故选择低矮、耐冲击的植物进行配置。二区则种植兰花三七、花叶芒、矮桃、晨光芒、细叶芒、斑叶芒等植物，此类植物对径流的冲击有着较强的抵抗能力。一区则配置了千屈菜和中华天胡荽。一区地势最低，距离河面最近，所以此区域对植物的净化能力要求最高，且此区域的水分含量较高，所选的千屈菜及中华天胡荽的耐涝能力均较强，结合三区、二区的植物，易于形成良好的景观效果。

（3）效益预估。

试验结果显示，波叶玉簪、吉祥草、佛甲草、中华天胡荽等植物对种植装置内 TP 的综合去除率可达 70％，佛甲草、金边麦冬、千屈菜、兰花三七、波叶玉簪、萱草等植物对 TN 的综合去除率可达 75％，千屈菜、波叶玉簪、吉祥草等植物对 COD、Cr 的去除率可达 50％。

（4）维护。

佛甲草、金边麦冬、细叶芒、晨光芒、兰花三七、花叶芒、吉祥草等植物的抗旱性较好，可在干旱条件下正常生长 15 天左右。中华天胡荽、千屈菜、吉祥草、细叶芒、晨光芒等植物有较好的耐涝性能，可在水涝条件下正常生长 20 天左右，此类植物的种植可有效减少自来水的浇灌和人工的管理。

综合型雨水花园的景观效果较好，由于其特殊的场地位置，所以在植物的选择过程中应注重景观效果的构建，注重植物季相的变化、高低的搭配及颜色的选择，形成较为自然、四季变化分明的植物群落。

佛甲草
金边麦冬
波叶玉簪
吉祥草
兰花三七
矮桃
花叶芒
晨光芒
细叶芒
斑叶芒
千屈菜
中华天胡荽

路面

河流

出流口

出流口

图 6-10　带状滨河绿地雨水花园典型植物配置模式

(图片来源:臧洋飞,2016)

　　本章针对城市雨水花园植物筛选和应用进行了初步探讨,首先在雨水花园总体性能要求方面进行了阐述,具体体现在四项耐适性方面:①耐短时雨水浸泡(通常为 24 h 浸泡时间,原则上不超过 48 h)、耐较长时间干旱、耐雨水污染的水耐适性;②遮阴的光耐适性,尤其是对有人工构筑物、树木遮阴影响的空间下植物的光耐适性;③土壤的酸碱性、肥力耐适性;④养护的耐适性。本章尝试对雨水花园的养护管理提出了专业性管理与粗放性管理相结合、经济性管理与易操作性管理相结合的建议,也体现了雨水花园的生态效益。本章还列出了不同地区适用的雨水花园植物种类,并对植物配置方面的内容进行了讲解。

第七章　雨水花园的在地性营造

本章将结合笔者 2014 年在武汉校园里最先建设的一个小型简易雨水花园"雨韵园"、河北廊坊"晴空园"、苏州"旭辉公元·萃庭"、佛山"半月岛生态公园"实践案例,尝试探讨雨水花园在地性营造的相关问题。

第一节　武汉市雨水花园构造设计——雨韵园

2015 年 4 月,武汉市成为全国第一批海绵城市试点城市,这给城市生态建设带来了新的发展契机,但还有很多问题值得探讨和审慎思考。武汉是一个多水的历史文化名城,地势平坦,平均海拔仅 23.3 m,地下水位偏高,1980—2013 年的平均年降雨量为 1322 mm,平均年蒸发量为 1409 mm,这给雨水花园的建设提出了相应的思考问题,也使得研究具有一定的创新性。

雨水花园的建设应有所区别,应因地制宜地考虑所在地区的上位规划部署及本地实际条件。2015 年 8 月的《武汉市海绵城市规划设计导则(试行)》指出武汉市年径流总量控制率与设计降雨量的对应关系应按表 7-1 执行。

表 7-1　武汉市年径流总量控制率与设计降雨量的对应关系

年径流总量控制率 /(%)	55	60	65	70	75	80	85
设计降雨量 /mm	14.9	17.6	20.8	24.5	29.2	35.2	43.3

武汉市作为内涝问题较为突出、湖泊众多的城市,确定"以内涝防治与面源污染削减为主、雨水资源化利用为辅"的海绵城市建设目的较为合理。综合分析武汉市的实际条件,武汉市雨水花园建设采用"平均分配＋微调整"的思路比较便于解决水文污染的问题,并在一定程度上有助于防治内涝。雨水花园应用广泛,可以应用到城市道路空间、高绿地率场地空间及与建筑结合的空间中。笔者所主持实践的"雨韵园"于 2014 年开始进入设计。

一、武汉市降雨资料分析统计

1. 全国城市年径流控制分区

理想状态下,径流总量控制目标应以开发建设后径流排放量接近开发建设前自然地貌(按照绿地考虑)的径流排放量为标准。通常绿地的年径流总量外排率为 15%～20%(相当于年雨量径流系数为 0.15～0.20),因此,借鉴发达国家的实践经验,年径流总量控制率宜为 80%～85%。这一目标主要通过控制频率较高的中型、小型降雨事件(通常为一年一遇的 1 h 降雨量标准)来实现。

《海绵城市建设技术指南——低影响开发雨水系统构建(试行)》对我国近 200 个城市在

1983—2012 年的日降雨量进行了统计分析,分别得到各城市年径流总量控制率及其对应的设计降雨量值关系,将我国大陆地区大致分为五个区,并给出了各区年径流总量控制率 α 的最低和最高限值,即 I 区(85%≤α≤90%)、II 区(80%≤α≤85%)、III 区(75%≤α≤85%)、IV 区(70%≤α≤85%)、V 区(60%≤α≤85%)。

从《海绵城市建设技术指南——低影响开发雨水系统构建(试行)》可知,武汉市属于 IV 区(70%≤α≤85%)范围,即年径流总量控制率为0.70~0.85。

2. 武汉市降雨资料统计分析

统计数据选择了 1980 年 1 月 1 日至 2013 年 12 月 31 日,共12419天的武汉市日降雨量作为分析对象。数据来源于中国气象科学数据共享服务网,主要通过查询"地面气象信息",从中国地面国际交换站气候资料日值数据收集中获得武汉市 34 年的日降雨量资料(表 7-2)。

表 7-2 武汉市 1980—2013 年月均、年均降雨量统计表　　　　　　　　单位:mm

年份	月份												年总降雨量
	1	2	3	4	5	6	7	8	9	10	11	12	
1980	42.9	38.6	188	56	145.9	279.6	299.9	423.2	46.2	85.1	17.9	0.3	1623.6
1981	54.6	34.9	113.6	112.5	36.2	223.3	83.9	167.5	63.5	168.7	93.7	1.6	1154
1982	29.4	76.8	129.5	68.9	146.4	412.8	205.1	261.4	140.2	20.9	137.4	3.6	1632.4
1983	39.1	16.4	34.2	170.6	191.5	386.6	321.4	115.6	153	409.2	35.1	22.2	1894.9
1984	36	20.9	54.2	102	75.3	452.4	123.2	92.7	45.3	57.4	66.1	83.5	1209
1985	12	51.4	99.4	83.1	252.9	79	138.6	34.7	97.4	116.9	43.5	20.8	1029.7
1986	12.5	10	78.2	150.5	64.1	166.3	226.4	25.1	129.7	101.7	45	40.5	1050
1987	58.3	53.1	107.8	149.5	195.8	166.4	175.7	223.4	3.4	229.1	86.9	0	1449.4
1988	16.8	95.9	51.5	39.2	302.1	224.8	84.4	314.4	162.9	30	2.3	8.2	1332.3
1989	70.7	107	90.1	161.7	172.9	354.9	137.2	163.5	119.9	139.8	113.7	23.5	1654.9
1990	52	183.1	94.4	198.2	149.4	219.7	133.2	119	38.4	33.7	92.7	41.2	1355
1991	53.8	115.4	126	171	212	192.9	720.3	115	35.5	5.2	2.3	45.8	1795.2
1992	19.9	29.9	225	105.3	144.5	334.1	93.3	43.6	61.8	9.6	15.5	33.9	1116.4
1993	101	89.4	131.1	127.1	258.9	138.4	193.4	119.1	204.1	61.6	132.9	27.6	1584.6
1994	24.1	92.5	66.3	105.5	81.8	91.8	318.8	38.6	119.1	27.5	47.8	31.3	1045.5
1995	83.1	43.4	42.1	204.8	262	222.9	168.5	153.7	3	106.6	0.2	6.1	1296.3
1996	58	15.8	154.4	35.9	114.3	312.1	305.2	109.9	40.7	88.2	82.9	2.1	1319.5
1997	56.1	85.9	27.6	64.3	70	104.6	294.2	29.6	21.7	48	79.1	65.5	946.6
1998	60.8	41.3	124	319.3	194.5	95	758.4	14.5	25.5	48.5	13.7	33.7	1729.2
1999	25.9	8.4	64.2	229.6	197.5	469.1	77.8	143.2	51.3	86.2	27.4	0	1380.6
2000	107.7	28.6	28.5	22.9	170.9	178.7	44.7	150.1	201.6	149.9	56.7	39.5	1179.8
2001	106.9	57.2	43.1	150.8	100.4	152.6	39.6	22.2	1	86.7	50.4	88.9	899.8
2002	34.5	93.4	154.5	333.6	165.7	153.3	204.8	147.1	20.6	58.7	61.2	88.7	1516.1
2003	36.5	98.1	127.8	224.5	97.7	195.7	301.7	93.9	48.1	61.2	79.6	21	1386.1
2004	53.5	72	40.2	126	170.7	322.9	435.7	199.7	53.9	1.3	53.8	42.5	1572.2
2005	32.9	110.6	46.6	65.9	176.6	179.6	108.6	93	150	8.3	143.4	1.2	1116.6

年 份	月 份												年总降雨量
	1	2	3	4	5	6	7	8	9	10	11	12	
2006	48.4	89.4	23.9	126.6	184	53.2	235.7	107.1	49	58	48	23.8	1047.1
2007	65.8	114.2	108.7	50.3	205.2	126.6	176.5	62.3	14.6	25.7	40.8	32.5	1023.2
2008	72.4	20.7	79	54.3	344.2	129.4	148.1	240.7	40.8	92.5	39.1	5.6	1266.8
2009	18.5	122.9	69.7	197.7	132.1	306.7	95.9	38.8	41.8	23.9	67.7	42.3	1158
2010	28.5	49.5	150.6	140.3	138.7	152.7	389.7	83.6	91	83.5	14.6	15.2	1337.9
2011	15.6	19.2	32.1	36.2	76.8	433.9	89.4	133.8	59.4	51.5	33.8	5.5	987.2
2012	26.8	41.9	109.4	108.4	238.4	192.1	245.6	131.7	107.8	131.1	30.6	51.7	1415.5
2013	22.4	43.9	90.1	145.7	153.9	256.6	316.2	136	207.8	5.6	54.6	1.4	1434.2
月均降雨量	46.39	63.87	91.35	130.54	165.39	228.24	226.21	127.87	77.96	79.76	56.2	27.98	—
年均降雨量	—												1321.75

数据来源:笔者根据中国地面国际交换站气候资料日值数据集数据中武汉市日降雨量提取统计整理。

经过完整的统计分析发现:①武汉市降雨主要集中在每年的 4 月至 8 月,共 5 个月,月均降雨量在 100 mm 以上,其中以 6 月、7 月两个月最为明显,月均降雨量都在 220 mm 以上;②12 月的月均降雨量最少;③在 34 年中,月降雨量存在很大变化,最小月降雨量为 1987 年和 1999 年的 12 月份,全月无雨,月降雨量最大的是 1998 年 7 月,这使得全国人民投身抗洪抢险救灾的大运动中,这个黑色 7 月的总降雨量为历史最高纪录 758.4 mm,紧随其后的是 1991 年的 7 月,月总降雨量为 720.3 mm,这也是 34 年当中第二高的月降雨量。

降雨为 0 mm 的晴天或阴天共为 8298 天,占总统计天数的 66.82%。微量降雨,即低于 0.1 mm 的日降雨量在本次分析中归为 0 mm 处理,雨量分析数据将有记录的不低于 0.1 mm 日降雨量的天数作为全部统计分析数据,共有 4121 天,见表 7-3。

表 7-3 武汉市 1980—2013 年日降雨量频率统计分析

统计项目		统计天数/天	下雨天数/天	占总天数比例/(%)	占下雨天数比例/(%)
全部统计天数		12419	—	100.00	—
无雨天数		8298	—	66.82	—
下雨天数		—	4121	33.18	100.00
日降雨量/mm	0.1~4.9	—	2310	18.60	56.05
	5.0~9.9		587	4.73	14.24
	10.0~24.9		730	5.88	17.71
	25.0~49.9		317	2.55	7.69
	50.0~99.9		139	1.12	3.37
	100.0~249.9		36	0.29	0.87
	大于等于 250.0		2	0.02	0.05

注:下雨天数是指大于 0.1 mm 日降雨量的天数。

由表 7-3 可知，日降雨量在 10 mm 以下的小雨天气占全部降雨天数的 70.29%，其中日降雨量 4.9 mm 以内的降雨天气占日降雨量在 10 mm 以下的小雨天气的 79.74%。有相关研究表明：①雨量过小相对不容易形成大且流速快的地面径流；②10 mm 以下降雨形成的地面径流污染最严重，如道路雨水的弃流值为前 10 mm 降雨量，此数据显示，如果采取相关有效的生态降污处理，可以更好地减少市政雨污管网投入，就地防止路面雨污对自然水体的面源污染，道路雨水花园则可以很好地承担这一任务，产生良好的生态利用价值。

不同年份的同一月份中，降雨存在较大差别，具体见表 7-4。除了 1998 年 7 月份的超大降雨使得该月最大差值达到了 718.8 mm，6 月、8 月甚至 10 月的月降雨总量最大差值都超过了 400 mm，4 月、5 月最大差值也超过了 300 mm。这说明平时需要注意防范这几个月的月降雨总量分配不均问题，尽早做好防涝抗旱的准备，防患于未然，这对保障农林牧副渔业的安全生产、人民的正常生活、城市的良性运转等都有着重要的指导意义和参考价值。

表 7-4　武汉市 1980—2013 年月降雨总量、年总降雨量极差值统计　　单位：mm

月份	1	2	3	4	5	6	7	8	9	10	11	12	年总降雨量
月最低	12	8.4	23.9	22.9	36.2	53.2	39.6	14.5	1	1.3	0.2	0	899.8
月最高	107.7	183.1	225	333.6	344.2	469.1	758.4	423.2	207.8	409.2	143.4	88.9	1894.9
差值	95.7	174.7	201.1	310.7	308	415.9	718.8	408.7	206.8	407.9	143.2	88.9	995.1

根据分析，武汉市最大设计日降雨量取 100 mm，但从储水调蓄设施的经济合理性及武汉市建筑排水相关经验值考虑，常取其 30%～50% 作为设计参考，即本书的实践实证取 50 mm 日降雨量作为调蓄存储参考设计指标。

二、基地建设的背景、目标及条件

1. 基地建设的背景与意义

雨水收集与利用是城市生态建设的主要内容之一，是国际关注的热点话题，但同时在我国还处于起步阶段。城市雨水管理问题已经越来越受重视，2014 年 10 月，住房和城乡建设部提出了海绵城市建设的指导试行文件，并在 2015 年 4 月 9 日公布了 16 个海绵城市试点城市，武汉市便是华中地区唯一入选的省会级城市，这给武汉市雨水管理发展带来了契机。

笔者有幸于 2013 年获批国家自然科学基金青年基金"桥阴雨水花园研究——以武汉城区高架桥为例"(项目批准号：51308238)，2014 年获批中国博士后科学基金第七批特别资助基金"城市五维绿街景观研究"(项目批准号：2014T70701)，并得到华中科技大学建筑与城市规划学院本科教学经费的支持，获得校园规划办、绿化办申请批复，得到在学院南四楼入口东侧闲置的一块空地上构建雨水花园试验基地的机会。本基地建设拟实现风景园林专业园林植物应用、绿色基础设施、雨水花园、场地生态设计、雨水利用与景观、种植设计等多门课程的现场教学与实践认知实习，并积累相关的科研资料，为风景园林专业特色教育开创新的方向，并对城市雨水利用与景观具有示范、教育、推广作用。

2. 建设目标与内容

(1)总建设目标。

本基地旨在校园内建设一个融屋顶雨水收集、利用、观测，多样雨水花园园林植物与景观生态设计,兼顾多门风景园林专业课程教学、科研、教育、展示,学生积极动手、亲身参与建设、体验、管理、观测于一体的雨水花园创新实践教学科研基地。

（2）主要内容。

①将南四楼报告厅屋顶、入口雨棚及三楼走廊前 4 个小单元共 435.5 m² 的屋顶雨水进行有组织排放,作为雨水花园水源之一。三楼走廊屋顶其余部分雨水仍保持为无组织排放,但针对落点设置雨水入渗设施。

②建立完善的雨水收集利用水平衡管网系统（落水管、储水池、小泵站、构造体、溢流装置）。

③实现雨水花园植物筛选试验。

④建立雨水净化试验单元。

⑤建立降雨、光照小气象观测站。

（3）项目特色及预期成果。

为满足专业硕士全方位、特色化与系统性能力培养的设计创新实践教学环节需求,建成校内"雨水花园设计创新实践教学科研基地",关注自然雨水资源的收集与基本利用,以及景观化处理的原理、手段和方法,并获得相关专业知识和体验。预期建成后的雨水花园设计创新实践教学科研基地可以兼顾风景园林专业本科生和硕士生在雨水花园、场地生态设计、园林植物应用、植物造景、绿色基础设施、雨水利用与景观等多门相关专业课程的教学实践和实习利用。基地建成后能起到绿色建筑屋顶雨水收集和生态利用、场地生态设计、雨水花园建设的教育及推广示范作用。经过 2 年左右的科学跟踪评估,雨韵园成为武汉市和其他城市的雨水花园实践教学推广示范点。

3. 基地建设可行性

（1）经费及课题支持。

本基地建设经费由三部分组成:华中科技大学专业学位研究生教育专项经费资助 15 万元、国家自然科学基金青年基金资助 1 万元、中国博士后科学基金第七批特别资助基金资助 3 万元,共 19 万元的项目建设经费将为支持本基地建设提供主要的经费支持和保证。在理论研究、方案设计、后续维护管理、跟踪调研等方面都具备了良好的保证。同时,园林设计、建筑设计、植物配置、园林工程、场地生态设计等主要课程相关教师的专业知识、成熟的课程教学体系对本基地的建设提供了很好的理论支持。

（2）技术支持。

①给排水方面:武汉华中科大建筑规划设计研究院是一所具有城市规划与建筑设计双甲资质的规划设计院,是教育部直属高校最早成立的设计单位之一,是一个覆盖城乡规划设计、建筑设计、市政工程设计领域及项目咨询的综合性设计、科研单位,自 1998 年以来,有三十余项工程项目获得国家和省部级优秀设计奖。该院雄厚的设计队伍、大量的实践项目、良好的工作环境给专业硕士的业务实践及本项目建设提供了技术顾问支持,为共同合作提供了良好的条件。高级工程师申安付直接参与本项目并给予了给排水方面的技术指导。

②建设施工组织:施工中标单位武汉旺林花木开发有限公司是具有武汉市一级园林施工资质的施工单位,有良好的专业施工建设经验,保证了项目的顺利进行。

课题组由万敏教授担任方案详细设计的总指导,申安付高级工程师负责给排水指导,环境科学与工程学院王松林教授负责雨水水质相关试验指导,研究生张纬、赵寒雪、余志文、郭晓华、曾祥焱、朱梦然是项目组成员。另外还有多位景观专业本科生积极参与,促进了本项目的顺利进行。

三、场地设计

1. 基地选址理由

南四楼是建筑与城市规划学院的学院楼,是一栋建于1984年的砖混4层结构楼,有过多次中庭增建,主入口位于建筑北面。一期基地分为A、B两区,A区是位于南四楼主入口东北角的小块绿地,B区是位于主入口西边自行车棚与南四楼北立面中间的狭长绿地,面积为100 m²。A区为基地主要组成部分。选择该基地有以下几个缘由。

(1)屋顶北面无组织排水影响场地通行。

南四楼建筑北面为集中排水,共有18根挑出墙外长30 cm、孔径50 mm的铸铁排水管位于建筑入口的同一面(图7-1)。过于简单的铁管挑出屋檐外,现有屋顶雨水均由铸铁排水管直接排水。南四楼入口的悬挑顶面承接了主体顶楼的排水,即使下小雨,都有大量雨水由排水管落至入口台阶地面,水花四处飞溅,在有碍观瞻的同时,还影响了南四楼的人流集散和正常通行,同时还易导致行人滑倒,产生安全隐患。

图7-1 南四楼入口雨水落水管影响正常通行

(图片来源:笔者摄于2014/8/16)

(2)雨水对墙面景观的影响及渗水隐患。

建筑内庭和报告厅的外墙面形成了明显的大面积深褐色水渍印(图7-2),不但影响建筑外墙美观,还会产生墙体开裂、维护不便、渗水等隐患。

(3)便于就近开展教学与观察活动。

本项目基地为基于南四楼屋顶雨水收集利用的雨水花园教学科研基地,为便开展教学和相关展示活动。项目的一期位于南四楼北入口东侧,是202 m²近建筑的闲置绿地,景观质量差,主要拟收集学术报告厅屋顶、入口雨篷顶、三楼走廊部分屋顶的雨水,进行雨水花园建设。场地东侧有10棵高大的樟树,形成了较郁闭的遮阳环境,以利于与西侧较开敞的环境进行雨水花园植物品种对比研究,可模拟人工构筑物遮阴环境,有助于耐阴雨水花园植物的筛选。

(4)有效改善原场地景观品质。

建筑西面有一条宽2 m、长28 m的宅前草地,植物生长状况差,建筑井道也位于其中,三楼走

图 7-2　南四楼外墙水渍印及项目场地环境

(图片来源:笔者摄于 2014/10/15)

廊屋顶的少量雨水会经短排水管排出,对草地形成一定范围的冲刷作用,地面已经形成了一个个凹陷,景观质量差(图 7-3)。但该处采光良好,土壤入渗率较高,可改善地面结构材料,布置浅凹绿地雨水花园景观,自然入渗少量屋面雨水和路边雨水,建成与东面林下形成对比的花境景观。

图 7-3　楼前狭长绿地原状

(图片来源:笔者摄于 2014/3/3,2014/8/12)

(5) 便于后期维护管理。

基地紧邻南四楼,邻近室内及室外水源点,同时东侧池塘也可以作为雨水花园雨水溢流的去向。南四楼已安装了 24 小时监控,有门房值班人员负责驻守管理,便于开展后续管理和观测活动,也方便今后项目的维护管理、跟踪调研及相关课程实践。

2. 基地概况

(1) 方位与地貌。

基地一期 A 区为南四楼主入口东北角的一块靠近建筑的面积为 202 m² 的小绿地(图 7-4)。场地基本平整,低于周边硬化道路、广场、建筑散水 5～10 cm。

(2) 基地原有植物。

基地中间有一直径为 5.5 m、北侧高 50 cm、南侧高 60 cm 的混凝土标准圆形种植台,其中种有一棵胸径为 55 cm、高为 25 m 的成年雪松。雪松因树龄偏大和小生境较荫蔽,出现南侧枝长势较好、北侧秃枝的情况。东侧现有 10 棵胸径平均在 30 cm 以上、高为 20～30 m 的成年樟树,下枝干高达10 m,树下的郁闭度高达 80%,离建筑最近的一棵樟树距建筑外墙为 65 cm。

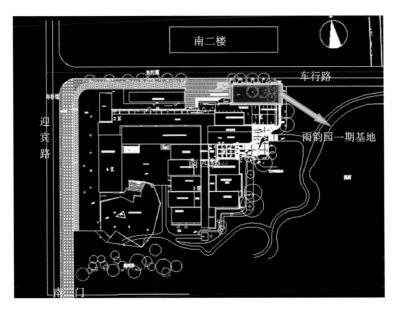

图 7-4　基地一期 A 区位置图

(图片来源:课题组绘制)

（3）基地雨水及土壤。

基地主要就近收集来自以下 6 部分屋顶的雨水:南四楼入口雨篷(38.5 m²)、部分三层走廊屋顶(43.2 m²)、内庭玻璃尖顶(102 m²)、门厅内庭(111.8 m²)、南四楼 100 室学术报告厅屋顶(122 m²)、四楼顶层实验室斜坡屋顶(18 m²),共计 435.5 m²的雨水汇水面积(图 7-5)。

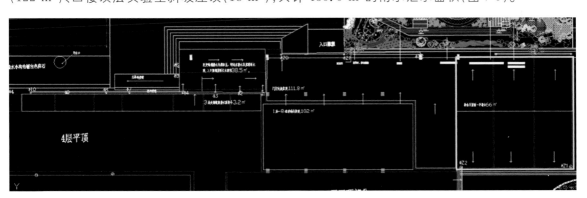

图 7-5　南四楼屋顶雨水汇水面(黄色线范围)

(图片来源:课题组测绘)

场地原有土壤为砂石坚壤土,土质贫瘠,渗透率较好,原种植有麦冬。有一条踩踏出的小径至池塘边,基地外围为停车位和道路(图 7-6)。

3. 设计方案

（1）场地设计原则。

最大限度尊重场地原有基本条件和资源,尽量少改动和干扰,遵循科学、美观、简洁、生态的

图 7-6   南四楼场地原状

(图片来源:笔者摄于 2014/11/15,2014/11/28)

设计精神,致力于营建一个能收集与利用屋顶雨水,提升与改善靠近建筑闲置绿地的景观质量,集科普、教育、展示功能于一体的小型雨水花园实践基地(图 7-7 及图 7-8)。

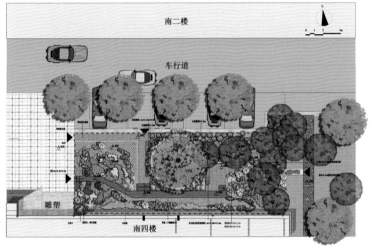

图 7-7   基地一期 A 区平面图

(图片来源:课题组绘)

图 7-8   基地设计效果图

(图片来源:课题组绘)

(2) 分区。

场地被直径 5.5 m 的雪松种植台自然分隔为东、西两部分,西面为雨水花园主体,东面为雨水花园林下休闲、宣传展示和强耐阴灌木、草本植物种植区。中间通过长 16 m、宽 0.8 m 的木栈道和一段长 7.5 m、宽 0.8 m 的块石园路联系贯通。

（3）园路。

基地主入口考虑主要人流进出情况,在贴近道路停车位场地北面设 1 m 宽彩色透水砖直道,解决人流快速通过场地的问题。停车位后设置弯管路障,保证行人安全。在南四楼主入口东侧靠近主雕塑旁 1.2 m 处设置 0.8 m 宽木栈道,高出地面 30～35 cm。0.8 m 宽木栈道与 1 m 宽透水砖直道衔接后,拓为 0.8 m 宽木栈道,连通至稍做拓宽的透水砖铺面展示区,其后用块石及碎石砌成的小径连通至场地外小园路。

（4）排水。

场地有两个入水口,第一个入水口位于入口雕塑"异质同构"旁,可收集面积为 300.5 m² 的屋顶排出的雨水,入地管为直径 110 mm 的 PVC 管。第二个入水口主要收集报告厅面积达 122 m² 的屋顶的排水,将原有直径 50 mm 的铸铁管改为直径 75 mm 的 PVC 管,并在排水口加盖雨水箅子,雨水管贴着第二个墙体分隔板接地,雨水管直径为 110 mm。

第一个入水口的雨水经过大黄石块和大鹅卵石消除冲刷力后,直接流入雨水花园。在木栈道下有一个直径为 30 cm、高出地面 25 cm 的溢水口。当水位标高超过 25 cm 时,多余雨水经溢水口流出,经过埋藏在地下的溢水管流入东部的地下调蓄池。调蓄池尺寸为 2 m×2 m×1.5 m,池底标高为 -1.800 m,当储水标高达到预定的 -0.300 m 时,多余雨水将通过水池溢水管排入邻近的道路排水沟,溢出的雨水最终汇入场地东侧的大池塘。调蓄池里放有潜水泵,当雨水花园需要用水时,开通电闸,水泵将抽取调蓄池中的水,水从旱溪出水口出来,顺不透水小溪流回西面的雨水花园。

（5）绿化。

基地可用于进行当地雨水花园植物,尤其是耐阴雨水花园植物的筛选试验。雨韵园设计植物清单见表 7-5。

表 7-5　雨韵园设计植物清单

序号	植物名称	所属科属	生 态 习 性	成年高度 /cm
1	野菊花	菊科-雏菊属	喜冷凉气候,忌炎热。喜光,耐半阴,对栽培地土壤要求不高。多年生草本,有地下长或短匍匐茎,耐寒。以土层深厚、疏松肥沃、富含腐殖质的壤土栽培为宜	25～100
2	鱼腥草	三白草科-蕺菜属	我国长江流域以南各省均有野生,耐阴	20～35
3	大花葱	百合科-葱属	多年生球根花卉,秋植球根。花期为春、夏季,喜凉爽、阳光充足的环境,忌湿热多雨,忌连作、半阴,适温为 15～25 ℃。要求疏松肥沃的砂质壤土,忌积水,适合我国北方地区栽培	30～40

序号	植物名称	所属科属	生态习性	成年高度/cm
4	百合	百合科-百合属	多年生草本球根植物,花期为6—7月,喜凉爽,较耐寒。高温地区生长不良。喜干燥,怕水涝。对土壤要求不高,黏重的土壤不宜栽培	50～100
5	黄花菜	百合科-萱草属	多年生草本,花果期为5—9月。耐瘠、耐旱,对土壤要求不高,地缘或山坡均可栽培。对光照适应范围广,可与较为高大的作物间作。地上部分不耐寒,地下部分耐−10 ℃低温。忌土壤过湿或积水。旬均温5 ℃以上时幼苗开始出土,叶片生长适温为15～20 ℃;开花期要求较高温度,20～25 ℃较为适宜	50～100
6	芋头	天南星科-芋属	多年生块茎植物,观叶植物,性喜高温湿润,种芋在13～15 ℃开始发芽,生长适温为20 ℃以上,球茎在短日照条件下形成,发育适温为27～30 ℃。遇低温干旱则生长不良	80～90
7	紫叶芋	天南星科-芋属	多年生块茎植物,花期为7—9月,生性强健,喜高温,耐阴、耐湿,基部浸水也能生长,常用于水池、湿地栽培或盆栽。全日照或半日照条件	50～100
8	中华天胡荽(铜钱草)	伞形科-天胡荽属	花期为4月,果期为7月。性喜温暖潮湿,栽培处以半日照或遮阴处为佳,忌阳光直射,栽培土不拘,以松软、排水良好的栽培土为佳,或用水直接栽培,适温为22～28 ℃。耐阴、耐湿,稍耐旱,适应性强。生性强健,种植容易,繁殖迅速,水陆两栖	25～80
9	紫娇花	石蒜科-紫娇花属	多年生草本,球根花卉,花期为5—7月。喜光,栽培处全日照、半日照均理想,但不宜庇荫。喜高温,耐热,生育适温为24～30 ℃。对土壤要求不高,耐贫瘠。肥沃而排水良好的砂质壤土或壤土上开花旺盛	30～50

序号	植物名称	所属科属	生 态 习 性	成年高度 /cm
10	美丽月见草	柳叶菜科-月见草属	多年生草本,花期为 6—9 月。适应性强,丛生状种植,耐酸、耐旱,对土壤要求不高,一般中性、微碱或微酸性,排水良好、疏松的土壤中均能生长	30～55
11	翠云草	卷柏科-卷柏属	中型伏地蔓生蕨,中国特有,生于海拔 40～1000 m 的山谷林下,多腐殖质土壤或溪边阴湿杂草中,以及岩洞内、湿石上或石缝中。喜温暖湿润的半阴环境	50～100
12	紫叶酢浆草	豆科-车轴草属	多年生常绿草本,适合片植营造优良的地被,观叶植物,适应性强,喜光,稍耐阴,不择土壤,耐寒、耐旱	12～35
13	红车轴草	豆科-车轴草属	短期多年生草本,生长期 2～5(或 9)年。花果期为 5—9 月。喜凉爽湿润气候,夏天不过于炎热、冬天不十分寒冷的地区最适宜生长。气温超过 35 ℃生长受到抑制,40 ℃以上则出现黄化或死亡,冬季最低气温达－15 ℃则难以越冬。耐湿性良好,但耐旱能力差。在 pH 值 6～7、排水良好、土质肥沃的黏壤土中生长最佳	10～20
14	白车轴草	豆科-车轴草属	多年生草本。原产于欧洲和北非,花果期为 5—9 月。对土壤要求不高,喜欢黏土及耐酸性土壤,也可在砂质土中生长,为长日照植物,不耐荫蔽,日照超过 13.5 h 花数可以增多。具有一定的耐旱性,喜温暖湿润气候,不耐干旱和长期积水	10～30
15	矮生蒲苇	禾本科,芦竹亚科-蒲苇属	性强健,耐寒,喜温暖湿润、阳光充足气候	120～300
16	花叶芦竹	禾本科-芦竹属	多年生挺水草本观叶植物。花果期为 9—12 月。喜光、喜温、耐水湿,也较耐寒,不耐干旱和强光,喜肥沃、疏松和排水良好的微酸性砂质壤土	150～200

序号	植物名称	所属科属	生 态 习 性	成年高度/cm
17	细叶芒	禾本科-芒属	多年生草本,叶形优美,花期为9—10月。耐半阴,耐旱,也耐涝。生于海拔1800 m以下的山地、丘陵和荒坡原野,常组成优势群落	150～200
18	斑叶芒	禾本科-芒属	多年生草本,喜光,耐半阴,性强健,抗性强	100～120
19	水葱	莎草科-藨草属	多年生宿根挺水草本植物。在自然界中常生长在沼泽地、沟渠、池畔、湖畔浅水中。国内外均有分布	100～200
20	花叶美人蕉	美人蕉科-美人蕉属	美人蕉的园艺变种,花期为7—10月,性喜高温、高湿、阳光充足的气候条件,喜深厚肥沃的酸性土壤,可耐半荫蔽,不耐瘠薄,忌干旱,畏寒冷,生长适温为23～30 ℃	50～80
21	紫叶美人蕉	美人蕉科-美人蕉属	花期为7—10月,喜温暖湿润气候,不耐霜冻,性强健,适应性强。畏强风,不耐寒	100～150
22	黄花鸢尾	鸢尾科-鸢尾属	花期为5—6月,果期为7—8月。喜湿润且排水良好、富含腐殖质的砂质壤土或轻黏土,有一定的耐盐碱能力,在pH值为8.7、含盐量为0.2%的轻度盐碱土中能正常生长。喜光,也较耐阴,在半阴环境下也可正常生长。喜温凉气候,耐寒性强	50～60
23	金叶菖蒲	天南星-菖蒲	全国各地浅水池塘可生长,性强健,能适应湿润	30～40
24	旱伞草	莎草科-密穗莎草亚属	多年生草本,观叶植物。性喜温暖、阴湿及通风良好的环境,适应性强,对土壤要求不高,保水性强的肥沃土壤最适宜。沼泽地及长期积水地也能生长良好。生长适宜温度为15～25 ℃,不耐寒冷	40～160
25	香蒲	香蒲科-香蒲属	多年生草本植物,广泛分布于我国全境。花果期5—8月,生于浅水、沼泽中	130～200
26	灯芯草	灯芯草科-灯芯草属	广布于温带和寒带地区,热带山地也有。常生长在潮湿多水的环境中	130～201

序号	植物名称	所属科属	生 态 习 性	成年高度 /cm
27	铁线莲	毛茛科-铁线莲属	草质藤本,生长期从早春到晚秋。生于低山区的丘陵灌丛中。喜肥沃、排水良好的碱性壤土,忌积水或夏季干旱而不能保水的土壤。耐寒性强,可耐−20 ℃低温。有红蜘蛛或食叶性害虫危害,需加强通风	100～200
28	虎耳草	虎耳草科-虎耳草属	多年生草本,喜阴凉潮湿,土壤要求肥沃、湿润,以茂密多湿的林下和阴凉潮湿的坎壁上为宜	8～45
29	再力花	竹芋科-塔利亚属	多年生挺水草本,花期为4—8月,在微碱性的土壤中生长良好。好温暖水湿、阳光充足的气候环境,不耐寒,耐半阴,怕干旱	150～200
30	千屈菜	千屈菜科-千屈菜属	多年生草本,分布于全国各地,花期为夏季。生于河岸等潮湿草地。喜强光,耐寒性强,喜水湿,对土壤要求不高,在深厚、富含腐殖质的土壤中生长更好	30～100
31	常绿水生鸢尾	鸢尾科-鸢尾属	多年生常绿草本,花期春夏,喜光照充足,特别适应冷凉性气候	60～100
32	慈姑	泽泻科-慈姑属	有很强的适应性,在陆地上各种水面的浅水区均能生长,要求光照充足、气候温和、较背风的环境,要求在肥沃但土层不太深的黏土上生长。风、雨易造成叶茎折断,球茎生长受阻	100～120
33	水鬼蕉	石蒜科-水鬼蕉属	多年生草本。花期为6—7月,喜光照、温暖湿润环境,不耐寒;喜肥沃土壤。盆栽越冬温度为15 ℃以上。生长期水肥要充足。露地栽植应于秋季挖球,干藏于室内	30～70
34	萱草	百合科-萱草属	多年生草本,花果期为5—7月,生性强健,耐寒,华北可露地越冬,适应性强,喜湿润也耐旱,喜阳光又耐半阴。对土壤选择性不强,但以富含腐殖质、排水良好的湿润土壤为宜。适合在海拔300～2500 m处生长	40～80

序号	植物名称	所属科属	生 态 习 性	成年高度 /cm
35	八宝景天	景天科-八宝属	多年生肉质草本植物,花期为 7—10 月,生于海拔 450~1800 m 的山坡草地或沟边。性喜强光和干燥、通风良好环境,不择土壤,要求排水良好,耐贫瘠和干旱,忌雨涝积水。植株强健,管理粗放	30~50
36	红叶蓼	蓼科-蓼属	我国大部分地区有分布。生长于湿地、水边或水中	20~80
37	肾蕨	肾蕨科-肾蕨属	附生或土生植物。观叶植物,喜温暖、潮湿环境,生长适温为 16~25 ℃,冬季不得低于 10 ℃。自然萌发力强,喜半阴,忌强光直射,对土壤要求不严,以疏松、肥沃、透气、富含腐殖质的中性或微酸性砂质壤土生长最为良好,不耐寒,较耐旱,耐瘠薄	30~70
38	紫鸭跖草	鸭跖草科-紫竹梅属	多年生披散草本,喜温暖、湿润环境,不耐寒,忌阳光暴晒,喜半阴。对干旱有较强的适应能力,适宜肥沃、湿润的壤土	20~50
39	八角金盘	五加科-八角金盘属	常绿灌木或小乔木,花期为 10—11 月,喜温暖湿润的气候,耐阴,不耐干旱,有一定耐寒力。宜种植在排水良好和湿润的砂质壤土中	120~400
40	花叶青木	山茱萸科-桃叶珊瑚属	常绿灌木,观叶植物,极耐阴,夏日阳光暴晒时会引起灼伤而焦叶。喜湿润、排水良好的肥沃土壤。不甚耐寒。对烟尘和大气污染的抗性强	90~150
41	南天竹	小檗科-南天竹属	常绿小灌木,花期为 3—6 月,果期为 5—11 月。喜温暖及湿润的环境,比较耐阴,也耐寒。容易养护。栽培土要求为肥沃、排水良好的砂质壤土。对水分要求不高,既能耐湿也能耐旱	100~300

序号	植物名称	所属科属	生 态 习 性	成年高度/cm
42	重瓣棣棠	蔷薇科-棣棠花属	落叶灌木,花季为春季,喜温暖、湿润和半阴环境,耐寒性较差,对土壤要求不高,以肥沃、疏松的砂质壤土为佳	100～200
43	凤尾竹	禾本科-簕竹属	株丛密集,竹干矮小,枝叶秀丽,原产中国南部。喜温暖湿润和半阴环境,耐寒性稍差,不耐强光暴晒,怕渍水,宜生长在肥沃、疏松和排水良好的壤土中,冬季温度不低于 0 ℃	100～300
44	毛杜鹃	杜鹃花科-杜鹃花属	半常绿灌木,花季为春季,喜温暖、湿润气候,耐阴,忌阳光暴晒。生长适温 15～28 ℃,冬季能耐—8 ℃低温。土壤以肥沃、疏松、排水良好的酸性砂质壤土为宜	150～200
45	山茶	山茶科-山茶属	灌木或小乔木,花期较长,从 10 月份到翌年 5 月份都有开放,盛花期通常在 1—3 月。惧风喜阳,适宜生长在地势高爽、空气流通、温暖湿润、排水良好、疏松肥沃的砂质壤土、黄土或腐殖土中。适温在 20～32 ℃,29 ℃以上时停止生长,35 ℃时叶子会有焦灼现象,要求有一定温差。环境湿度 70% 以上,大部分品种可耐—8 ℃低温,喜酸性土壤,并要求较好的透气性	80～500
46	常春藤	五加科-常春藤属	多年生常绿攀缘灌木,花期为 9—11 月,果期为翌年 3—5 月,阴性藤本植物,也能生长在全光照的环境中,在温暖、湿润的气候条件下生长良好,不耐寒。对土壤要求不高,喜湿润、疏松、肥沃的土壤,不耐盐碱	20～30
47	含笑	木兰科-含笑属	常绿灌木,花期为 3—5 月,果期为 7—8 月,喜肥,性喜半阴,在弱阴下最利生长,忌强烈阳光直射,夏季要注意遮阴。10 ℃左右温度下越冬。不耐干燥瘠薄,怕积水,宜生长在排水良好、肥沃的微酸性壤土中,中性土壤也能适应	200～300

序号	植物名称	所属科属	生 态 习 性	成年高度/cm
48	葱兰	石蒜科-葱莲属	多年生草本植物,鳞茎卵形,花期春季,喜肥沃土壤,喜阳光充足,耐半阴与低湿,宜肥沃、带有黏性而排水好的土壤。较耐寒,在长江流域可保持常绿,0℃以下亦可存活较长时间。在-10℃左右的条件下,短时不会受冻,但时间较长则可能冻死	20~35
49	韭兰	石蒜科-葱莲属	多年生草本。鳞茎卵形,花期为4—9月,生性强健,耐旱抗高温,栽培容易,生育适温为22~30℃。喜光,但也耐半阴。喜温暖环境,但也较耐寒。要求土层深厚、地势平坦、排水良好的壤土或砂质壤土。喜湿润,怕水淹。适应性强,抗病虫害能力强,球茎萌芽力强,易繁殖	20~36
50	栀子花	茜草科-栀子属	常绿灌木,5—7月开花,喜空气湿润和光照充足且通风良好的生长环境,夏季应避免阳光直射,适宜在稍荫蔽处生活,耐半阴,怕积水,较耐寒,最适宜生长温度为16℃左右,宜用疏松肥沃、排水良好的轻黏性酸性土壤种植,是典型的酸性花卉	30~200
51	紫茉莉	紫茉莉科-紫茉莉属	宿根草花,花期为6—10月,果期为8—11月,性喜温和而湿润的气候条件,不耐寒,在江南地区地下部分可安全越冬而成为宿根草花,来年春季续发长出新的植株。露地栽培要求土层深厚、疏松肥沃的壤土,盆栽可用一般花卉培养土。在略荫蔽处生长更佳	100~150
52	花叶吴风草	菊科-大吴风草属	喜半阴和湿润环境;耐寒,在江南地区能露地越冬;怕阳光直射;对土壤适应度较好,以肥沃疏松、排水好的壤土为宜	花莛高70
53	花叶香桃木	桃金娘科-香桃木属	常绿灌木,花期为5月下旬至6月中旬,喜温暖、湿润气候,喜光,亦耐半阴,萌芽力强,耐修剪,病虫害少,适应中性至偏碱性土壤	200~400

序号	植物名称	所属科属	生 态 习 性	成年高度/cm
54	花叶蔓长春	夹竹桃科-蔓长春花属	多年生草本半灌木,花期为6—9月,喜温暖湿润,喜阳光也较耐阴,稍耐寒,喜欢生长在深厚、肥沃、湿润的土壤中	30～50
55	玉簪	百合科-玉簪属	多年生宿根草本花卉,花期为7—9月,耐寒冷,性喜阴湿环境,不耐强烈日光照射,要求土层深厚、排水良好且肥沃的砂质壤土,属于典型的阴性植物	40～80
56	一叶兰	百合科-蜘蛛抱蛋属	多年生常绿草本,观叶植物,性喜温暖湿润、半阴环境,较耐寒,极耐阴。生长适温为10～25 ℃,而能够生长温度范围为7～30 ℃,越冬温度为0～3 ℃	50～120
57	红花酢浆草	酢浆草科-酢浆草属	多年生直立草本,喜向阳、温暖、湿润的环境,夏季炎热地区宜遮半阴,抗旱能力较强,不耐寒,喜阴湿环境,对土壤适应性较强,但在腐殖质丰富的砂质壤土中生长旺盛,夏季有短期的休眠。在阳光极好时,容易开放	10～35
58	扁竹兰	鸢尾科-鸢尾属	多年生草本,花期为4月,果期为5—7月,生长于灌木林缘,阳坡地及水边湿地。种植环境喜湿润且排水良好、富含腐殖质的砂质壤土或轻黏土,有一定的耐盐碱能力,在pH值为8.7、含盐量为0.2%的轻度盐碱土中能正常生长。喜光,也较耐阴,在半阴环境下也可正常生长。喜温凉气候,耐寒性强	80～120
59	石蒜	石蒜科-石蒜属	多年生草本植物,鳞茎近球形,花期为8—9月,果期为10月,生长于潮湿地,其着生地为红壤,因此耐寒性强,喜阴,能忍受的高温极限为日平均温度24 ℃;喜湿润,也耐干旱,习惯于偏酸性土壤,以疏松、肥沃的腐殖质土最好。有夏季休眠的习性。石蒜属植物适应性强,较耐寒	80～120

序号	植物名称	所属科属	生 态 习 性	成年高度/cm
60	碰碰香	牻牛儿苗科-天竺葵属	亚灌木状多年生草本植物,观叶植物。喜阳光,全年可日照培养,但也较耐阴。喜温暖,怕寒冷,冬季需要 0 ℃以上的温度。喜疏松、排水良好的土壤,不耐水湿,过湿则易烂根致死	10～35
61	薄荷	唇形科-薄荷属	多年生草本,花期为 7—9 月,果期为 10 月,对环境条件适应能力较强,生于水旁潮湿地,生长适温为 25～30 ℃,对土壤的要求不高,除过砂、过黏、酸碱度过重以及低洼排水不良的土壤外,一般土壤均能种植,以砂质壤土、冲积土为好。土壤酸碱度以 pH 值 6～7.5 为宜	30～60
62	水竹	禾本科-刚竹属	多年生草本,性喜温暖、湿润和通风透光,耐阴,忌烈日暴晒。不耐寒,对土壤要求不高,以肥沃稍黏的土质为宜。生长在河岸、湖旁灌丛中或岩石山坡	200～300
63	大叶黄杨	黄杨科-黄杨属	灌木或小乔木,喜光,稍耐阴,有一定的耐寒能力,对土壤要求不高,在微酸、微碱性土壤中均能生长,在肥沃和排水良好的土壤中生长迅速,分枝也多	150～300
64	菲白竹	禾本科-赤竹属	世界上最小的竹子之一,笋期为 4—6 月,喜温暖湿润气候,好肥,较耐寒,忌烈日,宜半阴,喜肥沃、疏松、排水良好的砂质壤土。具有很强的耐阴性,可以在林下生长	50～80
65	细叶麦冬	百合科-山麦冬属	多年生常绿草本,喜半阴、湿润且通风良好的环境,常野生于沟旁及山坡草丛中,耐寒性强	15～35
66	水果蓝	唇形科-香科科属	木本植物,常绿灌木类,春季枝头悬挂淡紫色小花,对环境有超强的耐受能力,适温环境在－7～35 ℃,对水分要求不高,对土壤养分的要求很低,只要排水良好,哪怕是在非常贫瘠的砂质壤土中也能正常生长	100～150

序号	植物名称	所属科属	生 态 习 性	成年高度 /cm
67	迷迭香	唇形科- 迷迭香属	灌木,花期为 11 月,性喜温暖气候,但在中国台湾平地高温期生长缓慢,冬季没有寒流的气温较适合生长,较能耐旱,若土壤富含砂质、排水良好,则较有利于生长发育。生长缓慢,再生能力不强	100~200
68	黄金菊	菊科-菊属	多年生草本花卉,夏季开花,全株具香气。喜阳光、排水良好的砂质壤土或土质深厚的土壤,中性或略碱性。主要作为园林的花坛花卉等	40~50
69	红千层	桃金娘科- 红千层属	常绿灌木或小乔木,花期为 6—8 月,喜暖热气候,能耐烈日酷暑,不很耐寒、不耐阴,喜肥沃、潮湿的酸性土壤,也能耐瘠薄干旱的土壤。生长缓慢,萌芽力强,耐修剪,抗风。对水分要求不高,但在湿润的条件下生长较快。极耐旱、耐瘠薄	150~400
70	紫叶 珊瑚钟	虎耳草科- 矾根属	少有的彩叶阴生地被植物,适合在林下片植以营造优良的阴生地被景观,喜中性偏酸、疏松肥沃的壤土,适宜生长在湿润但排水良好、半遮阴的土壤中,忌强光直射。幼苗长势较慢,成苗后生长旺盛	30~60
71	八仙花	虎耳草科- 八仙花属	落叶灌木,花期为 6—8 月,喜温暖、湿润和半阴环境。适温为 18~28 ℃,冬季温度不低于 5 ℃。土壤以疏松、肥沃和排水良好的砂质壤土为好。随土壤 pH 值的变化,花色变化较大	60~80
72	西伯利亚 鸢尾	鸢尾科- 鸢尾属	多年生草本,花期为 4—5 月,既耐寒又耐热,在浅水、湿地、林荫、旱地或盆栽均能生长良好,而且抗病性强,尤其抗根腐病,是鸢尾属中适应性较强的一种	40~60
73	花叶 玉蝉花	鸢尾科- 鸢尾属	多年生草本,花期为 6—7 月,自然生长于水边湿地。性喜温暖湿润,植株强健,耐寒性强,露地栽培时,地上茎叶不完全枯死。对土壤要求不高,以土质疏松肥沃为宜	40~100

序号	植物名称	所属科属	生态习性	成年高度/cm
74	金叶大花六道木	忍冬科-六道木属	常绿小型灌木,可作为花篱或丛植于草坪,及作为林下木等,花期为6—11月,喜光,耐热,能耐－10℃低温,对土壤适应性较强。发枝力强,耐修剪,生长期和早春需加强修剪,防止枝叶空秃,以利于保持树形丰满	80～150
75	金边丝兰	龙舌兰科-丝兰属	习性与普通丝兰相似,因其叶缘在春夏季呈较宽的金黄色而得名。秋冬季黄色的条纹转变为粉红色,是花叶俱美的观赏植物。花、叶皆美,树态奇特,数株成丛,高低不一,叶形如剑,开花时花茎高耸挺立,花色洁白,繁多的白花下垂如铃,姿态优美,花期持久,幽香宜人	120～150
76	非洲百子莲	石蒜科-百子莲属	多年生草本,花期为7—8月,喜温暖、湿润和阳光充足环境。要求夏季凉爽、冬季温暖,夏季避免强光长时间直射,冬季栽培需充足阳光。土壤要求疏松、肥沃的砂质壤土,pH值在5.5～6.5,切忌积水	40～60
77	蓝叶忍冬	忍冬科-忍冬属	落叶灌木,花期为4—5月,喜光、耐寒,稍耐阴,耐修剪。园林中一般采用扦插繁殖,成活率较高。常植于庭院、小区以作观赏之用	200～300
78	网纹连翘	木樨科-连翘属	喜光,耐寒力强,有一定程度的耐阴性;喜温暖湿润气候,耐干旱瘠薄,怕涝;不择土壤,在中性、微酸性或碱性土壤中均能正常生长	200～300
79	小叶蚊母	金缕梅科-蚊母属	常绿小灌木,每年2—4月开花,对光的适应性强,是典型的喜阳耐阴植物,对温度的适应性强,具良好的抗高温和耐低温能力;有较强的抗旱和耐水淹能力。土壤适应性广,较耐瘠薄,但在肥沃、疏松、排水良好的壤土中生长最好	180～250
80	金叶小蜡	木樨科-女贞属	落叶灌木或小乔木,生于山坡、山谷、溪边、河旁、路边的密林、疏林或混交林中	200～700
81	金禾女贞	木樨科-女贞属	常绿灌木,应用范围极广,叶片呈美丽的柠檬黄而得名,病虫害较少,能降低噪声;能吸收多种有毒气体,可在大气污染严重地区栽植,是优良的抗污染树种	80～150

序号	植物名称	所属科属	生 态 习 性	成年高度/cm
82	银霜女贞	木樨科-女贞属	花期为5—6月。常绿灌木或小乔木,主要用于配置园林色块,可作街道、公路等道路绿篱	200～300
83	紫叶千鸟花	柳叶菜科-山桃草属	多年生宿根草本,是新型观叶观花植物,花期为5—11月,性耐寒,喜凉爽及半湿润环境,要求阳光充足,宜在疏松、肥沃、排水良好的砂质壤土中生长	80～130

(6)电路及照明。

照明方面,场地设置8个高60～80 cm方形仿石护罩草地灯,在木栈道下和座位石头墩下设置11个10～15 cm高的LED灯定向照明草地,宣传牌上设置两个小LED射灯。电路方面,主要是调蓄池中5 m扬程的50WQ7-6-0.55潜水泵1台,晚上能形成良好的视觉景观。

四、施工建设

1. 施工建设进度

施工建设时长计划为1个月(含天气影响)(表7-6)。公开邀请招标园林工程施工一级资质施工单位,最后择优决定施工单位为武汉旺林花木开发有限公司。

施工材料采取包工包料方式,项目组对材料进行质量监督,验收合格后进行施工。

表7-6 施工进度表

时间	第一周	第二周	第三周	第四周	第五周
施工准备	▬				
场地地形	▬▬				
给排水设施		▬▬			
雨韵园基础工程		▬▬			
照明及电力		▬▬			
园路及铺装			▬▬		
置石及小品			▬▬		
绿化种植及措施				▬▬	
竣工验收					▬

2. 施工过程中存在的问题及解决方式

(1)场地雨水收集问题。

雨水收集面屋顶为沥青屋顶,最近一次大修是在2005年,经过长时间日晒雨淋,沥青老化严重。顶楼很多室内出现不同程度的渗水、漏水。学院向学校提出修建申请获批复,报告厅屋顶雨水收集与防水一起配套处理。

报告厅屋顶雨水排水分两部分,中庭屋顶为单坡向北面排水,由 3 根直径为 50 mm 的铸铁排水管直排。报告厅部分屋顶分南、北两面排水,北面由 2 根小管排水,南面为 2 根直径 100 mm 的粗铸铁管排水。这 2 根粗铸铁管主要承担报告厅南半部分及部分四楼实验室小屋顶排水。水管多被落叶堵塞,排水不畅。同时铸铁管老化,雨水浇淋墙面致使墙面产生裂缝。如何有效收集整个报告厅屋顶的雨水并使其流至雨水花园成为一个小难题。一个方案是在屋顶找坡将雨水集中往北面排,该方案的优点是可减少管网,不足的是需要增加屋面坡度,增加屋顶承重。另一个方案是将南面的 2 根排水管连接起来,将雨水导入北面的雨水花园,该方案的优点是可有效收集雨水,减少墙角受损,不足的是增加了管材用量,水力有损失。解决方案如下。

①找坡排水。将原来的无组织排水改为有组织排水。南四楼报告厅屋顶雨水收集的施工建设应尽量减少对原有建筑承重的改变和影响,不在屋顶找坡,而是尽量利用原来的开管位置,将排水管的孔径由 50 mm 加大为 110 mm。在入口雨篷上局部找坡,将原来西面影响入口的 2 根排水管封堵,改为单向东面排水。找坡材料采用轻质的珍珠岩粒。将北面排水管改为直径 110 mm 的 PVC 管,并导至地面(图 7-9)。

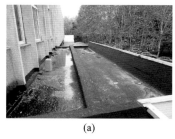

(a)   (b)

图 7-9　南四楼入口雨篷找坡排水

(a)修缮前;(b)修缮后

(图片来源:笔者摄于 2014/11/26,2015/5/18)

②改善汇水面。屋顶重新做沥青防水,清理屋顶树叶等杂物,保证屋顶雨水的顺畅收集(图 7-10)。将报告厅北立面的排水管管径扩大为 110 mm。将报告厅北立面墙东面的 3 根排水管作为一组,连接下地。将西面连接雨篷顶的 3 根排水管作为一组落地,雨水均汇入雨韵园(图 7-11)。

(a)   (b)

图 7-10　南四楼沥青屋顶汇水面改善

(a)修缮前;(b)修缮后

(图片来源:笔者摄于 2014/11/27,2015/5/18)

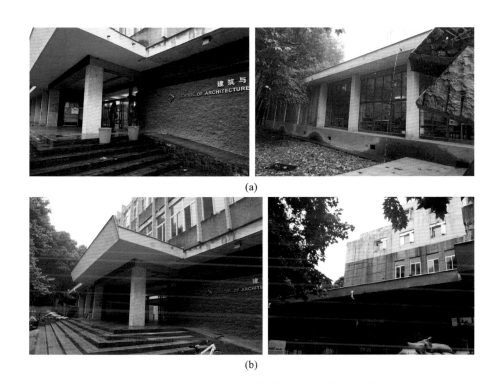

图 7-11　南四楼主入口及报告厅北立面排水修缮

(a)修缮前；(b)修缮后

（图片来源：笔者摄于 2014/10/28,2015/5/16）

　　③汇集南面排水。对于南面原来的 2 根铸铁管,根据其可利用程度,保留西面角落那根,同时修补了该排水管破损的洞眼,底下用 PVC 管连接(图 7-12)。因东面角落铸铁管被枯枝、落叶完全堵死,不能渗水,故换掉东面角落铸铁管,改为 PVC 管,并与西面角落排水管连接,找坡坡度为 2%,用 30 m 长的 PVC 管将雨水输送至基地。

　　(2) 场地竖向设计。

　　场地雨水主要依靠雨水自身重力汇入雨水花园。场地竖向设计是非常关键的一环。若要雨水山径流源头因自重流至系统终端,则必须保证有一定的竖向高差,才有利于雨水输送(图 7-13)。

　　雨韵园一期 A 区主体是周边高、中间低的地形,屋顶雨水经排水管收集具有很大的势能优势,故在东边排水管部分采用缓冲池,雨水消能后沿砾石旱溪到达雨韵园中心。旱溪沟底竖向的起点标高为 1.53 m,至雨韵园集水处终点标高是 1.37 m,距离全长为 10.5 m,坡度为 1.5%,满足雨水自流条件。中心池溢水管管顶标高是 1.34 m,为了减少施工时多地开挖,设计溢水管从旱溪沟底通过,经过计算和调整,调蓄池雨水入口标高为 1.29 m。解决了场地同一沟道中,雨水由屋顶收集后流入雨韵园、雨韵园溢水由同一管沟流回调蓄池中的问题。

　　3. 场地雨水平衡问题

　　(1) 用地面积与雨水收集面积的关系。

　　雨韵园收集面为汇水面积,为 435.5 m²,而一期 A 区总用地面积为 202 m²,其中雪松种植台面积为 38 m²,硬化路面约为 15 m²,林下绿地没有纳入雨水收集面,有效收集、处理雨水的绿地只

(a)

(b)

图 7-12　修缮报告厅南面 2 根破损的铸铁管

(a)修缮前;(b)修缮后

(图片来源:笔者摄于 2014 /11 /27,2015 /05 /18,2015 /05 /22,2015 /06 /08)

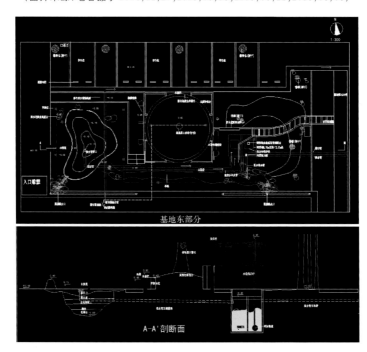

图 7-13　场地竖向设计图

(图片来源:课题组绘)

有 56 m²,雨水花园承接雨水的汇水面积比为 13%,近似视为 1:8。相比参考面积比的"基于汇水面积的简单估算法"可知,当汇水面积均为不透水面积时,计算出的雨水花园的面积一般为汇水面积的 5%~10%,本实践面积比略高于通常的估算法推荐值,表示绿地面积能很好地承担吸纳场地雨水的功能。

（2）雨水的收支平衡。

经过分析降雨资料、处理场地构造,内部为防渗漏的雨水收集系统设计计算日降雨量为 50 mm,则本雨水花园设计收集雨水量为 18 m³。雨水池内部可以容纳的雨水量为构造储水量减去填料体积,剩余 12 m³,在东面樟树林下埋有一个可容纳 6 m³ 雨水的调蓄池（图 7-14）,刚好可以满足设计降雨量的调蓄存储平衡要求。多余的雨水则由调蓄池溢流管溢流至南四楼东面的池塘中。2015 年 6 月 17 日,基础建设完工的雨韵园接受了一场日降雨量为 59.4 mm 的检验（图 7-15）,浮球阀指针已经到达最顶部,伸至池塘的排水管口有多余雨水流出,流速约为 2 m/s。

图 7-14　下埋式雨水调蓄池

（图片来源：课题组摄）

图 7-15　雨韵园接受日降雨量为 59.4 mm 的检验

（图片来源：笔者摄于 2015/6/17）

续图 7-15

五、艺术与景观

1. 彩色排水管

课题组对管径为 110 mm 的 PVC 排水管进行了彩虹色的退晕表现处理(图 7-16)。改变通常白色的外观,使得排水管在较暗的墙体上有着鲜亮的视觉效果,有利于突出雨水收集的用意,在视觉上也形成了良好的视线引导,指明雨水收集的方向。尤其是对于从南四楼报告厅南墙引导过来的雨水,排水管明确地指明了雨水处理途径。

2. 植物景观

本节"三、均地设计"部分进行了详细的植物品种推荐。课题组结合植物各自的生长特点,考虑四季景观、生态习性,按照一定的美学原则,兼顾植物色彩、形态、文化内涵,遵循有色、有花、有果、有香、有声的原则,进行场地植物配置(图 7-17)。

3. 小品景观

小品景观在本项目中指宣传栏、浮标指示柱、主题景观石、园灯、木栅栏、木栈道等,尽量使用生态材料,减少加工费用。本项目中与环境融合、质朴且有一定艺术性和内涵的小品由研究生余志文设计。

图 7-16　彩虹色排水管

（图片来源：笔者自摄）

图 7-17　雨韵园植物景观

（图片来源：笔者摄于 2017 /12 /1）

六、监测与维护管理

1. 人员安排

维护管理方面,因为紧邻南四楼的主入口有 24 h 监控摄像头和楼栋值班人员,故方便日常安全管理。

课题组成员负责雨韵园日常植物养护,雨水收集查看、观测,基本数据收集等工作,同时结合相关课程安排,辅助"园林植物""景观工程学""雨水花园""植物造景""场地生态设计""绿色基础设施""植物造景"等相关课程的实践实习,鼓励学生参与基地的养护管理。

2. 监测内容

监测内容包括:①屋顶雨水水质对比;②降雨时对应的降雨量;③雨水花园植物生长状况,对环境的适应力或敏感性;④雨水花园景观变化、调整及跟踪(图 7-18 及图 7-19)。

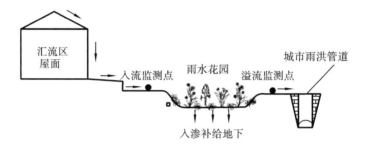

图 7-18　屋顶雨水水质监测点示意

(图片来源:唐双成等,2012)

图 7-19　雨韵园建成前后对比

(图片来源:笔者分别摄于 2014/11,2015/7)

续图 7-19

3. 维护管理措施

①安排人员定期清扫垃圾,同时注意对雨水口、溢水口进行清淤,以防堵塞,每年对调蓄池、旱溪进行 1~2 次清淤。②日常养护植物,每年修剪、实时浇灌、拔除杂草等。

七、小结

本节主要记录了华中科技大学校园内营建雨韵园的情况,探讨了该场地在收集屋顶雨水、就地调蓄的雨水花园建设中设计、施工建设、艺术细节、维护管理中的具体问题。

雨水花园在场地选择上应注意以下问题:①注重汇水面积与雨水花园面积的关系,通常与设计雨量、雨水池深度、淹水深度相关;②注重场地景观品质需求,雨水花园有不同类型,对应的景观品质要求有较大弹性空间。

雨水花园的设计应注意三个关键点:①场地竖向设计,这是保证雨水合理组织、排放的关键因素,应注重地形和排水坡度的合理组织;②注重内部构造的处理,不论是调蓄型雨水花园还是入渗型雨水花园,内部构造都需要认真设计,通常调蓄型雨水花园的重点在于底部的防渗、防水处理,内部填料比例、材料类型是影响调蓄的重要因素,入渗型雨水花园则更需要人工改良内部构造,加大入渗率,增加入渗量;③做好场地雨水平衡系统设计,使雨水收集量与排出量平衡。

雨水花园建设中需要注重对景观的艺术化处理,主要表现在可以通过单个植物自身的艺术性、植物组合群落的艺术性、园林小品、园林照明、景观石、休息设施、标识牌等基本元素传递与表达雨水花园的艺术特征。这也是在诸多雨水管理设施中,雨水花园成为景观品质高、能营造出多种风格的生物滞留设施典型代表的原因。

需要针对性地进行建成后的维护管理。维护管理的主要对象是植物。应尽量选择中生、稳定性好、根系深、耐适性强的乡土景观植物进行搭配,满足雨水花园整体耐粗放管理的要求。

第二节　河北省廊坊市雨水花园构造设计——晴空园

　　晴空园为河北省第三届(邢台)园林博览会廊坊展园,位于河北邢台,由北京林业大学园林学院团队设计。项目面积为8500 m²,完成于2021年8月。

一、晴空园的设计概念

　　晴空园是廊坊市政府委托设计的河北省第三届(邢台)园林博览会廊坊城市展园。设计者希望能展现廊坊市现代、创新的城市面貌,突破传统园林的表现手法,走出城市展园已经固化的设计模式,立足城市特色,探讨现代化、创新型设计手法在城市展园中的表达,展现廊坊市对新时代美好人居环境的追求与探索(图7-20)。

图7-20　全园鸟瞰

　　廊坊市近年来在人居环境治理方面取得了不少成就。为表达这一主题,设计者以"晴空园"作为花园的主题,表达"共同创造美好生活,共同仰望晴朗的蓝天"之意。设计者在花园中设计了5个分别以蓝天、宁静、绿化、净土、碧水为主题的"盒子",依次展示廊坊市在空气治理、城市降噪、园林绿化、土壤修复、水体净化这五大方面取得的丰硕成果。5个"盒子"由一条流畅的步道串联,围绕中心开满蓝紫色花卉的花坡布置。每个盒子形态各异,是花园中的景观焦点,也是各具主题的展示空间和供游人驻足休息的构筑物。设计者采用参数化设计的手法,使用模数化的钢材,通过使用不同的拼装方式形成了丰富的光影变化,并体现不同的主题(图7-21~图7-25)。声盒子的设计灵感来源于声波,水盒子的设计灵感来源于水流的形态,天盒子象征"云层"等。设计者用相同的材质和明亮的白色将不同形态的构筑物进行整合,使花园的整体形象更加协调。

图 7-21　绿盒子设计概念

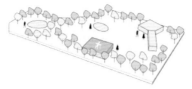

图 7-22　声盒子设计概念

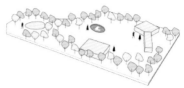

图 7-23　水盒子设计概念

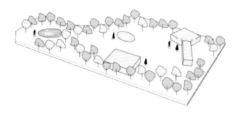

图 7-24　天盒子设计概念

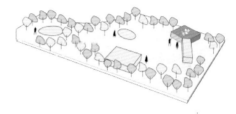

图 7-25　土盒子设计概念

晴空园的设计以抽象的手法体现了廊坊市对美好生态环境的追求,具有鲜明的风格。设计者在探讨园林艺术的同时,也探索了参数化设计与模块化设计的结合,以在保持非线性设计美感的同时降低施工成本和工艺难度。从美学的角度看,晴空园表达了对廊坊市的理解,塑造了一个能诱发想象力,充满艺术气息和丰富体验感的花园。从技术角度看,它探索了"高技化"设计在实践的全生命周期中如何实现低碳,让花园兼具美感和可实施性、可持续性。

二、晴空园细部解读

1. 天之净

天之净位于晴空园主入口,连接园区主路与内部空间,是入口区域的主要景观(图 7-26、图 7-27)。

天之净由线性优美的曲面景墙、镜面水池和多层次植物景观组成,形成了具有围合感的入口空间,营造了明亮而独具特色的景观氛围。利用参数化设计模拟云层,构建了线性优美的曲面景墙。中心的镜面水池采用黑色抛光面花岗岩建造,在映射天空景观的同时,还展示了廊坊市空气治理成果。

2. 声之净

声之净位于晴空园西侧,是一处四周均为白色构筑物的宁静空间(图 7-28、图 7-29)。以声景观与林荫花园的形式体现噪声治理主题,利用参数化设计模拟声波的效果,设计出了由紧凑到舒朗的渐变效果景观立面,能够跟随阳光变化形成美妙的光影。长廊中播放着从廊坊采集的城市声音,配合图片与文字介绍,让游人倾听廊坊的美妙声音。声之净围合的下沉空间为蓝色调的林荫花园,其中种植了廊坊市树槐树及无尽夏绣球花境。下沉空间同时也是剧场空间,四周设有坐凳,可提供休憩观赏功能。

图 7-26 天之净航拍图

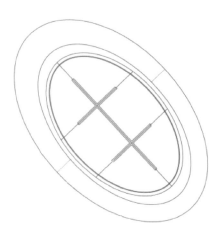

图 7-27 天之净镜面水池

图 7-28 声之净航拍图

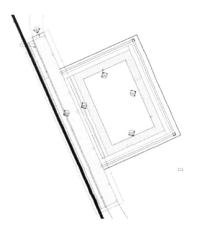

图 7-29 声之净平面图

3. 绿之净

绿之净位于晴空园东南侧,是以月季花丛为背景的长廊(图7-30、图7-31)。绿之净展示了廊坊市在美好人居环境建设中的城市绿化建设成果。在长廊的外侧有精品月季花园,使用多种廊坊市绿化中使用的新优品种。长廊采用白色片钢组合而成,片钢采用模数化的构成方式,形成规律性的疏密变化。在较宽的片钢之间,设计种植花盒,一方面起到加固结构的作用,一方面用于种植月季。

4. 土之净

土之净与绿之净相连,以净土为主题,是展园中参数化设计的重点区域。该节点以土壤盐碱化治理为主题,整体由一个不断变化形态的曲面盒子组成,曲面来源于对土壤柔软质地的解构,通过连续的变化呈现轻盈、通透的效果(图7-32~图7-34)。花园内以观赏草为主体,结合盐碱植物、水土保持植物、耐旱植物展示,形成具有观赏性的地被花境。

图 7-30　月季长廊

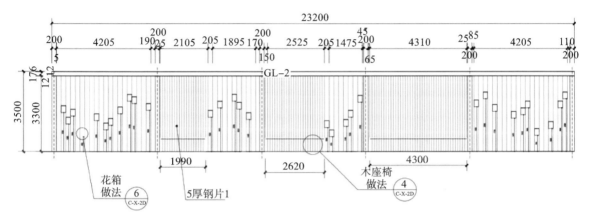

图 7-31　月季长廊立面图(单位:mm)

图 7-32　地被花境

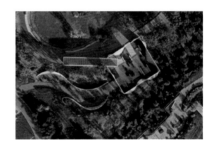

图 7-33　土之净航拍图

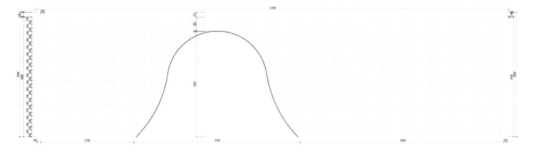

图 7-34　土之净曲墙立面图

5. 水之净

　　水之净是全园的主景,位于展园核心位置的低洼处,由蓝天花海、湿生花园、景观湿地和亲水平台组成,模拟廊坊的洼淀生境,营造了宁静、自然的景观氛围(图7-35)。同时,设计结合了现代海绵城市"渗、滞、蓄、净、排"的水体净化过程,展示出廊坊市的智慧水处理措施(图7-36)。利用雾喷石景模拟廊坊市的洼淀生境,并在池底雕刻水生、湿生植物纹样,展示湿地植物群落构成,表达了廊坊市在美好人居环境建设中的水体治理成果。

图 7-35　雨水花园

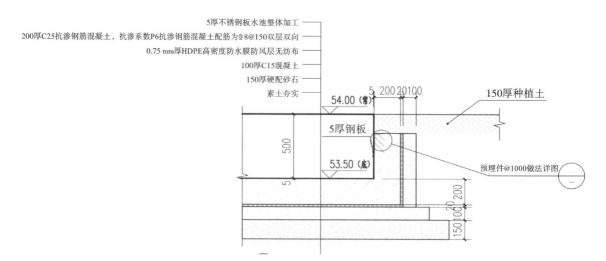

图 7-36　水之净水池做法(单位:mm)

　　全园主景处的花海以蓝紫色调的草花为主,水面倒映天空,形成了蓝天与花田相映成趣的景观效果。自然式种植的地被花卉结合其他景观要素,如白色的构筑物(图7-37)、石凳、景观小品等,营造出静谧怡人的景观氛围。

相对于参数化设计的"高技化",设计者采取了一种模块化的简便施工方法,使其更加贴合实际的施工技术和情况,帮助项目在全流程中实现"低技化",减少资金投入、缩短施工时间、提高施工质量、降低项目成本、减少材料消耗和工厂加工成本,以达到减少整体碳排放量的目的。

图 7-37　曲面墙

第三节　苏州市雨水花园构造设计——旭辉公元·萃庭

苏州旭辉公元·萃庭位于江苏省苏州市吴中区,属于住宅社区,占地 45156 m²,其中建筑占地面积为 5235 m²,景观占地面积为 39921 m²,设计时间从 2019 年 4 月到 2020 年 12 月。

一、多级雨水花园结构剖析

苏州素有"人间天堂""园林之城"的美称,而苏州旭辉公元·萃庭则传承了苏州园林中精致与意境的造园精髓,将古典园林以现代化的表达方式融入社区景观,整体从生态、功能、美学三大方面进行设计探索,完成"在成本可控的范围内营造更高品质社区景观"的挑战。

苏州旭辉公元·萃庭是江苏旭辉海绵系统落地的大区项目,为了营造更具有氛围感和品质感的植物景观,在自然有趣、有人情味的愿景下将植物空间结构分为三个层级的雨水花园,将植物以更巧妙、更生态的方式融入社区景观,充分利用居住区内各宅间绿地形成生态空间。

1. 一级雨水花园——阳光草坪

阳光草坪东西长 40 m、南北宽 15 m。为了降低大面积草坪的养护成本,采用常规草坪与下凹式绿地有机结合的方式,既满足了海绵系统的指标要求,又丰富了草坪上植物组团的景观效果(图7-38)。

同时,在绿地最低处设置多个溢水口(图7-39),在雨天可以快速收集周围道路上的积水,有效节省道路排水系统费用。

图 7-38　中庭雨水花园设计分析　　　　　图 7-39 溢水口设计

2. 二级雨水花园——宅间绿地

为了保证室内良好的采光及南阳台的视线,建筑南侧采用自然式下凹处理手法,利用草坪、水生植物、多年生花境植物进行搭配,结合砾石带形成雨水花园空间,既增强了宅间花园的景观效果,又便于建筑的排水及对周边绿地的雨水进行收集(图7-40)。

3. 三级雨水花园——道路两侧绿地

该项目在道路两侧的大片绿地空间设置了多处低于道路的斑块状雨水花园。

硬质铺装与绿地衔接的平道牙也经过精心的推敲与设计。雨天,道路上的积水顺着高差自然地排向雨水花园内,节省了为道路设计排水系统的费用。同时,大面积绿地也会形成天然的排水系统,有效防止内涝(图7-41)。

图 7-40　宅间雨水花园设计分析　　　　图 7-41　道路两侧雨水花园

二、雨水花园空间的功能划分

功能的多样性可以为社区生活提供更多的活动空间,也更能体现区域"自然、有趣、有人情味"理念中的"有人情味"这一特色。

苏州旭辉公元·萃庭以共享客厅、儿童乐园、综合运动场地为三大核心景观对空间进行布局,在其他宅间设置与植物相结合的小型功能场地,如林下花园、一米菜园等,利用环形慢跑道将各个功能空间有机串联,从而呈现社区的多功能性(图 7-42)。

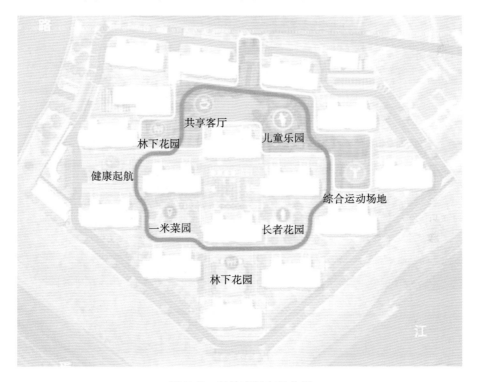

图 7-42　场地空间布局分析

社区入口处是集对景与引导于一体的双重功能空间,铺地选用以圆形的树池为灵感设计的环状线条,模糊空间方向性,辅以树林形成简洁、自然的对景景观,将对景和归家引导巧妙地融合为一体,形成清晰的归家引导动线。靠近建筑一侧的归家连廊,在增添空间气势的同时,亦丰富了归家体验。

入口处的构筑物增加了景墙,巧妙地将空间划分成东、西两个部分,东侧是便于通行、安静淡雅的读书连廊,西侧则是风景宜人、热闹的共享客厅。

儿童乐园外围是一圈跑道(图 7-43),既能有效界定活动场地的范围,又能作为小朋友玩滑板车、骑自行车的专门区域。

社区在标准羽毛球训练场地的基础上,通过地面铺装上的彩色图案划分出半场篮球场地。该场地也可以作为儿童或成人室外拓展活动场地(图 7-44)。

图 7-43　跑道

图 7-44　球场

三、雨水花园美学设计

1. 自然的美学

该社区希望做一个以树林为主题的社区,用树林来解读自然和园林,亦是让树林成为承载现代生活的容器,让更多有趣的事在树林中自然而然地发生。

在轴线道路上,设计搭配乔木与地被两种植物层次,在节省灌木层次成本的同时,也给予每一株乔木更多的生长空间(图 7-45),让轴线道路自然而然地拥有了仪式感与意境。

在归家路上,运用乔木、绿篱、地被三个层次进行设计,阵列的乔木配合精致修剪的灌木,迎接居民的归来。

在单元入口处,布置标准化的单元入口模块,增加灌木、花境两个层次,景墙的留白则为展示入户花境植物提供了充足的空间。花境植物的选择以大吴风草、八角金盘、波叶玉簪、阔叶十大功劳、金叶女贞、花叶青木等观叶植物为主,营造出自然、富有生机的入户单元景观(图7-46)。

图 7-45　沿路乔木

2. 轻盈的美学

该社区将全龄环儿童模块落入大区,儿童玩耍器械、成年运动器械与大树有机结合,充分彰显全龄环"功能、经济、自然"的特点。全龄环将为孩子预留更多嬉戏奔跑的场地,让孩子以自己的方式去探索树林里的秘密,在自然中度过快乐的时光(图7-47)。

图 7-46　入户单元景观

图 7-47　儿童空间

3. 线条的美学

为了保证居民的体验感,入口的设计取消了传统大门所代表的递进空间,转而用岗亭作为人行与车行的分隔。大门两侧镶嵌厚 10 cm 的咖色竖向铝板,与高大的乔木形成呼应的同时,也与横向的顶部线条形成强烈对比,充分彰显线条带来的有力美感。铺装选用深、浅两种颜色的水磨石材料,在节省高昂人工费的同时,也更好地体现了弧形线条的美感(图7-48)。

4. 材料的美学

园区环路选用粒径为 3～5 mm 的深灰色透水混凝土,这种透水混凝土比常用的透水混凝土更为细腻精致。同时搭配低饱和度的蓝色作为跑道面层材料的颜色,以宽 100 mm 的白色热熔线作为分隔线,巧妙地提升道路的整体品质(图7-49)。

图 7-48　线条铺装广场

图 7-49　环路蓝色透水铺装

出于对雨洪精细化管理的考虑,设计团队在材质选择上高度重视路面的透水性,雨水花园的砾石普遍采用粒径 5~8 cm 的黑山石(图 7-50),目的是通过控制材料粒径以实现更好的透水性与更少的日常维护。

图 7-50　黑山石材料

第四节　佛山市雨水花园构造设计——半月岛生态公园

广东佛山半月岛生态公园位于佛山市,项目面积为 24 ha,由 SWA Group 主创设计,完成于2022 年。

1. 半月岛生态公园规划设计

半月岛生态公园原是东平河畔的冲积沙洲,因形似一弯明月得名。半月岛生态公园作为佛山南海区桂城街道滨河景观带环河景观提升的一个节点,蕴含了所有亲水设计的特色,通过对空间的改造,创造了不同的体验空间,拉近了城市与水的距离,为生活在平洲水道周边的社区居民提供了更好的户外生活环境——实现了与水、历史、自然及情景的连接(图 7-51、图 7-52)。主创团队在原有的生态基础上,坚持把其他结构以柔和的手段体现,并隐于自然之中,不喧宾夺主,将舞台还给自然,让人们在徜徉于半月岛生态公园时,重温诗句中"淡烟疏柳媚晴滩"的惬意和"人间有味是清欢"的幸福。

设计尊重岛上的生态本底,最大限度保留了植被及地形特色,将原有的一大片竹园、多株大乔木及曾经的沙滩区进行维护再利用,赋予半月岛新的活力。

在整个公园的生态规划上,大部分以潮水水位变化为设计基础,体现了月亮对地球的影响。根据岛在河流中的位置,在低处保留了以自然形式为主的空间,在高处则利用原生态材料打造多样的场景(图 7-53~图 7-56)。

图 7-51　半月岛生态公园夜景航拍

图 7-52　步道夜景

图 7-53　潮水中的岛屿

图 7-54　卫星平面

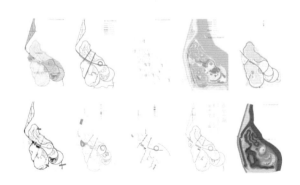

图 7-55　设计分析

图 7-56　航拍示意

　　在保留原有特色和资源的基础之上,设计团队在这里引入了新的景观节点,包括公园入口处的口袋公园,公园内的亲水栈道、滨湖广场、特色空中廊道、野趣游乐场,以及公园滨水处的有晴沙滩、观景台等(图 7-57)。设计在将自然野趣星点遍布岛内各处的同时,也充分利用了东平河水位的变化,打造不同的滨水及湿地生态景观,将岛与水进一步融合,将半月岛变为城市绿洲。

沿河走道的景观多样又别致，特别是横跨东平河的奇龙大桥和河上满载货物的老货船，来来往往，不仅把娇媚的半月岛生态公园映衬得更加大气，还呈现出勃勃生机。多个不同高度的看台为大家提供了不一样的视角与体验（图7-58）。

图 7-57　滨水景观

图 7-58　临水看台

场地的构成材料结合生态岛自然主题，从最质朴的原材料中提炼，利用素面木纹混凝土、石、木材为基本材料，从碎石河床到石笼、石墙，再到混凝土石墙，彰显公园的原生态气韵（图7-59）。

2. 半月岛生态公园景观节点分析

该公园以月亮与潮水的关系为设计主题，通过场地重塑、打造情景交融的构筑物、引入特色的灯光，一起营造出了"海上生明月，天涯共此时"的氛围。设计以月为主题，但并不是直白地体现月亮的形态，而是通过观察月亮对潮汐的影响，对其进行艺术化处理，并将其融于建筑形态之中（图7-60）。

图 7-59　构成材料

图 7-60　月形构筑物

公园中的空中环廊因上部白色的发光板和下部白色的钢制结构，而好似悬浮于以暖色植被覆盖的山坡之上，成为视觉的焦点。人们走入这个空中环廊后，又有另一番的体验（图7-61）。空中环廊通过一道板墙将行走的空间一分为二，外层的环廊由1.1 m高的特色栏杆围合，每根栏杆里面填充板的大小及倾斜角度都不同，以体现出月的周期变换。在这一层，游客们的视线通透，可以沿环廊将公园的景致尽收眼底。

图 7-61　环廊

　　环廊外层隔板墙呈现出了从低到高的渐变,并在特殊的地段断开,让人的视线在特殊地段突然打开,有计划地选择想看到的景致,以丰富行走的体验感。内层是围合成的小园子,在这里,周边的景观被屏蔽,小园子内的植被随季节更替,景观因光线变化而得到了强化,吸引游客与自然互动和增加游客对自然的认知。

　　在夜晚,空中环廊成为特色灯饰。走在园中,游客可以感受到影影绰绰的神秘之感。远眺时,空中环廊像一个悬于空中的光圈,从外河水岸对面、附近堤坝路和车行路上都清晰可见,增强了公园的吸引力,是公园的点睛之笔。除了这处亮点,设计本着自然公园的主题,不希望园路像其他堤外广场一样明灯密布,所以在设计时刻意拉开了灯距,使灯光在不影响使用的基础上,降低亮度,以增加公园的宁静之感(图 7-62)。

图 7-62　公园夜景

3. 半月岛生态公园径流分析

　　改造后的半月岛生态公园充分尊重原有地形和生态环境,通过引东平河活水入岛,改善了岛内原有死水水塘的水质,经过湿地过滤后再流回东平河,实现了水体的自然循环流动,并向市民科普、展示湿地的生态功能。

　　在常水位状态,湿地内部的生态岛屿都可观赏,并由低处栈道及涉水步道相连;在高水位状态,部分生态岛屿被淹没,但上层挺水植被仍可见,湿地的主景观及各处景点由最外围的步道和两道悬架步道相连,使游客在涨潮的状态下仍可领略"绿波溶溢"的美景(图 7-63、图 7-64)。

　　半月岛生态公园设计追求自然,减少人为干扰,其硬质铺装面积仅占全园面积的 3%,大大减少了地表径流量,设计师还针对性地设计了雨水的水流方向。这样一是可以对湖岸边坡及湿地

图 7-63　常水位

图 7-64　高水位

边坡的稳固性有所保护(图 7-65),二是可以在夏天湖水及外河水蒸发量大的情况下,及时将雨水收集至内湖,从而减少径流损失。

图 7-65　生态湿地

　　半月岛作为仅有的几块堤外土地,本身有很多潜力,通过打造地形将岛与水进一步融合,并将自然野趣有机地安排在岛上各处。设计团队将半月岛这片原本的水中滩涂,改造成城市绿洲,成为平衡生态、提供自然体验及提倡大众科普教育的自然公园,为人们提供更好的服务,增加了人与自然的互动。

第八章　城市桥阴绿地雨水花园营造

城市桥阴是指高架桥桥体的日照落影所覆盖的整个空间区域。这是一个动态的、具有季节性变化规律的虚空间区域,其面积、形状与桥体外形、高宽度、走向、所在地理方位密切关联。城市桥阴绿地是指在城市高架桥下用于绿化的空间,该绿地空间对雨水的就地利用和管理在海绵城市建设中具有积极意义,是一种特殊形式的雨水花园。本章以武汉市桥阴空间为例,结合第一作者指导团队组员陈文强(除特别说明外,本章图、表主要为陈文强拍摄和绘制)对桥阴绿地及雨水花园的专题调研、设计,探讨桥阴绿地雨水花园的营造方法。

第一节　武汉市桥阴绿地空间现状

一、桥阴绿地布置方式

武汉市桥阴绿地常见的布置方式主要有三种(图 8-1),分别为中央分车带式桥阴绿地、全幅式桥阴绿地和两侧分车带式桥阴绿地。中央分车带式桥阴绿地的宽度多为 5 m 和 8 m,全幅式桥阴绿地的宽度多为 26～30 m,两侧分车带式桥阴绿地的宽度多为 2 m。

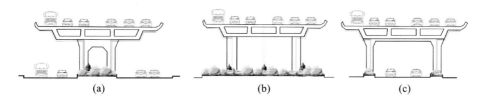

图 8-1　桥阴绿地布置方式

(a)中央分车带式桥阴绿地;(b)全幅式桥阴绿地;(c)两侧分车带式桥阴绿地

中央分车带式桥阴绿地是武汉市三环线内桥阴绿地的主要形式,绿地两侧紧邻机动车道,绿地宽度适中,呈长带状,纵向有一定坡度,适宜布置雨水花园景观设施。高架桥下通常没有深埋的管线,绿地深度一般可不受其限制,可根据需求调节。绿地内的土壤为回填土,土质状况较好。墩柱是桥面径流雨落管安装的依附载体,是桥面径流进入桥阴绿地的落点位置,故墩柱也可作为初期雨污处理设施的载体。

全幅式桥阴绿地多分布在三环线高架桥下,绿地面积相对较大,可进行雨水花园景观设计的空间相对较多,一般这种类型的高架桥桥体较宽,遮挡光照,会形成桥阴绿地植物的"光环境非适生区",因此在进行雨水花园设计时要充分考虑桥体宽度和桥体走向对植物生长的影响。

两侧分车带式桥阴绿地比较特殊,机动车道穿过绿地中间位置将绿地分成两块,在桥较高且两侧没有高大建筑和构筑物遮挡的情况下,桥下两侧分车带式桥阴绿地的光照通常比较充足,处于桥阴绿地植物的"光环境适生区",但两侧分车带式桥阴绿地往往宽度较窄,不能承载较大的雨水管理设施。

二、桥阴绿地景观特征

桥阴绿地主要以植物美化道路景观,同时也作为市政设施的承载用地,其景观主要有以下两个特征。

1. 以绿化为主,通过植物营造景观

从桥阴道路的横断面看,桥阴绿地注重植物的层次美感,靠近道路一侧常设置低矮的草本植物沿阶草,靠近绿地中心位置种植较高的八角金盘,在有阳光和桥下高度适宜的地方种植金桂,并在墩柱上铺设围栏供地锦生长攀爬,绿化墩柱,形成景观。

纵向看桥阴绿地,更加注重植物的序列感和节奏感(图 8-2),一段长几千米的高架桥常以某一段为标准段进行重复种植,并多在重要段加植一些特色植物,比如花叶青木、红花檵木、大吴风草等,打破呆板的重复性,同时整体上注重季相景观和色彩搭配,使四季有景可观,提升桥阴绿地的景观视觉效果。

图 8-2　桥阴绿地植物搭配

(a)白沙洲大道高架桥(八角金盘＋沿阶草);(b)建设六路高架桥(八角金盘＋女贞＋杜鹃＋沿阶草);
(c)中北路高架桥(石楠＋八角金盘＋沿阶草);(d)秦园路高架桥(八角金盘＋杜鹃＋沿阶草);
(e)徐东大街高架桥(八角金盘＋海桐＋沿阶草)

2. 在绿地内重新置入景观元素

具备一定条件时,可适当丰富桥阴绿地植物的层次,增加小品景观,形成独特的桥阴绿地景观。光谷大道高架桥南北走向的部分路段周边无高层建筑,光照条件好,可通过植物和景石搭配形成特色景观,鸡爪槭搭配景石,红色的树叶作为背景,前置低矮绿色女贞,丛中点缀景石,在靠近路牙石的地方种植沿阶草,景观效果较好,在整段桥阴绿地中属于特色景观(图 8-3)。

图 8-3 光谷大道高架桥桥阴绿地

总体上,武汉市桥阴绿地景观多以绿化为主,景观相对单一,且对雨落管收集的桥面雨水无任何处理。雨落管口周围的绿地植物一般生长较差或者死亡,导致土壤裸露在外,影响桥阴绿地美感。

三、桥阴绿地环境特征

桥阴绿地位于高架桥之下,一般紧邻道路,来往车辆排放大量尾气,导致桥阴绿地所处的生态环境十分恶劣。桥阴绿地常见的环境问题有以下四种。

(1) 缺水。桥体遮挡降雨,雨水只能通过雨落管流到桥下。桥阴绿地在降雨时很难吸纳雨水,因此经常需要进行人工补水。通过实地调研发现,很多桥阴绿地处于缺水状态。虽然武汉市大部分高架桥下都设有喷灌系统(图 8-4),但很多喷灌系统处于废弃状态,需要定期维护。

图 8-4　武汉市桥阴绿地喷灌系统

（2）土壤环境差。桥阴绿地紧邻道路,汽车尾气、道路扬尘和桥面径流等导致绿地土壤污染物含量过高,土壤因为长时间得不到雨水的滋润,透气性差;加之人工浇灌通常为喷淋方式,导致土壤板结程度高,表面容易形成"结皮"现象,不利于植物生长。

（3）空气颗粒物污染严重。高架桥两边有匝道、城市交通干道,且紧邻建筑物,桥下空间处于半封闭状态,颗粒物聚集严重。李志远通过实地测量发现,在有高架桥的情况下,街道峡谷内的颗粒物浓度是无高架桥的 2.5 倍。

（4）光照不足。不同位置的桥阴绿地有不同的光照强度,大多数高架桥下光照不足,这和周边建筑的高度、垂直于高架桥的距离和高架桥走向有关。王雪莹等通过研究上海市高架桥下的光环境发现,夏季晴天东西走向高架桥的南侧光照率在 7% 左右,阴生植物勉强存活,中部和北侧的光照率为 2%～5%,植物无法存活,同时南北走向的高架桥下存在阴生植物的"强光伤害区"。笔者针对武汉高架桥下光环境进行了分析模拟,提出了桥阴绿地"光适生区"等概念。

四、桥阴绿地空间类型

桥阴绿地具有重复性,以两个桥墩柱为一个标准段,其长度通常约为 30 m,净空高度至少为 5 m。根据调研发现,武汉市桥阴绿地空间按照绿地形式、桥墩柱类型和绿地所在位置可分为引桥段全幅式桥阴绿地、正桥段单柱中央分车带式桥阴绿地、正桥段双柱中央分车带式桥阴绿地、正桥段两侧单柱全幅式桥阴绿地、正桥段组合型全幅式桥阴绿地、正桥段单柱两侧分车带式桥阴绿地以及立交式桥阴绿地 7 种(表 8-1)。将桥阴绿地按可利用绿地空间的面积由大到小排序如下:立交式桥阴绿地、正桥段两侧单柱全幅式桥阴绿地、正桥段组合型全幅式桥阴绿地、正桥段双柱中央分车带式桥阴绿地、正桥段单柱中央分车带式桥阴绿地、引桥段全幅式桥阴绿地、正桥段单柱两侧分车带式桥阴绿地。

表 8-1　武汉市桥阴绿地基本空间类型

绿地类型	平面空间	立面空间	立体形式	特点
引桥段全幅式桥阴绿地		26 m		高度有限制,面积较大

绿地类型		平面空间	立面空间	立体形式	特点
正桥段	单柱中央分车带式桥阴绿地		5～8 m		面积较小，连通性差
	双柱中央分车带式桥阴绿地		26 m		面积较小，连通性较好
	两侧单柱全幅式桥阴绿地		26 m		面积较大，连通性好
	组合型全幅式桥阴绿地		26 m		面积较大，连通性较好
	单柱两侧分车带式桥阴绿地		2 m 2 m		空间狭长，面积小
立交式桥阴绿地			—		面积大，连通性好

五、桥阴绿地空间特征分析

武汉市常见的 7 种桥阴绿地基本空间类型因所处的区域位置、周边环境、建造形式等不同而呈现不同的特点，比如引桥段全幅式桥阴绿地的空间高度不断升高，光照条件逐渐变好。

1. 引桥段全幅式桥阴绿地

引桥段全幅式桥阴绿地一般位于高架桥的起始和结束位置,相对于正桥段,存在桥上车辆和桥下车辆的汇流情况,交通量大,汽车尾气排放量变多,空气质量相对较差,对于植物的耐污性要求更高。引桥段绿地净空高度由近地面开始不断升高直至与正桥同高,其光照条件差,尤其是在起始段,对植物的耐阴性要求高,有些过低的荫蔽段可能属于当地耐阴植物的非适生区,笔者不建议在此强行进行绿化建设。

引桥段纵向有坡度,大部分雨水流向地下路面,小部分雨水通过雨落管流到桥阴绿地,桥阴绿地雨水量相对较少。引桥段全幅式桥阴绿地面积大,可承载较大面积的雨水花园,但其纵向高度限制了植物和雨水管理设施的布置,因此在设计时应充分考虑这一要求(图 8-5)。

2. 正桥段桥阴绿地

单柱中央分车带式桥阴绿地多位于城市二环线高架桥下方正中间的位置。城市二环线高架桥车流量非常大,桥面污染物多。单柱中央分车带式桥阴绿地宽度一般为 5～8 m,绿地面积相对较小,且该类桥阴绿地光照条件较差,对植物的耐阴性要求较高。

双柱中央分车带式桥阴绿地连通性好,彼此之间协同性高,雨水管理能力相对较高。这种桥阴绿地是武汉市较常见的桥阴绿地类型,如图 8-6 所示。

图 8-5　引桥段全幅式桥阴绿地

图 8-6　双柱中央分车带式桥阴绿地

武汉的两侧单柱全幅式桥阴绿地多位于三环线附近。武汉三环线车流量相对较小,桥面污染物较多。两侧单柱全幅式桥阴绿地一般与桥体同宽,面积较大,可承载占地面积较大的雨水花园。

组合型全幅式桥阴绿地与两侧单柱全幅式桥阴绿地最明显的不同是墩柱变多,可供景观化改造的空间更多,适合建造小型的户外游赏空间,如图 8-7 所示。

单柱两侧分车带式桥阴绿地一般位于城市二环线,为了增大道路面积,只将桥墩柱建成绿化分车带,如图 8-8 所示。这种类型的桥阴绿地宽度一般在 2～2.5 m,面积非常小,通常不适合作为桥阴雨水花园的首选场所。

3. 立交式桥阴绿地

立交式桥阴绿地是所有桥阴绿地类型中限制性要素最少的绿地,可承载大多数雨水管理设

| 图 8-7 组合型全幅式桥阴绿地 | 图 8-8 单柱两侧分车带式桥阴绿地 |

施,光照条件好,基本不受光照影响。其桥上车流量大,桥面污染物多。立交式桥阴绿地适合建造为桥下雨水花园,在满足人们日常活动需求的同时达到雨水管理的目标。

第二节 武汉市桥阴绿地雨水花园规划设计

一、雨水花园规划设计方法

(一)雨水花园雨水管理设施规划设计

1. 构建雨水管理系统

桥阴绿地雨水管理遵循系统论的思想,整体组织的步骤包括雨水收集、雨水传输与渗透、雨水储存、景观展示(图 8-9)。雨水收集主要是预处理桥面径流,运用源头净化类设施收集雨水,进行传输和净化、渗透处理,初步净化雨水,达到城市景观用水标准。雨水传输与渗透主要利用过程控制类设施对雨水进行截留,促进雨水渗透,控制雨水径流速度,传输雨水。雨水储存主要利用末端储存类设施储存经过初步处理的雨水,将其作为桥阴绿地养护的补充水源和雨水景观用水。景观展示主要结合雨水管理进行雨水景观设计,对桥阴绿地的各种元素进行改造设计,形成优美的桥阴绿地雨水景观。

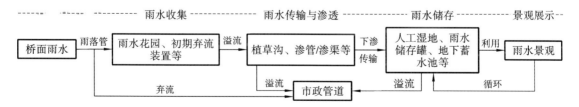

图 8-9 雨水管理整体规划理念

2. 雨水管理模块化设计

桥阴绿地在空间上具有连续性,以两个桥墩柱为一个单元,每个单元包括两个桥墩柱及墩柱间的桥阴绿地,每个空间模块比例均衡,呈现模块化特征,如图 8-10 所示。以此为切入点,对雨水收集、雨水传输与渗透、雨水储存、景观展示进行模块化设计,并将其作为桥阴绿地雨水管理的四个基本模块,每个空间单元合理搭配四个模块,最大化利用桥面径流,实现雨水的资源化利用,减轻市政管网压力,节约市政养护用水,实现效益最大化。

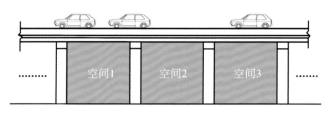

图 8-10　模块化桥阴绿地空间

(1) 雨水收集模块。

雨水收集模块是雨水管理的第一环,其流程如图 8-11 所示。这一步骤主要是使用源头净化类设施,削减雨水径流污染物浓度,对雨水进行初步净化。雨水花园可以结合生物滞留池和下沉绿地滞留雨水,延长雨水下渗时间,加强对雨水径流污染物的净化。

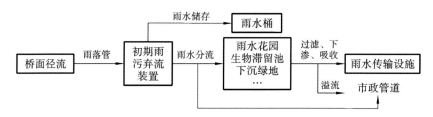

图 8-11　雨水收集模块

(2) 雨水传输与渗透模块。

雨水传输与渗透模块的主要作用是促进雨水下渗并传输到雨水储存设施。桥阴绿地中需要设置人行道的部分可布置透水性铺装,增大雨水下渗率,提高城市透水面面积,防止城市内涝灾害的发生。雨水传输模块的设施可组合使用,以快速传输净化过的雨水,减轻桥面径流对市政管道的压力,使雨水最大化进入雨水储存设施,流程如图 8-12 所示。

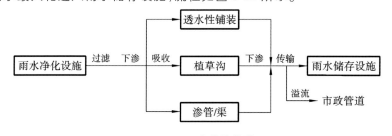

图 8-12　雨水传输模块

（3）雨水储存模块。

雨水储存模块是桥阴绿地雨水资源化利用最重要的一环,桥阴绿地无固定水源,可使用具有雨水储存功能的设施储存雨水,在无降雨时将储存的雨水作为桥阴绿地养护水源之一,能极大节约市政养护费用,实现经济效益和生态效益的最大化,流程如图 8-13 所示。蓄水池、雨水桶可设置成地下和地上两种形式,根据场地空间大小进行选择。入渗池需要大面积的场地,可在全幅式桥阴绿地和立交式桥阴绿地中使用。人工湿地具有净化、储存、滞留雨水等多种作用,且景观效果和生态效益都非常好,可作为主要的雨水储存设施。

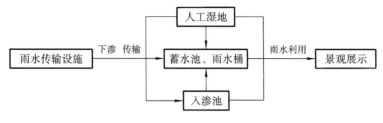

图 8-13　雨水储存模块

（4）景观展示模块。

景观展示模块充分利用周边一切可利用的资源,打造优美的桥阴绿地雨水景观。这一模块主要包括桥墩柱景观、植物景观、雨水管理设施景观、市政设施景观等。打造植物景观主要通过选择不同叶色的植物营造色彩景观,选择不同高度的植物营造植物层次景观,以及进行植物图案景观设计。在雨水管理设施景观设计过程中,主要通过增加参与性、教育性、趣味性等形式进行雨水管理设施的改造。

（二）雨水管理设施植物选择

桥阴绿地缺水、光照差、空气污染严重,在进行植物选择时,需要充分考虑植物的耐旱性、耐涝性、耐阴性及耐污性,根据不同的桥阴绿地环境布置不同类型的植物。雨水管理设施植物选择的基本原则与本书中第六章"城市雨水花园植物的筛选与配置"中的相关要求相同,同时注意符合桥阴空间的生长环境特点。

（1）优先选择乡土植物,同时要避免水葫芦类植物的泛滥(图 8-14)。

图 8-14　长江武汉段水葫芦泛滥

（图片来源:湖北新闻网）

（2）选择植物时以低矮植物为主。桥阴绿地净空高度较低,乔木很难正常生长,且长高之后将进一步遮挡桥阴绿地阳光,不利于其他植物生长,很难形成良好的桥阴绿地生态环境。

（3）选择植物时注意乔木、灌木及草本植物的搭配,观叶、观花合理搭配。植物的叶、花、果及植株整体形态各不相同,彼此搭配可形成不同的景观效果。植物搭配既要重视景观层次,选择高矮不一的植物种类进行整体搭配,又要注意植株的季相变化,形成优美的植物景观。

根据以上原则,参考《园林树木学(第 2 版)》《湖北植物志》《湖北地带性园林植物》《湿地植物与景观》整理适宜生存于武汉地区桥阴绿地的耐阴、耐旱、耐涝、耐污植物。

1. 耐阴植物

桂花、鸡爪槭、石楠、紫薇、三角枫、山杜英、女贞、蜡梅、厚皮香、八角金盘、鹅掌柴、花叶青木、狭叶栀子、海桐、阔叶十大功劳、八仙花、雀舌黄杨、木槿、山茶、红叶石楠、金丝桃、南天竹、结香、棣棠、杜鹃、黄杨、丝兰、含笑、水果蓝、红花檵木、龟甲冬青、日本珊瑚树、茶梅、夹竹桃、大叶黄杨、十大功劳、大花六道木、金边黄杨、千头柏、云南黄馨、铺地柏、金银木、小蜡、小叶女贞、大叶栀子、木本绣球、天目琼花、小檗、金钟花、蜡瓣花、蔷薇、四照花、细叶麦冬、沿阶草、黄荆、红花酢浆草、麦冬、马尼拉草、草地早熟禾、匍匐剪股颖、万年青、野菊花、紫茉莉、白及、紫叶酢浆草、美丽月见草、蛇莓、扶芳藤、凌霄、常春藤、络石、南蛇藤、胶东卫矛、五叶地锦、地锦、金银花、葛藤。

2. 耐旱又耐涝植物

八棱海棠、紫穗槐、棕榈、山胡椒、木槿、大叶黄杨、八宝景天、南天竹、千屈菜、鸭趾草、垂盆草、细叶芒、矮桃、萱草、草地早熟禾、高羊茅、马蔺。

3. 耐污植物

金银木、广玉兰、紫穗槐、紫叶小檗、黄杨、月季、铺地柏、栀子、杜鹃、卫矛、山茶、无花果、蚊母、木槿、厚皮香、女贞、胡枝子、枸骨、八宝景天、凤尾鸡冠花、商陆、东南景天、蜈蚣草、紫萼玉簪、黄蜀葵、鸭趾草、马蔺、垂盆草、吉祥草、瞿麦、红蓼、狗尾草、黄菖蒲、黄花水龙、慈姑、菖蒲、蘑草、灯芯草、姜花、雨久花、木贼、千屈菜、川鄂爬山虎、扶芳藤、紫藤。

（三）雨水管理设施景观设计策略

雨水管理设施的设置主要是为了调蓄和净化雨水,但为了使桥阴绿地的雨水管理设施获得大众的认可,应加强雨水管理设施的景观效果设计,让大众切实感受到雨水管理设施的好处,欣赏优美的景观。因此,需对雨水管理设施进行改造设计,提升雨水管理设施的美感。

1. 整体形态设计

运用美学原则对雨水管理设施进行整体形态设计,使设施具有良好的美学效果。轴线的运用可突出主体,达到主次分明的效果,可将植草沟、生物滞留设施等设置成轴线形式,强化雨水管理设施的线性美感。

重复和阵列设计是创造艺术感的重要手段,在桥阴绿地中重复设置雨水桶不仅能增加雨水存储量,还能带来序列感。对比设计能够给人带来强烈的视觉感受,使色彩、明暗、质感等不同的事物处于同一场景而不显失衡。以苏州中航樾园内庭院雨水景观为例[图 8-15(a)],设计师充分运用对比手法使庭院充满协调感。在图 8-15(b)中,A 部分是折线优美的明渠,水景铺装是黑色的,呈现柔软的感觉,雨水从水钵中溢流进明渠,随着明渠曲曲折折的形态向前流动,形成和谐的雨水动景,与整个庭院的安静形成对比。B部分的铺装是整齐的砖石铺地,颜色是灰白色,整体呈现坚硬的感觉。A部分与B部分从颜色、质感、动静上面形成鲜明的对比,给人留下深刻的印象,创造和谐的庭院雨水景观。

图 8-15　苏州中航樾园内庭院雨水景观

(a)内庭院实景;(b)对比分析

(图片来源:谷德设计网)

2. 动态特征改造设计

运用水的动态特征改造雨水管理设施。雨水是一种液体,流动性和可塑性非常强。在进行雨水管理设施景观设计时,可充分表现雨水的降落、流动、蓄积等不同形态,从而创造多样的雨水景观。

在雨水降落过程中,结合桥阴绿地墩柱和桥板的高度将其设计成雨水景观,还可设计成雨水链形式,另外也可改变雨落管形态,形成不同的雨落管景观,如图8-16所示。还可利用雨水降落和流动的动力势能驱动装置运行,在雨落管口处设置一座小型的水车装置,利用水的重力势能带动水车转动,可减缓雨水径流速度,另外还可储存水车转动产生的动能,带动其他位置的水体流动,形成不同的雨水景观。

图 8-16　不同的雨落管景观

(图片来源:谷德设计网)

在雨水径流过程中,可利用桥阴绿地地形建成不同的地表径流景观,如成都麓湖云朵乐园,将地形改造成雨水沟渠,降雨时雨水沿沟渠一路流动,形成独特的雨水景观(图 8-17)。

图 8-17　成都麓湖云朵乐园曲溪流欢节点
(图片来源:景观中国网)

在雨水存蓄过程中,可利用雨水体积变化改造雨水景观。例如,水位变化一般很难让人看清,但可通过一定的装置将水位变化展示出来。日本的"雨水菩萨"由蓄水池、浮箱、雨落管组成,降雨时蓄水池水位升高带动浮箱上升,立在浮箱上的菩萨升到地面上,进而可以指示地下蓄水池的水位高低,无雨时石像下沉,与一般的水池无二(图 8-18)。再如另外一个展示雨水体积变化的小品"河童"(日本的神话传说形象),其材料是帆布,水满时帆布被撑开,河童睁开眼睛,无水时河童眼睛闭着,充满了趣味性(图 8-19)。雨水存蓄是桥阴绿地雨水管理设施景观设计的重要组成部分。从雨水自身出发进行景观设计,注重雨水管理设施本身的改造设计,有利于雨水管理理念在城市居民中的普及,促进人们自发进行雨水收集与管理,实现雨水资源化利用目标。

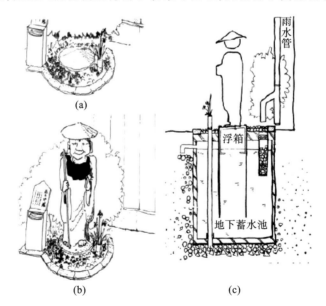

图 8-18　雨水菩萨示意图
(a)水池无水,石像下沉;(b)水池满水,石像升起;(c)剖面结构示意
(图片来源:《把雨水带回家》)

图 8-19　小品"河童"

(图片来源:《把雨水带回家》)

3. 教育化改造设计

　　雨水管理设施具有良好的生态效益。为了增强大众的环保意识,应加强雨水管理宣传教育。比较常见的方式是设置标识牌,在标识牌上通过文字和图片讲解雨水管理方面的知识,向大众推广雨水管理设施,教导居民自发进行雨水管理,树立雨水管理理念。另外也可设置独立网站进行宣传,如西雅图中心滨水区改造项目网站展示系统,其标识如图 8-20 所示。

　　另外,可通过微缩形式向大众展示雨水管理过程,如在武汉华侨城生态湿地公园,游客转动引水机将水抽进雨水花园模型中,水流经过一个个湿塘最终流进实体湿塘中,这个过程可增强体验感。再如苏州河梦清园环保主题公园将雨水控制、雨水净化等雨水管理过程作为设计节点进行展示,让观赏者在游览过程中观赏雨水处理过程,以一种耳濡目染的方式对大众进行宣传教育,寓教于乐(图 8-21)。

图 8-20　西雅图中心滨水区改造项目网站标识

(图片来源:谷德设计网)

图 8-21　苏州河梦清园环保主题公园

(图片来源:谷德设计网)

二、全幅式桥阴绿地雨水花园规划设计雨水管理设施规划设计

（一）引桥段全幅式桥阴绿地雨水管理设施规划设计

与其他类型的高架桥相比，引桥段最大的特征是净空高度从地面开始不断升高，直到与正桥相接，光照条件相对较差。在实际的雨水花园规划设计中，引桥段全幅式桥阴绿地需结合桥阴绿地的净空高度、墩柱的建设情况、桥下的光照情况及周边用地状况进行规划设计。可按照实际情况选择适宜的水生植物，需进行人为干预，如增加光源等，以满足桥阴绿地光照不足的缺陷，或者不栽种绿色植物，换为打造非植物元素的景观，如旱溪、雕塑小品，或放置市政小设施并进行表面美化等。

（二）正桥段两侧单柱全幅式桥阴绿地雨水管理设施规划设计

正桥段两侧单柱全幅式桥阴绿地面积大、连通性好、雨水管理能力强。正桥段两侧单柱全幅式桥阴绿地雨水管理设施整体组织流程如图 8-22 所示。

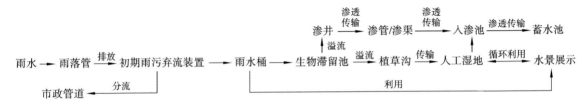

图 8-22　正桥段两侧单柱全幅式桥阴绿地雨水管理设施整体组织流程

将桥阴绿地按照墩柱分成四个等份和一个中间入渗池，四个墩柱作为雨水前置处理区域，处理后的雨水流入入渗池，再统一渗流进储存设施中，形成一个整体的雨水管理系统。正桥段两侧单柱全幅式桥阴绿地雨水管理设施规划设计如图 8-23所示。

（三）正桥段组合型全幅式桥阴绿地雨水管理设施规划设计

正桥段组合型全幅式桥阴绿地和两侧单柱全幅式桥阴绿地所选用的雨水管理设施基本相同，雨水管理措施整体组织流程也基本相同，最大的不同点是桥墩柱对于桥阴绿地的分隔性较强，对于设施布置有一定影响，但总体而言，相较于引桥段全幅式桥阴绿地、正桥段单柱/双柱中央分车带式桥阴绿地，其雨水管理能力更强，洪涝韧性更好。正桥段组合型全幅式桥阴绿地雨水管理设施规划设计如图 8-24 所示。

（四）立交式桥阴绿地雨水管理设施规划设计

立交式桥阴绿地位于高架桥交会段，占地面积大，环境复杂，大部分绿地不处于高架桥之下，但其属于广义上的桥阴绿地。立交式桥阴绿地非常适合设计成桥下雨水花园，营建多样的功能场所，为人们提供休闲、游赏、科普、教育、环保等功能空间。在此基础之上介入桥阴绿地雨水管理，既满足城市居民活动需求，又实现雨水管理。

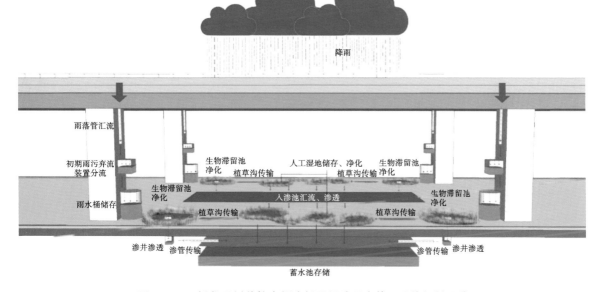

图 8-23　正桥段两侧单柱全幅式桥阴绿地雨水管理设施规划设计

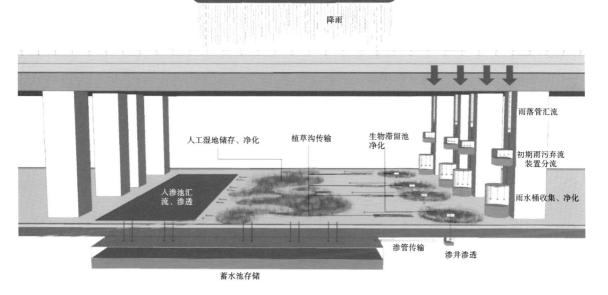

图 8-24　正桥段组合型全幅式桥阴绿地雨水管理设施规划设计

立交式桥阴绿地地形十分复杂,但进行雨水管理时,还需以四个雨水管理模块为基础进行规划设计。立交式桥阴绿地雨水管理设施整体组织如图 8-25 所示。雨水可通过雨落管进入初期雨污弃流装置,也可通过渗透性铺装的下渗作用被收集。初期雨污弃流装置将干净的雨水排放进雨水桶,雨水桶装满之后,雨水溢流进生物滞留池,此处雨水分成三部分:一部分通过渗井、渗管或渗渠溢流进入渗池,最后渗透进入蓄水池;一部分雨水通过植草沟进入人工湿地;还有一部分雨水经过植被缓冲带过滤后进入人工湿地,人工湿地储存、净化雨水,处理后的雨水作为市政养护和水景展示备用水源,实现雨水的循环利用。

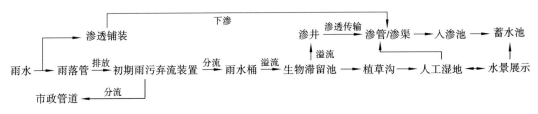

图 8-25　立交式桥阴绿地雨水管理设施整体组织

三、中央分车带式桥阴绿地雨水管理设施规划设计

(一)正桥段单柱中央分车带式桥阴绿地雨水管理设施规划设计

正桥段单柱中央分车带式桥阴绿地最大的特点是桥阴绿地面积相对较小,且被桥墩柱分隔成一个个小的空间单元,生物滞留设施和雨水湿地作为主要的雨水管理设施。应加强雨水景观设计,可从植物种植设计、水景展示设计方面着手打造不同的雨水景观。

正桥段单柱中央分车带式桥阴绿地场地条件特殊,桥墩柱完全阻隔了空间单元的联系,每一个空间单元只能实现雨水内部的循环管理,应对强暴雨事件的韧性较差,需加强雨水管理设施的定期养护。正桥段单柱中央分车带式桥阴绿地雨水管理设施整体组织流程如图 8-26 所示,正桥段单柱中央分车带式桥阴绿地雨水管理设施规划设计如图 8-27 所示。

图 8-26　正桥段单柱中央分车带式桥阴绿地雨水管理设施整体组织流程

(二)正桥段双柱中央分车带式桥阴绿地雨水管理设施规划设计

正桥段双柱中央分车带式桥阴绿地和正桥段单柱中央分车带式桥阴绿地所选用的雨水管理设施基本相同,雨水管理措施整体组织流程也基本相同,最大的不同点是正桥段双柱中央分车带式桥阴绿地彼此之间具有连通性,每一个桥墩柱单元可形成雨水内部循环系统,单元与单元之间又可形成一个大系统,强降雨来临时彼此辅助,增强了应对洪涝的韧性。正桥段双柱中央分车带式桥阴绿地雨水管理设施规划设计如图8-28所示。

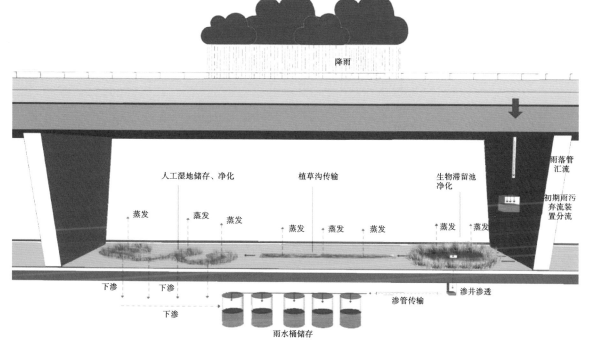

图 8-27　正桥段单柱中央分车带式桥阴绿地雨水管理设施规划设计

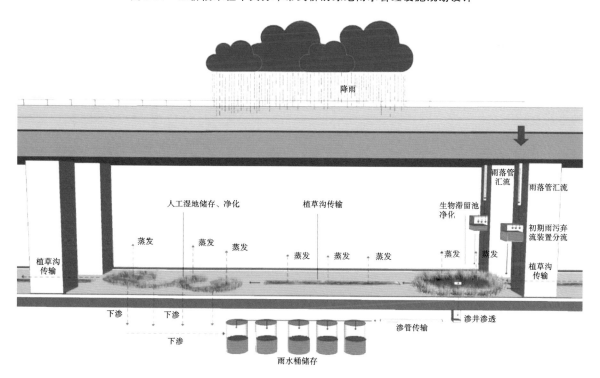

图 8-28　正桥段双柱中央分车带式桥阴绿地雨水管理设施规划设计

四、单柱两侧分车带式桥阴绿地雨水管理设施规划设计

正桥段单柱两侧分车带式桥阴绿地空间非常特殊,桥阴绿地被分成两等份,位于桥下两侧,光照条件较好,对于以植物为主的雨水管理设施影响较小。正桥段单柱两侧分车带式桥阴绿地占地面积小,桥墩柱空间连通性差,洪涝韧性是七种桥阴绿地中最弱的,但其光照条件好,能够最大化发挥雨水管理设施的净化能力。正桥段单柱两侧分车带式桥阴绿地雨水管理设施整体组织如图 8-29 所示,正桥段单柱两侧分车带式桥阴绿地雨水管理设施规划设计如图 8-30 所示。

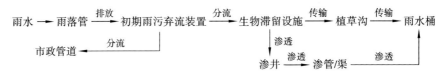

图 8-29　正桥段单柱两侧分车带式桥阴绿地雨水管理设施整体组织

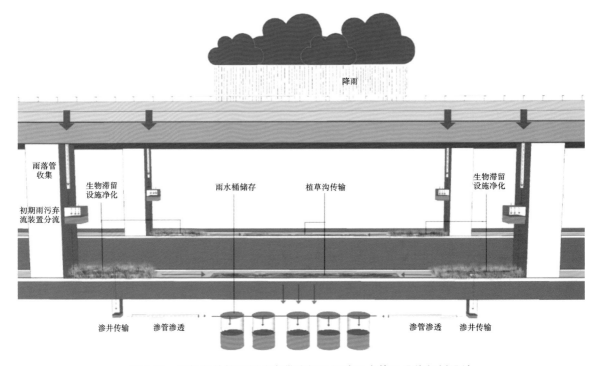

图 8-30　正桥段单柱两侧分车带式桥阴绿地雨水管理设施规划设计

第三节　武汉市桥阴绿地雨水花园设计实践

武汉市桥阴绿地类型多样,其中正桥段单柱两侧分车带式桥阴绿地最为常见。本节将光谷大道高架桥珞喻东路—光谷创业街段作为研究对象,探讨桥阴绿地雨水花园的规划设计实践。

一、基址现状

（一）区位

光谷大道高架桥位于武汉市洪山区，北与东湖隧道相接，南与四环线相接，全长13 km，南北走向，是武汉六环二十四射多联交通网中的重要一联。其中位于主城区的高架桥段长7.7 km，北接东湖隧道，南接三环线。研究选择的基址位于珞喻东路下方，东边为居住用地和工业用地，西边为居住用地，基址的西北角是学校，学校后面是东湖，可汇集周边大量的道路径流（图8-31）。

图8-31　基址区位

（二）规模

珞喻东路—光谷创业街段高架桥全长约600 m，车道为双向六车道，桥梁标准断面宽度为26 m，有两个匝道，桥墩柱为边长2 m的方形柱，纵向桥墩柱之间的距离为30 m，桥阴绿地宽度是8 m，地下辅道为双向八车道，路缘石高度是30 cm（图8-32），此处不探讨匝道的规划设计。

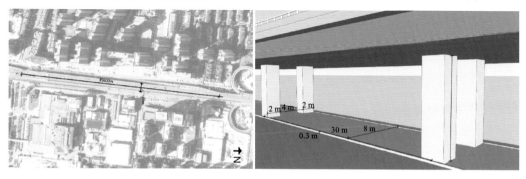

图8-32　基址尺寸

（三）建设现状

此路段的绿化植被主要使用海桐、八角金盘，大吴风草［图8-33(a)］，部分路段为了打造优美的景观，使用了铁树［图8-33(b)］、鸡爪槭、大吴风草、山茶、南天竹、沿阶草［图8-33(c)］、络石［图8-33(d)］。此路段的植物种植设计注重植物景观层次，灌木及草本植物搭配合理，形成了良好的植物景观。

| (a) | (b) | (c) | (d) |

图 8-33　绿化现状

此路段的桥面径流直接排放到市政绿地中［图8-34(a)］，绿化养护用水由市政供给，且绿地内建造了喷管系统［图8-34(b)］，但目前大部分喷灌装置已经弃用，主要还是靠人工浇灌。另外，桥阴绿地内建造了道路标识牌、变电箱等［图8-34(c)(d)］，桥阴绿地内设置了护栏，护栏既能防止行人穿越踩踏，还能作为辅助设施。场地内地下埋有市政电缆，在进行雨水景观设计时应规划留出一部分绿地埋设市政电缆。

| (a) | (b) | (c) | (d) |

图 8-34　市政现状

二、桥阴绿地雨水花园设计

（一）雨水管理设施选择

光谷大道高架桥珞喻东路—光谷创业街段桥阴绿地属于正桥段双柱中央分车带式桥阴绿地，该段桥阴绿地可选择的雨水管理设施有生物滞留设施、雨水湿地、雨水桶、植草沟、渗管/渠、渗井、初期雨污弃流装置。生物滞留设施、初期雨污弃流装置作为净化模块的主设施，植草沟、渗管/渠、渗井作为传输模块的主设施，雨水湿地、雨水桶作为储存模块的主设施。景观展示模块主要从雨水整体规划、雨水降落过程、雨水径流过程、雨水存蓄方面进行设计，充分考虑雨水的循环利用，打造优美的桥阴绿地雨水景观。

(二)桥阴绿地雨水量

武汉市作为典型的南方城市,年均降雨量约为 1296 mm,在夏季时常发生内涝灾害,如 2016 年,武汉市发生了严重的内涝灾害,人民生命财产受到威胁。因此,在进行桥阴绿地雨水管理设施设计过程中,需合理规划雨水管理设施规模,在一些边角空间处管理雨水,满足应对 10 年一遇降雨及有效管控 40.97 mm 日降雨量的要求。珞喻东路—光谷创业街段高架桥属于双向六车道,30 m 一段的高架桥下桥阴绿地需控制的雨水量为 2.73 m³,桥阴绿地的雨水管理设施规模以此为标准。

(三)雨水花园设计

1. 整体设计

设计遵循场地原有结构,以桥墩柱为界线,分成独立的雨水管理单元,每个雨水管理单元形成一套完整的雨水管理系统。桥阴绿地空间具有重复性,30 m 一个空间单元,具有典型的节奏特征。借此提取四季循环的概念,以"春始、夏水、秋风、冬链"为设计理念,将 120 m 共 4 个标准墩间作为一个雨水花园设计标准段,"春始、夏水、秋风、冬链"各对应 30 m 一段的雨水管理单元。光谷大道高架桥珞喻东路—光谷创业街段总平面图如图 8-35 所示,光谷大道高架桥珞喻东路—光谷创业街段标准段平面图如图 8-36 所示。

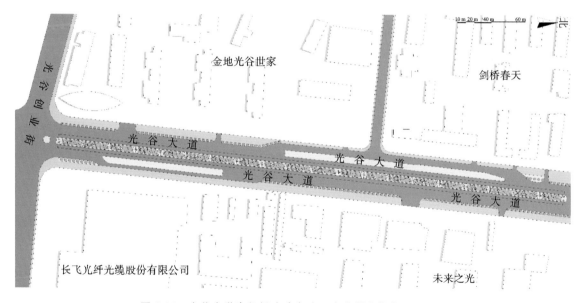

图 8-35　光谷大道高架桥珞喻东路—光谷创业街段总平面图

2. 雨水整体组织

设计以"春始"为起点,到"冬链"结束,形成一个循环系统,标准段雨水管理设施整体组织设计图如图 8-37 所示。四个阶段的雨水管理设施整体组织基本相同,雨水经过收集、排放、吸收、沉淀、过滤流程,净化完的雨水一部分排放进雨水湿地储存,还有一部分传输到雨水桶,作

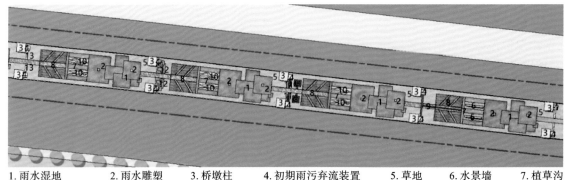

| 1.雨水湿地 | 2.雨水雕塑 | 3.桥墩柱 | 4.初期雨污弃流装置 | 5.草地 | 6.水景墙 | 7.植草沟 |
| 8.生物滞留设施 | 9.雨水链 | 10.水迹 | 11.水车 | 12.叠水 | 13.雨落管 |

图 8-36　光谷大道高架桥珞喻东路—光谷创业街段标准段平面图

为叠水、水车、雨水链等展示景观的水源,展示景观利用过的雨水会排进生物滞留设施,实现雨水的循环利用。雨水管理设施旁留出的绿地,地上部分只种植草本植物,不涉及雨水管理,地下部分作为市政电缆建设用地,实现雨水管理和电缆组织的分开设计,互不影响。

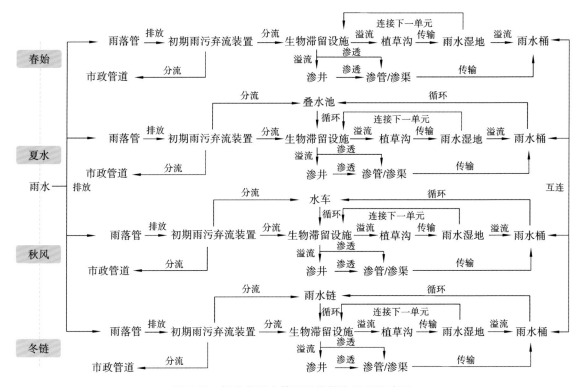

图 8-37　标准段雨水管理设施整体组织设计图

3.雨水花园节点设计

(1)"春始"节点。

这一节点的最大特点是只规划设计雨落管、生物滞留设施、雨水湿地、雨水雕塑等。改造后的雨落管连接初期雨污弃流装置与生物滞留设施,雨水经过生物滞留设施吸收、沉淀、过滤之后,通过渗管排放进雨水桶储存,雨量超过生物滞留设施容积时,溢流进植草沟,传输进入雨水湿地。在雨水湿地内建造雨水雕塑,超过雨水湿地储存体积的雨水溢流进雨水雕塑,雨水雕塑连接雨水桶,雨水桶内积满水之后,雨水雕塑从地下升起。"春始"节点雨水组织如图8-38所示,"春始"节点整体效果如图8-39所示。

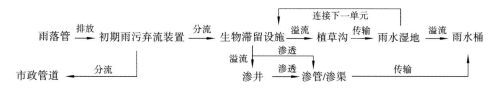

图8-38 "春始"节点雨水组织

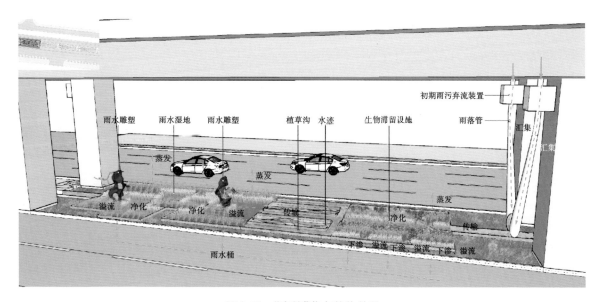

图8-39 "春始"节点整体效果

(2)"夏水"节点。

雨水通过初期雨污弃流装置分流进叠水池中,雨水经生物滞留设施溢流进植草沟。水沿着水道向前流淌,形成不同的水迹,展现不同的雨水传输路径,储存在雨水桶中的雨水回用到叠水池中,经叠水池、生物滞留设施、植草沟、雨水湿地,最后又回到雨水桶,实现雨水的循环利用。"夏水"节点雨水组织如图8-40所示,"夏水"节点整体效果如图8-41所示。

(3)"秋风"节点。

下雨时,雨水下落到水车中,带动水车转动,形成"喧中有静意,水车终日鸣"的景象。无雨时,道路上车辆行驶产生的压力带动水车转动,实现人的参与性,雨水桶中储存的雨水回用到喷头处,汇流进生物滞留设施,最终流入雨水桶。"秋风"节点雨水组织如图8-42所示,"秋风"节点整体效果如图8-43所示。

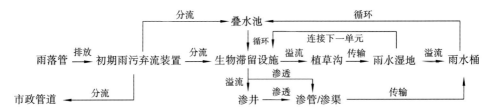

图 8-40 "夏水"节点雨水组织

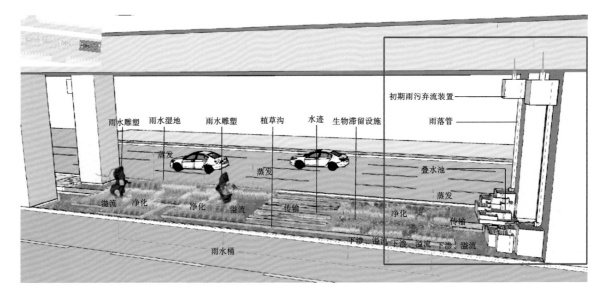

图 8-41 "夏水"节点整体效果

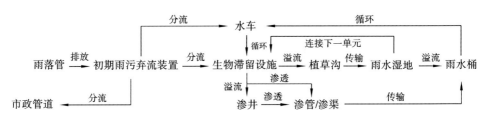

图 8-42 "秋风"节点雨水组织

(4)"冬链"节点。

下雨时,雨水通过雨水链降落到生物滞留设施,形成水帘景观,无雨时,雨水链本身是一处景观小品。雨水通过雨水链、水景墙、植草沟、雨水湿地实现循环利用,经过多次的循环、净化,保证了水资源的干净。当无降雨时,可将市政低污染的水补充到桥阴绿地中,既净化污染的水源,又形成优美的桥阴绿地景观。"冬链"节点雨水组织如图 8-44 所示,"冬链"节点整体效果如图 8-45 所示。

4. 植物设计

在进行植物选择时,优先选择耐阴、耐旱又耐涝、耐污的植物。本设计中生物滞留设施选择的植物为花叶芦苇、鸢尾、细叶芒、红花檵木;植草沟选择的植物为细叶结缕草、狗牙根;雨水湿地选择的

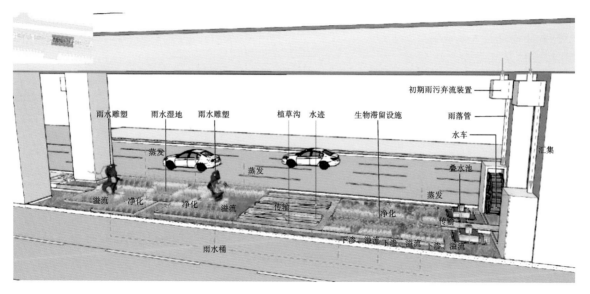

图 8-43 "秋风"节点整体效果

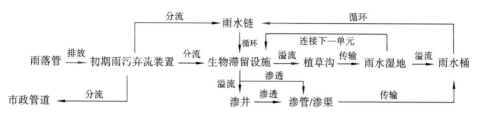

图 8-44 "冬链"节点雨水组织

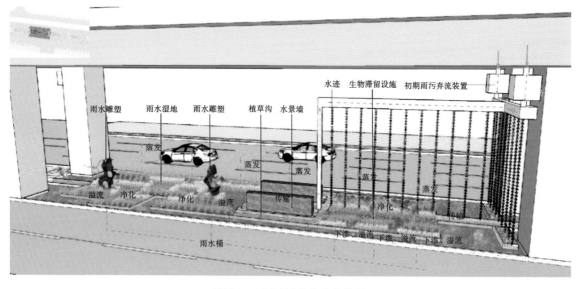

图 8-45 "冬链"节点整体效果

植物为千屈菜、花叶芦苇、鸢尾、细叶芒、蓝花草、水鬼蕉、红花檵木;草地种植沿阶草,部分边界种植八角金盘、海桐、大吴风草。

5. 桥阴绿地雨水调蓄量

珞喻东路—光谷创业街段桥阴绿地的一个标准段包括生物滞留设施、雨水湿地、雨水桶、植草沟、渗管/渠、渗井、初期雨污弃流装置,桥阴绿地宽度为 8 m,生物滞留设施面积为 0.0036 ha,雨水湿地面积为 0.0072 ha,植草沟面积为 0.0034 ha。当雨水桶的体积大于 2.07 m^3 时,该桥阴绿地设计方案完全能够调蓄最优控制率下的桥面雨水径流量。在该方案中,雨水桶位于地下,不占地上面积,桥阴绿地地下完全能够容纳 2.07 m^3 的雨水桶,因此该方案在满足雨水调蓄量方面是完全可行的。

(四) 雨水管理设施景观设计

1. 生物滞留设施设计

生物滞留设施构造图如图 8-46 所示,雨水从雨落管流出,经卵石池减速,再慢慢流进雨水花园。雨水花园内设置分流渠,分流渠延伸到雨水花园的各个角落,主要功能是使雨水快速有效地流到雨水花园中,提升雨水过滤、沉淀、吸收效率。雨水花园中还设置了渗井和渗管,渗井的主要功能是收集超过雨水花园蓄渗体积的雨水,防止降雨过大时雨水漫溢。渗管渗透传输雨水花园基层下渗的雨水,实现雨水的快速传输。雨水传输设计示意图如图 8-47 所示。

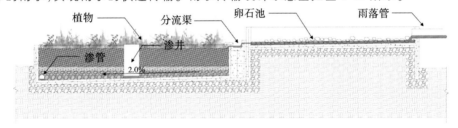

图 8-46　生物滞留设施构造图

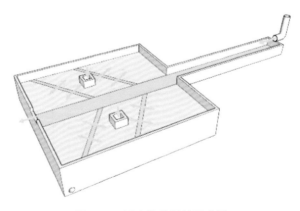

图 8-47　雨水传输设计示意图

生物滞留设施在使用过程中存在径流侵蚀、表层堵塞、土壤板结、杂草丛生、缺水等问题,因此需对其进行合理养护。雨水花园中的植物维护重点包括补种植物、施肥、清除杂草、修剪植物;雨水花园基质层的维护重点是清理淤泥和垃圾,按时更换覆盖层;渗井的维护重点包括清理溢流口和底部淤泥;卵石池的维护重点是按时清理垃圾和淤泥;渗管的维护重点是疏通穿孔。

2．雨水湿地设计

雨水湿地设计图如图 8-48 所示。雨水经植草沟流入雨水湿地,经过卵石减速之后流入前置池,前置池沉淀雨水中的大颗粒污染物。池岸设置成生态驳岸,种植适宜的水生植物。

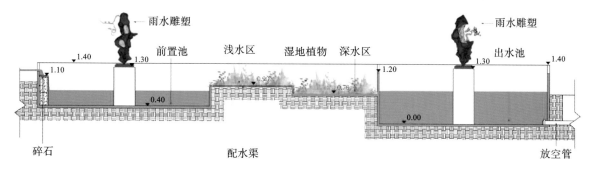

图 8-48　雨水湿地设计图

雨水量超过前置池一定容积后,流入雨水湿地的浅水区和深水区,此处作为雨水湿地净化雨水的主要部分,种植多样水生植物,最大化发挥净化雨水的功能。接着雨水流入出水池,出水池设置放空管,保证雨水可在 24～48 h 排空,并可以通过阀门控制,使雨水最终流入雨水桶储存。暴雨时,雨水可通过雨水雕塑溢流进雨水桶中,随着水位不断升高,雨水雕塑慢慢上升,雨水桶装不下的雨水将溢流进下一个桥阴绿地单元。

雨水湿地和生物滞留设施一样需要定期养护。前置池的维护重点是定时清除淤泥;植物的维护重点足及时补种、修剪植物、清除杂草;出水池的维护重点是定期检查阀门等相关设备,保证其正常工作。

3．雨水雕塑设计

雨水雕塑设计遵循生态性原则,运用水体压力改变雨水雕塑的高度,增添雨水景观的趣味性,同时雨水雕塑的高度又能够显示雨水储存量,方便对雨水设施进行管理。雨水雕塑设计示意图如图 8-49 所示。在雨水雕塑上部设计溢流口,收集超过雨水湿地调蓄容量的雨水,其下部与雨水桶相连,当雨水桶中无水时,雨水雕塑下降,当雨水桶中有水时,水位不断升高,推动浮箱和雕塑上升,直到雨水桶中装满雨水,雨水雕塑完全露出。

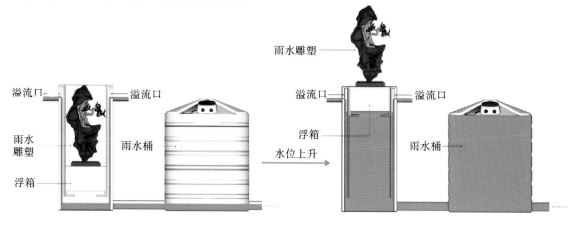

图 8-49　雨水雕塑设计示意图

雨水雕塑运用自然力运行,维护相对简单,主要是按时检查溢流口的雨水箅子,防止雨水箅子损坏脱落,导致植物枝叶堵塞箱体,使设施无法正常运行。

4. 雨水回用设计

雨水回用作为雨水管理系统中重要的一环,其设计需遵循生态环保原则。压力传杆在受到压力时,下压推动另一端的压力传杆上升,实现雨水的循环利用。以"夏水"节点中的叠水池为例,其压力来源主要是道路上的车辆。压力传杆结合减速带设计,无车辆通过时,雨水桶中的雨水慢慢灌满压力传杆上方,当车辆通过时,向下对压力传杆施压,另一端的压力传杆随之上升,将雨水推入叠水池中,实现雨水回用(图8-50)。

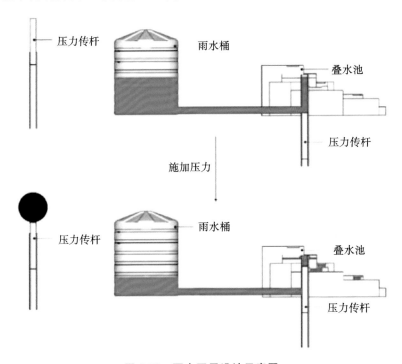

图 8-50　雨水回用设计示意图

本节选取光谷大道高架桥珞喻东路—光谷创业街段作为设计实践对象,分析该段桥阴绿地的区位、规模、建设现状,通过计算得出雨水管理设施的建设规模需满足的条件,最后提出该段桥阴绿地的雨水管理设施景观设计方案,并详细介绍了生物滞留设施、雨水湿地、雨水雕塑、雨水回用的设计。

第九章　国内外雨水花园案例赏析

本章图文并茂地介绍国内外优秀雨水花园的案例,供读者进行更具体的学习。本章分为景观设计竞赛获奖案例、点状雨水花园建设案例、线状雨水花园建设案例、面状雨水花园建设案例、社区中的雨水花园建设案例,共 35 个案例。这 35 个案例均为公开的网络资源,并已备注说明,对资料来源网站、规划设计和建造所属权者,均在此表示诚挚的感谢。

第一节　景观设计竞赛获奖案例

一、林地雨水花园

(一) 基址概况 (图 9-1)

设计者:CARBO 工作室。
项目类型:私人/季节性住宅。
原场地类型:季节性住宅。
位置:美国路易斯安那州西北部。
气候:亚热带季风性湿润气候。
总面积:约 20230 m²。
获奖情况:2014 年 ASLA 住宅设计类杰出奖。

(二) 项目背景

该雨水花园位于路易斯安那州西北部的一个住宅内,占地约 20230 m²。场地西部边缘有一条南北向延伸的沟壑,这是由附近的河流形成的陡峭河流悬崖。设计师借此修建了承担周围约 40.46 ha 森林排水的走廊。

场地原主人是路易斯安那州的本地人。在项目开始建设前,他们季节性地居住在英格兰的科茨沃尔德地区超过 20 年。设计师与客户对接了近 2 年,准备了现场总体规划和施工文件,最终建议将建筑建造在场地东部边界附近河流悬崖的山脊上。这里茂密的松树和硬木森林为住宅提供了怡人的景色。设计师还为门控入口、车行通道及毗邻住宅的花园空间制定了详细方案,通过步行道、墙壁、露台、停车场、服务区和雨水收集系统构建起了整个花园。

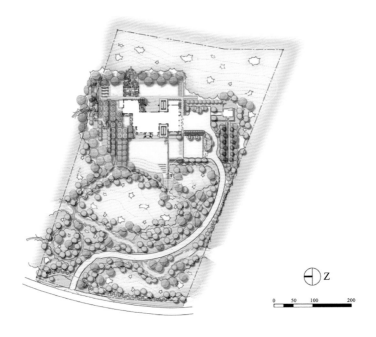

图 9-1　总平面图

（三）设计策略

1. 特殊的雨水收集系统

设计师精心设计了住宅周围花园空间的排水系统和雨水收集系统。当地年降雨量通常为1524～1778 mm，设计师通过创新的雨水收集系统，突出雨水的收集策略，系统化地组织整个花园的设计。

入口驱动器是一个高架曲线石结构，悬挂在花园高水位区域之上，以使其在雨天不会阻碍峡谷中的水流。设计师保留了大部分现有森林，并沿斜坡种植大量的原生蕨类植物、灌木和林下植物，使人在蜿蜒曲折的林间步道行进时能够欣赏美丽的景色。

2. 营造草坪露台游乐空间

设计师为客户打造了作为游乐空间的草坪露台。草坪露台紧邻住宅的花房，开阔的场地凸显了不远处茂密的森林（图 9-2）。设计的灵感来自科茨沃尔德地区的石头小屋和矮墙，建筑的立面材质采用了与附近河流岸边石头相同的石灰石，不仅使建筑的外观更加美观，具有本土性，也使客户的体验更舒适。

3. 别出心裁的空间规划

设计师建造了简单且相对较小的花房，设计了林地边缘、园艺场地、雨水收集系统和进入森林的通道（图 9-3），布置了有趣且令人难忘的流线，有效减少了对场地的干扰。

此外，设计师在局部设计了满足客户种植草药、多年生植物和蔬菜需求的园区。经过设计师的排布，这些场所易于到达与维护，同时不会影响雨水花园的正常工作。

图 9-2　草坪露台矮墙　　　　　　　　　　图 9-3　进入森林的通道

（四）景观绩效

在雨水花园建设初期,客户要求"将森林带到我们卧室的窗户前,这样我们就可以欣赏它可能吸引的野生动物"。设计师为满足客户的需求,针对性地保护了场地内的森林,并使用大量的本土材料,将场地清晰地定位为拥有蕨类植物、鸢尾和美人梅的下沉式花园(图 9-4)。

在设计的过程中,设计师充分利用了森林场地的特性。他们与当地人合作,将峡谷边缘分为不同高差的场地,栽种了大量植物,有效控制了雨水侵蚀,将峡谷转变为优美的景观。设计师通过利用本地材料和局部调整原场地结构来满足客户对异域景观的偏好。

整个项目有效保护了原有的森林、峡谷和悬崖等特色景观,维护了原有的多样生态系统,将客户的需求与偏好完美融入其中。为了放大森林的垂直特征,设计师布置了硬质景观,营造了自然、绿色、浪漫的森林氛围。

图 9-4　种有多种植物的下沉式花园

(资料来源:https://www.asla.org/2014awards/602.html)

二、亚利桑那州立大学雨水花园

（一）基址概况（图 9-5）

设计者：Allison Colwell。
原场地类型：学校 / 购物场所 / 生物洼地。
位置：亚利桑那州立大学中心的阴凉步行街。
气候：亚热带大陆性干旱半干旱气候。
总面积：8094 m²。

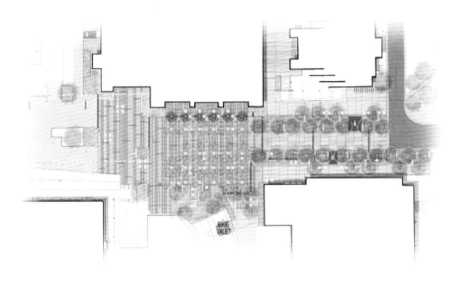

图 9-5 平面图

（二）设计背景

　　场地位于亚利桑那州的索诺拉沙漠地区，当地的气候变化和热岛效应非常明显，日夜温差大，全年降水少，沙尘暴频繁，极端天气多发。

　　亚利桑那州立大学是一个发展迅速且多元化的校园，但随着学校的扩张和建筑密度的增加，供学生自由休闲娱乐的户外空间被日益增加的房屋和停车设施所取代。设计场地紧邻海登图书馆、纪念联盟、众多演讲厅和标志性的棕榈步道。每天有近 12000 名行人、送货卡车和临时车辆通过该区域，且场地所处的区域还是校园内重要的排水点之一。

（三）设计策略

1. 学生团体参与协作设计

本设计邀请了大学的学生组成学生团体参与设计。他们要求设计一个持久、灵活、可到达、创新的步行空间,以响应该地区的环境与气候。同时,校内的管理和维护人员也参与了设计过程,为设计提供了许多宝贵意见。

2. 种植耐旱植物

该区域的植物需要适应沙漠炎热、干燥的气候。设计师选取了白蜡树、药用芦荟和鹿草等当地原生物种。

3. 可持续发展和重复利用

为提升场地的可持续性,设计师采用了约 1395 m² 耐用且具有高反射率的混凝土铺装,易于更换与维护。铺装划分了分组讨论空间和棕榈树林,提高了场地的利用率。塑造校园景观时反复利用 LED 灯,在不同空间营造不同的氛围。Silva 单元是一种模块化的悬浮路面系统,可有效增加雨水渗透,且该系统不需要压实地面的土壤,能为树根提供更多的生长延伸空间。回收的容器和自行车架遍布整个商场,形成了有趣的艺术景观,在实现废弃物利用的同时,提升了项目的可持续性,具有深刻的教育意义。

(四)景观绩效

1. 生态绩效

雨水通过学生宿舍的屋顶流动输送,在从一个生物洼地输送到另一个生物洼地的过程中,从道路和更大的流域吸收额外的地表水,最终通向场地的低点——雨水花园。这个雨水花园既是场地内最大的盆地,也是雨水管理设施的最后一环。它毗邻一个安静的休息区域,亲近自然植物,远离人流量大的人行走廊。尚未被吸收的水都通过地下管道排放到场地以南运动场下的大型渗透井中。该系统通过提高场地雨水管理能力来缓解洪水危害,将 100 年一遇的暴雨高水位降低了 25.4 mm。设计考虑了场地能应对 10 年一遇的暴雨,但试验表明,该场地可应对 25 年一遇的暴雨,且保证没有溢流。建成后,雨水花园内的生物滞留盆地还能够减少水中的磷含量,有效改善园内的水质。

在沙漠中,树荫是最重要的景观空间场所,是人们沟通交流、休闲娱乐与学习工作的必要场所。但原有场地的原生树木生长缓慢且蒸散率低,难以在白天形成大片树荫。设计师将可形成大片斑驳树荫的耐旱植物海枣作为主树种,通过植物景观设计,为学生们提供了交流、休憩、娱乐和展示的重要场所,且海枣在收获季节能够让学生们自主采摘与出售,增加了场地互动性。

项目建造之前,场地的路面温度可达 54.4 ℃。在 2020 年 LAF 案例研究调查中,海枣的树荫已将路面的温度降低了 12.2～13.3 ℃,在没有树荫的区域,温度也降低了 2.2 ℃。

2. 经济绩效

冷凝水景的设计灵感源于亚利桑那州洞穴的钟乳石。它由一系列的黄铜管组成,这些黄铜管将空调冷凝水输送到景观中,使其成为灌溉的水源,一年能够节省约 4.5 m³ 的灌溉用水。管道依据尺度分为两种,承担不同的功能,较大的管道用于增加湿度和提供室内活动用水,较小的管道则将水输送到景观中。同时,通过这一设施,水景达到了凭借其蒸发冷却能力调节微气候的效果。

3. 社会绩效

设计师将生物洼地的入口梯田台阶设计成供人休憩的座位,鼓励人们进入花园,并在园区内设计了供活动展示和聚集交流的动态区与疗养身心的静态区。

同时,该场地也是大学的生活试验室。该雨水花园为设计学院的7门课程和500名学生提供教育场所,为设计学院的学生提供了贴近生活的优秀设计案例。该雨水花园加强了墨西哥索诺拉技术研究所与亚利桑那州立大学研究人员的持续合作。场地内还设置了大量说明性标牌和展示性图片,帮助人们了解绿色基础设施及其环境效益。

图 9-6　雨水花园实景

4. 科研绩效

场地内持续进行着性能监测,以便了解雨水花园对水质改善的重要性。研究员测量和比较了各种植物的蒸腾速率,通过种植植物增加了雨水花园的水容量。该项目为绿色基础设施设计相关和对性能监测感兴趣的当地从业者或学生提供了试验基地(图 9-6)。

(资料来源:https://www.asla.org)

三、长春水文化生态园

(一)基址概况

设计者:水石设计。
项目类型:改造/功能替换。
位置:吉林长春南岭水厂。
气候:温带季风气候。
总面积:32 ha。
获奖情况:2019 年 ASLA 专业奖综合设计类荣誉奖。

(二)设计背景

长春南岭水厂于 1932 年前后建成。当时长春市为了建立和完善全市供水体系,建设了长春首座自来水厂。该厂建在南岭周围一座有三条沟壑、植被茂密的低矮山丘上。多年来,这里先后建成了 7 套净水系统,水源经过沉淀、过滤、絮凝、消毒,源源不断地流向千家万户,与城市共同成长。

2016 年,旧自来水厂被更换,长春市相关部门联合百里伊通河项目,启动了南岭水务开发方案。作为长春市二级文化保护地,更新后的场地为市民提供了一个新的生活空间。人们与这片 32 ha 土地上的历史建筑、原始动植物和谐共存。设计师意识到遗址的巨大历史价值和文化意义,尽可能地保留了原有的环境,最大限度地利用了遗址的原始特征(图 9-7)。

(三)设计策略

1. 重塑人与自然的关系

城市活动的涌入势必对自然环境产生影响。园区内的生态连接线将原有的沟壑、建筑、森

图 9-7　平面图

林、露天泳池和城市界面有机地连接起来,同时沿线搭建了多元化的社交场所,丰富了公园的旅游体系。丛林中的悬挂栈桥为游客提供了独特的感官体验,为公园内的本土动植物提供了栖息地和迁徙走廊,形成了人与动植物共存的生态结构,构建了城市与自然环境融合的典范。

在公园内,人们利用场地 35 m 的地形落差及原有的雨水沟、沉淀池和净水系统构建了雨水系统。初级材料被回收利用,清洁后的枯树作为养分返回森林和土地,废弃的木材和石头也被转化为公园铺路材料,提升了场地的可持续性。

2. 促进动植物的多样性

设计师对动植物的组成、数量、分布格局、栖息地、生态习性、季节动态等进行了研究,清理了场地内的入侵树种,补充了大量乡土植物,保证了生态系统的多样性和稳定性,为乡土动物提供了生存和繁殖的空间。

3. 振兴城市

废弃的旧址被改造成一个充满活力和艺术气息的城市公共空间。设计师将旧沉淀池的顶部合并,建造了一个多功能的草坪活动空间(图 9-8),它与建筑物和艺术装置共同构成了公园的核心剧院。在这里,人们可以举办展览和音乐会等。设计师将丛林中的旧硬质化地面变成了孩子们的游乐场与人们休憩的空间,在古树下植入新的休息空间和旧工业设备改造设施,让人们感受空间改造后的新活力。同时,人们还能在此看到完整的净水过程,了解水源净化的流程。

4. 延伸历史和文化记忆

该公园通过保护和利用场地的工业纹理和历史背景,突出了项目的特点和历史记忆。设计师对场地内的净水系统和建筑群进行了保护和修复,通过保留大树、工业建筑和清水池等原有空间,增加场所记忆,通过将旧厂房改造成净水技术博物馆,让公众了解净水过程并充分体验 80 年前的空间场景,保留了场所的记忆。

水库是公园中最独特的标志性空间,被设计成多样化的空间。开放式沉淀池恢复了蓄水功能,整合了亲水栈桥、水生植物和亲水平台,创造了生态湿地,而封闭式的沉淀池切割了顶部结构,保留了底层通风走廊和结构系统,并融入了参与式城市功能和艺术装置。重建后的水库承载了市民与历史空间之间最强烈的互动和对话。同时,场地中那些报废的机器也被保留下来,被赋予了新的艺术形象,创造了新的城市主题,并与市民和环境产生了共鸣(图 9-9)。

图 9-8　草坪活动空间俯瞰图　　　　　　　　图 9-9　现场照片

5. 调整产业结构

该设计将文创办公、商业、艺术中心、博物馆、展览馆等业态融入园区建筑,打造开放、多功能、生态的创意办公产业集群。产业结构的调整带动了存量土地的转化,激活了周边土地的价值。

(四)景观绩效

设计师将包括森林景观走廊和本地动植物栖息地的 300 ha 绿地穿过线性场地,许多原始的历史建筑被保留和重新利用。新的游乐和艺术区域为所有年龄段的游客提供了游乐休闲的空间。

(资料来源:https://www.asla.org)

四、密西西比州立大学雨水花园

(一)基础概况

设计者:Anas Bdour、Jessica Camp、Wilson Carson 等团队成员。
原场地类型:校园。
位置:密西西比州斯塔克维尔市密西西比州立大学。
总面积:32 ha。
获奖情况:2017 年 ASLA 学生奖。

(二)项目背景

项目团队由 10 名景观设计专业学生、10 名平面设计专业学生和 1 名土木工程专业学生组成。该项目分三个阶段设计和建造:首先,景观设计专业与土木工程专业的学生一起确定、设计和建造基本的盆地结构;然后,2 名景观设计专业的学生设计了园林细节并实施了种植计划;最后,景观设计专业和平面设计专业的学生设计了蓄水池围栏和讲述雨水花园故事的挂图,并将蓄水池围栏建造完成。

(三)设计策略

1. 广泛的受众

作为一个示范点,该项目通过多个层次的信息图解传达了城市径流的可持续理念。每个级别都有不同的目标受众,从新手到经验丰富的专业人士皆有。传统的挂图使用易于理解的术语和参考资料解释了盆地的层次和优势,有效增加了花园的受众(图9-10)。

一系列的技术图给当前和未来的设计专业人员传达了更详细的信息,他们可从中了解雨水花园的设计细节。花园本身是一个三维流程图,其中箭头和文字解释了水在花园中的移动方向和位置,解释了雨水管理的步骤,涉及如何收集、输送、储存和管理城市景观中的径流。流程图的最后一步是"管理",四个管理图代表了雨水花园的四个主要功能(延迟、冷却、吸收和清洁)。

设计师还为游客提供了更为详细的解释雨水花园的小册子,帮助游客了解雨水花园的相关知识。

2. 利用蓄水池储存大量雨水

作为一件艺术品,蓄水池围栏的设计参考了雨水的运动,通过简单的图像化语言帮助游客认识雨水花园。蓄水池上的技术图详细解释了大量水是如何储存到 9 m^3 蓄水池中的。

(四)景观绩效

作为展现绿色基础设施设计的公园,它是向公众推广可持续设计理念以及激励后代观察周围世界的宝贵工具(图9-11)。

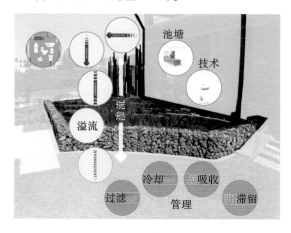

图9-10 分析图

图9-11 场地实景图

(资料来源:https://www.asla.org)

五、惠德比岛公寓

(一)基址概况

设计者:Berger Partnership。
项目类型:改造/功能替换。

位置:美国华盛顿州惠德比岛。

气候:温带大陆性气候。

总占地面积:40 ha。

获奖情况:2019 年 ASLA 住宅设计类荣誉奖。

(二) 项目背景

项目客户是一位野生动物摄影师和一位铁匠,两人搬到了惠德比岛西南角这个树木繁茂,距离西雅图以北 20 分钟渡轮路程的海滨场地(图 9-12)。他们为了不破坏原有的岛屿景色,将自己的家安置在一个从海上不容易看到的地方。房屋位于距离森林和草地交界的悬崖边缘几百米处,靠近水的一侧开放而广阔,与地形完美结合,让人感觉建筑就像是从现场生长出来的一样(图 9-13)。

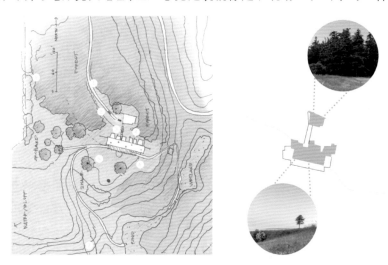

图 9-12 平面图与部分视角实景

图 9-13 森林氛围浓郁

（三）设计策略

1. 环境敏感型设计和可持续策略

景观设计师和建筑师团队依据场地的生态情况展开设计,以布点的方式布置了卧室、浴室、媒体室,为蕨类植物和湿地池塘的生物留出了生长空间。设计结合场地地形有效解决了水的再利用、场地影响和视线遮挡等问题,保持了场地的生态完整性。

2. 通过设计道路的起承转合,将主屋隐藏在森林中

砾石车道的尽头是一个小停车区,在这里可以稍微瞥见开阔的森林结构,那里有一条柔和、弯曲、光线微弱的人行道引导游客走向房子,道路旁的景观郁郁葱葱。

3. 植被绿屋顶和雨水花园

明亮的植被覆盖了房屋面向森林一侧的屋顶,并将雨水直接引入下面的雨水花园景观。屋顶种植了本土植物,满足客户身临自然的奇妙体验需求。

4. 采用本地植物

雨水花园主要种植本地植物,沿现有地形和已有的几个生态区展开设计,追求与自然的和谐统一,营造原生态的狂野感。

（四）景观绩效

项目设计遵循可持续发展理念,从一栋老房子里回收和再利用地板、木镶板、木门槛、木柜台、钢螺栓和桥梁垫圈。选择新材料时,采用重金属含量低、维护成本低且随着使用时间的增加而变色的材料,希望材料随着时间的变化能够与周边环境融合。从亭子屋顶和雨水花园收集雨水并将其储存在 36.4 m^3 的蓄水池中,然后雨水被泵送到位于车库的过滤系统,用于冲洗厕所、洗衣和灌溉场地。

（资料来源:https://www.asla.org）

第二节　点状雨水花园建设案例

一、西德维尔友谊中学

（一）基址概况

设计者:Kieran Timberlake Associates 事务所。
项目类型:学校/中学/湿地恢复。
原场地类型:公共机构。
位置:美国华盛顿州哥伦比亚特区威斯康星州大道。
气候:副热带湿润气候。
总面积:6690 m^2。

预算:400 万美元。

竣工日期:2007 年。

(二) 项目背景

西德维尔友谊中学原有建筑旁空间为单一、修剪整齐的草坪景观,缺少户外停留空间及吸引力,维护成本高,雨水流失严重,经过设计后发生了很大的改变(图 9-14、图 9-15)。

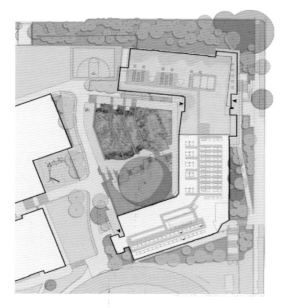

图 9-14　设计总平面图

图 9-15　设计前后对比图

(三) 设计策略

1. 系统设计(建筑顶面、侧面、地面一体化设计),寓教于游

雨水通过绿色屋顶时进行截留并处理。绿色屋顶由平均 10 cm 厚度的介质组成,并种植有耐旱植物,可吸收大约 65% 落到屋顶上的雨水,并通过土壤介质进行过滤,在泵送到生物滞留池之前,贮存在地下蓄水箱中。同时,收集来自厕所及水龙头的废水后就地处理,流经沉淀池、湿地及其他过滤设施。经过系统处理的雨水直接用于冲洗学校的厕所,减少对饮用水的使用(图 9-16、图 9-17)。蝴蝶园、人工湿地、生态池、绿色屋顶及户外教学课堂的设计激发了场地活力,具有重要的科普教育意义,有利于环境意识在师生及外来游客中推广。

(a)

(b)

图 9-16　雨水系统设计

(a)水质测量实验;(b)植物景观

围绕人工湿地及雨水花园形成的"梯田"台阶式平台成为八年级学生的户外教室及试验空间,可供开展蔬菜园艺、绿色屋顶技术、雨水管理策略及生态管理意识的学习交流。教育标识系统包括用于说明污水沉淀过程的壁画。

图 9-17　场地剖面图

2. 植物多样,具低维护性的乡土特色

植物设计中使用了来自切萨皮克湾地区的 80 多种乡土植物品种,代替了需要高维护成本的草坪景观,减少了杀虫剂的使用及灌溉频率。本地植物的种植形成了良好的生态环境,包括红枫、檫木、牛眼向日葵(产于美洲)、山玄参属草本植物及乳草属植物。湿生、水生植物包括鸢尾属植物、芦苇、香蒲、大麻黄、灯芯草、球子蕨、水百合、梭鱼草等,吸引当地的鸟类及昆虫栖息,为濒危物种如雪鸮、黑脉金斑蝶等提供了新的栖息地,恢复了生物多样性。绿色屋顶的景天属植物等的应用及太阳能光伏板的设置,具有较强的生态友好性。

3. 废弃物利用,景观重生

建筑和景观建设运用了大量可再生材料。石材来自废弃采石场,楼梯材料来自被拆除的铁路大桥,建筑的外表皮材料是具有 100 年历史的葡萄酒酒桶,地板及装饰材料由从美国马里兰州巴尔的摩海港打捞回用的岸桩制成(图 9-18)。

图 9-18　场地内废弃材料的景观重生

(四) 景观绩效

1. 环境效益

每年可阻止超过 1445 m³ 的污水进入哥伦比亚特区的下水道系统,从而节省 1687 美元的下水道管控费用。通过将雨水处理回用于抽水马桶,每月减少 38.6 m³ 饮用水的消耗。绿色屋顶能

够截留一年降雨量的 68%，共 44.64 m³。将再生回用木材和 77.5 t 的石头用于铺地、墙壁及楼梯，避免将近 100 t 的废弃材料进入垃圾填埋场。

2. 社会效益

在最初的 5 年，超过 10000 名游客参观了场地，从而促进了环境保护相关知识的宣传，超过一半的参观活动由学校八年级的学生组织和引导。

(资料来源：http://landscapeperformance.org/case-study-briefs/sidwell-friends-middle-school#/lessons-learned)

二、詹姆斯麦迪逊大学生物科学楼景观

(一) 基址概况 (图 9-19)

设计者：Rhodeside & Harwell。

项目类型：学校/大学。

原场地类型：公共机构。

位置：美国弗吉尼亚州哈里森堡。

气候：大陆性气候。

总面积：12140 m²。

预算：120 万美元。

竣工时间：2012 年。

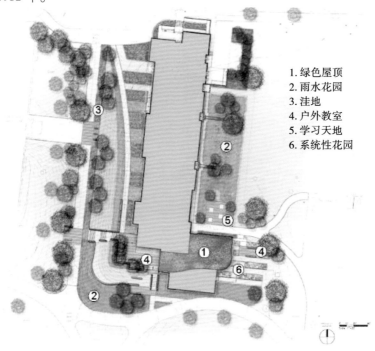

1. 绿色屋顶
2. 雨水花园
3. 洼地
4. 户外教室
5. 学习天地
6. 系统性花园

图 9-19　总平面图

（二）项目背景

场地地形较陡峭，起伏变化大（图 9-20），给使用者的进入及活动空间的设计造成了一定困难。当地政府对雨水利用的规定也对场地设计产生了一定的限制。

图 9-20 场地设计前景观

（三）设计策略

1. 营造户外教学空间，寓教于游

设计由全体师生参与，设计后的场地作为环境学专业学生的教学场地。展示功能独特的本土植物，具有一定的教育意义。设计利用现状地势并做阶梯状处理，将其作为户外教室的组成部分。各种各样的本地树种和多年生植物组成植物景观。新增的 344 m² 聚会和休憩空间包括 2 个户外教室和雨水花园内的 4 个学习立方体，还通过摆放长凳创造出人与雨水互动并可供人近距离观察的小空间。设计鼓励学生使用当地植物与建筑之间的空间（图 9-21）。

图 9-21 细节设计

2. 人流动线与雨水设施相配合，雨水过程可视化

446 m² 的绿色屋顶主要种植有景天属植物，两条 9.1 m 长的小溪将屋顶落水管的雨水排入东部雨水花园的中心，每条小溪底部放置有钢水堰和光滑的鹅卵石。一条弯月形的混凝土小径连接了主要道路、巴士站及生物科学楼的入口，紧邻种满当地草类及多年生花卉的浅洼地，雨水径流能够由此流入地势较低的雨水花园中。

绿色屋顶、雨水花园及小溪等展示了雨水运输和处理的全过程,邻近主要步行道设计的钢格栅座椅及安全围护拉近了植被浅沟的可视距离,使学生能够和雨水景观系统进行互动。浅洼地和微微倾斜的雨水花园都强调了几何曲线的设计主题。迁移的巴士站和两个新的自行车停放架进一步鼓励人们选择步行和骑自行车两种出行方式(图 9-22)。

图 9-22 绿色屋顶及步行空间

3. 乡土植物配置,低维护性

植物由师生亲自挑选,能够用于课堂教学。场地内有 38 种当地乔木和 23 种灌木。雨水花园不需要灌溉,但在成林期维护人员会使用滴灌的方式促进植物生长(图 9-23)。

图 9-23 丰富多样的乔灌草植物

(四)景观绩效

1. 环境效益

两个雨水花园代替了原来 3480 m² 的不可渗透场地,能够减少 65% 的总磷。经估算,占全部屋顶 16% 的绿色屋顶能够减少 12% 的年屋顶径流量或 499 m³ 的雨水径流量。75 棵新种的当地植物每年能够吸收大约 1.5 t 的碳排放量,同时每年能够截留超过 22.7 m³ 的雨水。经估算,绿色屋顶的设计相较于黑色屋顶每年能够节省 9700 kW·h 的电量,相较于白色屋顶每年能够节省 1330 kW·h 电量。

2. 社会效益

该雨水花园每年平均可为 4242 个在生物科学楼上课的学生提供户外学习的机会和社交空间。

(资料来源:http://landscapeperformance.org/case-study-briefs/jmu-bioscience-building-landscape#/challenge-solution)

三、托马斯杰斐逊大学鲁伯特广场

(一)基址概况

设计者:Andropogon Associates, Ltd.。

项目类型:大学/广场。

原场地类型:公共机构。

位置:美国宾夕法尼亚州费城第十街和刺槐街交会处。

气候:温带大陆性气候。

总面积:6474 m²。

预算:总预算为 600 万美元,其中,景观与建筑的预算为 160 万美元。

竣工日期:2006 年。

(二)项目背景

基地受制于两块硬质的停车区域和人行铺地空间,绿化比重小,缺少一定的活动停留空间,雨水流失严重(图 9-24)。

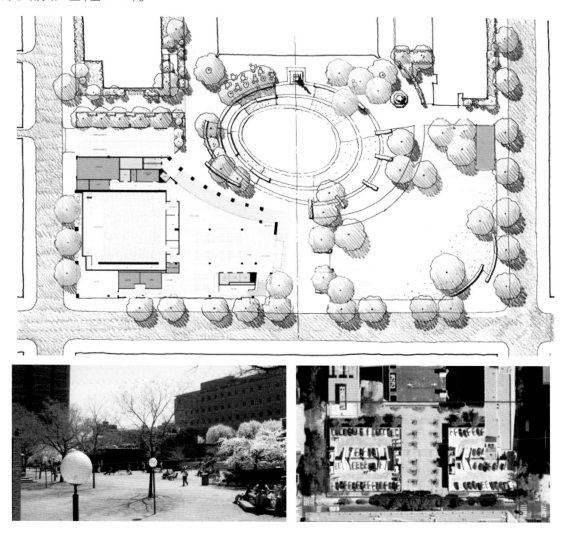

图 9-24   总平面图及设计前场地概况

（三）设计策略

1. 空间对比上以小见大，功能复合以激发活力

新建广场适用于学术交流和举办庆典活动，旨在为周边社区提供分享空间。平面形式为中心辐射的椭圆形，使得被高大建筑围合的空间更加开阔，以减少大楼的挤压感（图 9-25）。

图 9-25　广场中心及其多样化的活动形式

多变化的环形或条状花岗岩长凳既作为空间肌理，也作为重要的休憩停留设施，有利于开展多样化、随机性的活动。场地覆盖了地下停车场，将原来单一的停车功能空间转变为集吃、学、玩、停车于一体的复合功能空间。该空间具有重要环境效益和社会效益，服务大学校园及周边社区，主要服务对象包括学生、教师、医院人员、社区居民及办公人员，适于动静相结合的活动形式。

2. 可渗透路面及植被覆盖，增加广场可渗透率

广场由 53 棵树环绕，尽可能增加场地的透水面积，通过树冠、草皮及透水铺装的下渗截留雨水，改善了土壤介质，增强了场地的透水性。设计后的场地整体可渗透面积由原先的 7% 增加到 40%，使用有机材料和轻型骨料添加物增加了绿色屋顶种植土的持水能力（图 9-26）。

图 9-26　可渗透的路面及植被覆盖区

3. 地下、地面及地上空间相协调，利于蓄积雨水

地下停车空间顶面距地面的垂直高度为 0.9 m，广场的设计必须满足屋顶绿化的工程规范及种植要求。一个 77 m³ 容量的蓄水池毗邻刺槐街，为树木和草坪提供灌溉水源。蓄水池宽约 3.6 m、长约 48.4 m，平行于人行道分布，避开地下基础设施和树木。设计其切口时，要避开树根。广场上植物的灌溉水源来自雨水和空调冷凝水，饮用水则来自地下蓄水池（图 9-27）。

图 9-27　地下蓄水池结构

(四) 景观绩效

1. 环境效益

对于 6474 m² 的场地来说,设计后场地能够截留 2.5 cm 的降雨量,是将近半个城市街区的量。每年可截留和回用多达 80 m³ 的雨水和空调冷凝水,并将其用于灌溉。

2. 社会效益

调查显示,88%的受访者在广场上停留时情绪变得更加积极;63%的受访者在广场上停留时压力得到了缓解且应对压力的能力得到了提高;81.2%的受访者表示,广场的存在能够明显提高他们对学校的满意度;90.7%的受访者表示,广场能够提高他们对城市整体环境的满意度。

(资料来源:图 9-24、图 9-26 来自 http://blog.sina.com.cn/s/blog_673c8b9e01014 mbb.html;图 9-25、图 9-27 来自 http://landscapeperformance.org/case-study-briefs/thomas-jefferson-university-lubert-plaza#/project-team)

四、皮特·多梅尼西美国法院景观改造

(一) 基址概况

设计者:里奥斯·克莱门蒂·黑尔设计工作室。
项目类型:市政/庭院/广场。
原场地类型:公共场所。
位置:美国新墨西哥州阿尔伯克基。
气候:高温沙漠性气候。
总面积:18616 m²。
预算:280 万美元。
竣工时间:2013 年。

(二) 项目背景

项目所在地为高温沙漠性气候,大型公共广场在烈日暴晒之下,几乎全天处于高温状态,人流量几乎为零。大规模的公共草坪区每年的灌溉水需求量高。该广场的资源利用率低,与周边环境格格不入,缺乏公众活动空间(图 9-28)。

图 9-28　设计前场地环境

（三）设计策略

1. 废弃材料回用,场地肌理延续,增加公众活动空间

改造的主要措施包括雨水收集、暴雨管理、节能照明、太阳能板应用、本土和耐旱植物种植。场地种植了 80 多棵树,使用灌溉水管、混凝土、泡沫填充材料省去的花费占总材料花费的 25%。当地艺术家道格·海德为原先项目场地打造的 4 个石灰石雕塑被放置于入口广场的地势最高处,即雨水花园的水源源头处。超过 1950.9 m² 的混凝土铺地被回用于建造场地中的墙体和长凳,混凝土矮墙分布于皂荚树的树荫下,形成重要的休憩空间(图 9-29)。

图 9-29　场地保留的雕塑、混凝土材料制成的长凳及石灰石雕塑

该项目景观特色之一是对角线设计布局(图 9-30),灵感来自普韦布洛城市布局中的当代抽象元素,为法院建筑打造了一处基于当地历史文化的特色景观空间。此外,设计师在设计时参考了曾流经该区域的灌溉水渠性运河这一历史性水文信息。

图 9-30　对角线设计布局及休憩空间

2. 保护古树,结合地势及分区配置多样化的本土适生植物

项目配置有58%的本土植物,场地内87棵北美特产的皂荚树和梧桐树被保留。设计者和树木研究者取得合作,根据树木保护的监测结果采取措施,如注意土壤压实的限度,以保护树木的健康。护根覆盖物有效保留了更多的土壤水分,覆盖材料包括来自新墨西哥州农田的山核桃壳和无机岩石。园中分别种植了两大类本土植物:较高层台阶处种植着耐旱性较强的植物,而相对耐潮的植物则种植于较低的各层台地中。这些层阶式雨水花园的地面由紫红色和金色风化花岗岩(石粉)混搭铺砌而成。毗邻第三大街的东面园区与毗邻第四大街的西面园区除了种植有鼠尾草、日落牛膝草、钓钟柳,还种植着成片的皂荚树,形成富有生趣的光影效果。中央阶式雨水花园有左、中、右三个不同分区,其间的两条入口步行长道形成三个分区的界线,地势不同的区域种植着各类植物:地势较低的偏潮湿区域中种植着得克萨斯州榭树、麻黄、格兰马草、雏菊、毛百合、黑脚菊、波斯菊;地势适中的阶式区域内种植着阿巴伽羽果树、铺地木蓝、耐酸蒿、俄罗斯鼠尾草;地势偏高的缺水区域内种植着龙舌兰、蕉叶丝兰等耐旱植物(图9-31)。

图9-31 植物配置

两条入口步行长道向着法院建筑的主入口逐渐升高,入口植栽园正面朝向中央阶式雨水花园。大型阶式浅层植栽池中种植着黄荆、耐酸蒿、龙舌兰、仙人掌、粉黛乱子草和钓钟柳。略高于装饰格栅的悬浮式种植槽下方安装着相应的景观照明设施,为夜晚的植栽区营造出迷人的灯光效果。装饰格栅以同心圈几何纹饰图案为原型,刻画出雨滴溅入水中泛起层层波纹的生动情境,也使得场地内的雨水流向清晰可见。

法院主体建筑的后园景观区中还设有一处停车场,其植栽景观以生态草沟形式呈现,种植有栾树、粉黛乱子草、格兰马草、蓝羊茅、毛百合和耐酸蒿等植物。这处景观区位于项目场地的西北角,其景观主体是一块悬浮式草坪,圣母雕像立于草坪中央,四周都设有休憩长椅。法院建筑后园景观区中也种植着与前园入口植栽园相同的植物,如栾树、耐酸蒿、俄罗斯鼠尾草、麻黄、格兰马草、雏菊、毛百合、黑脚菊、波斯菊及粉黛乱子草等。

3. 雨水管理形式多样,使用环保能源

暴雨管理系统包括3个主要装置设施,用于减缓雨水流速并实现场地内的雨水运输。在停车场区域,雨水顺着一系列排水沟流入礁石林立的生物洼地。场地南部边缘的一系列台地花园实现了雨水的承接、渗透及净化。4046.8 m² 屋顶上的雨水流入地下2个总容量为60.6 m³的蓄水池,并与滴灌系统相结合,用于灌溉耐旱景观。对大型建筑屋顶上的雨水进行有效的回收和再利用能够满足场地植被的灌溉需求。项目还建设了适当的地下雨水集蓄空间,确保雨水的地下储存量,将原先不必要的大面积地面铺装移除,铺砌漫步小径,以提供大量的遮阴休憩场所,从而缓解热岛效应(图9-32)。

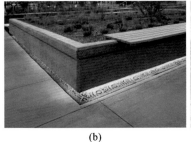

(a)   (b)   (c)

图 9-32　雨水管理系统

(a)停车场区域;(b)悬浮式草坪;(c)鸟瞰图

2159 m² 硬质景观材料的太阳能反射率值超过了 29%,树木为 2883 m² 的地表提供树荫遮挡。项目在较低的建筑屋顶上安装了太阳能电池板,发电量为 27.5 kW·h,为景观照明提供电能。

(四)景观绩效

该景观改造可减少雨水花园、生物滞留池、岩石园及过滤设备处理场地内 95% 的相关污染物,减少 90% 的地表径流量,避免 86% 的饮用水用于灌溉,每年能够产生 43100 kW·h 的电能,99% 的电能用于户外照明。从废弃物填埋场挖掘了 480 t 废料和施工废弃物进行再利用,节省了大量垃圾处理费。

(资料来源:①植物部分内容及左上角有标注"90°"的图片来自 http://www.90dg.cn/landscape/2014/0930/189.html;②其余内容来自 http://landscapeperformance.org/case-study-briefs/domenici-courthouse-landscape#/sustainable-features)

五、波特兰塔博尔山中学雨水花园

(一)基址概况(图 9-33)

设计者:Kevin Robert Perry 景观设计事务所。
项目类型:学校/中学。
位置:美国俄勒冈州波特兰。
气候:温带海洋性气候。
总面积:185.8 m²。
预算:52.3 万美元。
竣工时间:2007 年。

(二)项目背景

该项目场地改造前,合流下水道一旦遇大暴雨事件就会发生超负荷现象。场地主要问题是空间利用率不足和小气候温度过高,即使天气温和,沥青停车场产生的热量也会使教室温度上升。

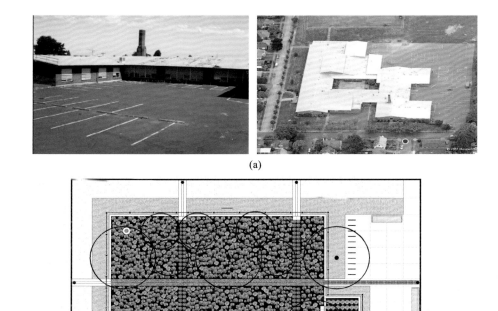

图 9-33　设计前场地概况及设计总平面图

(a)设计前场地概括；(b)设计总平面图

（三）设计策略

1. 系统性设计，连贯递进

建筑周围设置一系列的植被渗透设施和旱井，将沥青铺设的停车场改造成一个有创意的雨水花园，而且解决了当地街道错综复杂的下水道问题。

学校南面的雨水花园收集来自屋顶及沥青路面的雨水径流。屋顶雨水通过雨落管流到水泥排水道上，通过混凝土飞溅石流入雨水花园。沥青区域的雨水通过 5.4 m 宽的排水沟渠排入雨水系统的前池，前池达到饱和状态时雨水溢流进雨水花园的主要空间。主隔间积水达到 2.4 m 深度时，雨水溢流到暴雨收集系统中。生态洼地设置多个可调节的围堰拦沙坝以拦蓄径流和增加渗透。

随着暴雨强度的增加，雨水花园内的雨水径流高度逐渐上升，一旦超过 20 cm 的设计深度，水就溢流并进入与雨水花园相连的下水道系统。雨水花园的下渗率为 5～10 cm/h，这意味着任何滞留在雨水花园中的径流都能在几个小时后完全下渗。雨水花园收集并净化了从 787 m² 的屋顶、停车场及沥青场地汇聚的雨水径流。一旦雨水流入雨水花园，植物和砾石将在雨水最终抵达城市排水系统之前吸收和保存近 4 m³ 的雨水(图 9-34)。

图 9-34　雨落管、水泥排水道、雨水箅子及雨水花园景观

2. 规则式空间划分,满足就近参观及教育功能

通过小砾石铺装的小径将教室前绿地划分为规整的小空间,0.6 m 宽的砾石长廊面向东边,把雨水花园的两端连接起来,让游客能看到水流汇合成的跌水进入雨水花园。自行车停车架、杆链围护栏隔离了人行道与雨水设施。因为场地位于学校这类人流活动集中的场所,设计还考虑了雨水花园对交通的影响,同时设置了一些方便参观者近距离观察雨水花园的设施,充分发挥其教育功能(图 9-35)。

3. 乡土植物种植,类型多样

园中所采用的植物皆是短期耐涝、具有观赏价值的本土植物。雨水花园的植物配置充分考虑了不同植物的颜色和纹理的搭配。主要植物包括莎草类、灯芯草、蓝果树及白杨(图 9-36、图 9-37)。

图 9-35　可视化教育学习空间

图 9-36　植物配置名录

图 9-37　雨水花园中的植物种植效果图

（四）景观绩效

据估计,雨水花园的成功运营,连同学校其他雨水处理设施改进计划,在污水处理设施建设中将节省大量更新费用。

（五）设计评述

项目结合学校的停车场区域、运动场区域、外围街道空间及雨落管下的分隔式小空间,形成基于校园整体环境的弹性景观设计。

（资料来源:①图 9-33 来自 http://www.portlandoregon.gov;②图 9-34 至图 9-37 来自 http://landscapevoice.com/mount-tabor-middle-school-rain-garden/、http://www.yuanlin8.com、http://photo.zhulong.com/proj/detail23549.html;③文字内容来自以上网站信息的汇总整理）

六、信义会总医院病人塔

（一）基址概况（图 9-38）

设计者:David Yocca。
项目类型:医疗保健设施。
位置:美国伊利诺伊州帕克里奇。
气候:温带大陆性气候。
总面积:6070.2 m² 地面绿化和 2023.4 m² 屋顶绿化。
预算:200 万美元。
竣工日期:2009 年。

（二）项目背景

项目开发前,场地由被草皮覆盖的绿色空间组成,景观形式单一,缺少户外休憩活动空间,存在滞水不畅的现象。项目设计目标是满足高水平的 LEED 绿色建筑认证。区域绿色基础设施的规范标准缺乏,地下蓄水的设计未得到应用(图 9-39)。

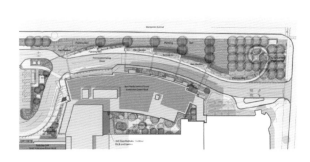

图 9-38　总平面图

图 9-39　设计前场地环境图

（三）设计策略

1. 弹性设计，雨水滞留区的不同使用体验

雨水滞留区及蓄水系统遍布场地，以实现雨水的滞留和渗透。螺旋形雨水滞留区域除大暴雨天气外，一般都处于无积水的状态。其以"玩耍中的儿童"主题雕塑为中心节点，兼有冥想花园的功能，位于街道拐角处并紧邻公共汽车站。雨水花园略低于街道，作为截留雨水并消除城市街道噪声的空间，将医院景观与周边社区连接在一起。绿色屋顶、可渗透铺装及雨水花园收集、渗透雨水并将雨水输送到地势较低的螺旋形雨水滞留区域中，实现雨水的可视化设计。雨水径流流向图及场地剖面图见图 9-40。

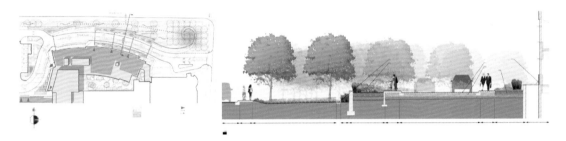

图 9-40　雨水径流流向图及场地剖面图

2. 植物配置本土化，易于管理

铺地具有可渗透性，能够节省融雪剂的使用，减少路面的维护管理费用。设计选择种植的植物中 65% 为本土植物，剩下的 35% 为非侵入性的适用性品种植物，具耐旱性和低维护性，可渗透并能净化雨水（图 9-41）。

图 9-41　雨水花园、生态洼地及种植槽内植物景观

3. 康复景观，具医疗效果的户外空间

户外空间设有供人休憩的座椅，满足人们独处和交流的需要，并且兼顾儿童的行为心理特征，便于其近距离亲近植物。项目通过种植具有康复效用的植物及设置具有康体特征的景观设施，提供具有医疗效果的户外园林空间（图9-42）。

（四）景观绩效

1. 经济效益

传统的景观建设成本比具有雨水收集功能的景观设计高出了 5.5%～9.1%。医院对水质有

图 9-42　座椅、肿瘤治疗室及"玩耍中的儿童"主题雕塑

严格的要求及健康标准,并不回用收集的雨水。项目建成后每年的养护管理费用明显减少,如化学肥料、除草剂费用等,具有较好的经济效益。

2. 社会效益

经过调查发现,建成后的康复花园及雨水花园景观有效地缓解了病人及家属的压力和痛苦,同时对病人的康复具有一定的促进作用。

(资料来源:① 图 9-42 右图来自 https://www.steelcase.com/insights/case-studies/advocate-lutheran-general-hospital/;②其余图片及内容来自 http://landscapeperformance.org/case-study-briefs/advocate-lutheran-general-hospital)

七、布法罗公立学校♯305 麦肯利高中

(一) 基址概况

设计者:Joy Kuebler Landscape Architect,PC。
项目类型:学校/高中。
位置:美国纽约州布法罗。
气候:大陆性气候。
总面积:9105.4 m²。
预算:3000 万美元。
竣工时间:2012 年。

(二) 项目背景

场地位于密集住宅区,周边几乎没有多余场地可供扩张发展。鉴于纽约州环境保护部雨水相关规章条例的出台,以及环境扩建带来的雨水质量改善问题,麦肯利高中决定将运动区域保留,而不是将其改建成雨水湿地景观(图 9-43)。

(三) 设计策略

1. 寓教于游,师生参与建造管理

该学校作为职业高中,服务于 1100 位学生。来自 12 个不同科属的 20 棵树形成了小型的植

图 9-43　设计前环境及总平面图

(a)设计前环境;(b)总平面图

物园。学生可以在此学习辨别植物和对植物进行修剪。学生动手建造绿色屋顶之前,应先了解屋顶绿化的构造材料和组成部分。156 m² 的内部庭院种植床采用最低限度的设计,剩下的部分交由学生种植管理,庭院中可渗透铺地占 27.4 m²(图9-44)。

图 9-44　屋顶及庭院景观效果

(a)屋顶绿化准备;(b)屋顶绿化效果;(c)主入口后面庭院景观

2. 本土种植,材料环保

植物种植包括乔木、灌木、观赏草类及多年生植物,满足了学校园艺学的课程需求,超过一半的观赏植物来自美国东部。144.2 m² 的绿色屋顶采用当地生产的 100% 可回收的高密度聚乙烯塑料托盘系统,种植景天属植物。禁止使用化肥、杀虫剂及灭草剂。25% 再生金属含量和获 FSC 森林认证的可持续木材用于制作校园的长凳,80% 再生金属含量的材料用于制作垃圾箱。

3. 线性切割,不同设计形式及元素的雨水滞留区组合

学校包括 4046.8 m² 的运动场、817.5 m² 的花园和 408.7 m² 的内部庭院空间。设计保留原有的运动场地,安装了砂滤装置,处理来自 1012.6 m² 现有停车场的雨水径流,从源头过滤雨水。面积为 157.9 m² 的雨水花园收集来自邻近人行道和学校主要入口的雨篷雨水。容量为 11.3 m³ 的

地下蓄水池收集人行道和绿色屋顶的雨水,蓄存雨水并将其用于庭院里的人工喷水池,通过手压泵将喷壶填满,可用于洗手(图9-45)。

图9-45　雨水收集、渗透、滞留区及手压泵

(四) 景观绩效

1. 环境效益

学校建筑的扩建虽增加了14%的不透水面积,场地的雨水峰值流速仍能应对100年一遇雨水事件。绿色基础设施的使用减少了约304.3 m³的年径流量,相较没有绿色基础设施的情况减少了32%的径流量。每年减少排放226.8 g的氮和230 g的磷。收集的雨水可用于庭院灌溉,每年节省36.3 m³饮用水,满足98%日常需求。

2. 社会效益

每年为100名学生提供参与学校园艺证书项目的动手实践学习机会。麦肯利H.S园艺证书项目增加了学生的入学量,促进了学校的招生发展。

3. 经济效益

设计为20名学生提供暑期就业训练场地,每6周能够获400~1275美元。

(资料来源:http://landscapeperformance.org/case-study-briefs/mckinley-high-school-buffalo#/challenge-solution)

八、深圳大学土木结构实验楼旁雨水花园

(一) 基址概况(图9-46、图9-47)

设计者:深圳大学建筑设计研究院。

项目类型:学校/大学。

原场地类型:公共区域。

位置:中国深圳大学土木结构实验楼。

气候:亚热带季风气候。

总面积:2000 m²屋顶绿化,907 m²中央庭院。

竣工时间:2013年。

图 9-46　未设计地块环境图

图 9-47　雨水花园总体布局

（二）项目背景

土木结构实验楼由位于西侧的结构实验大厅、东侧的北楼、中间连楼、南楼4栋建筑构成,南楼、中间连楼与北楼围合成中央庭院。遇到大暴雨事件时,场地存在积水不畅的现象。

（三）设计策略

1. 建造绿色屋顶,改造植物生长介质

南楼与中间连楼分别建造了基质为25 cm厚的生态屋顶。该生态屋顶由耐旱植物、种植层(生长介质)、阻根层、砾石层、防水层构成。生态屋顶中设有创新的出流控制装置,可以有效地加强雨水管理、提高蒸散量并提升氮贮留。生长介质将砂土、稀土矿渣、回收再利用的水厂底泥和保水介质(椰丝等)进行合理配比,得到3种不同配比的混合土。建成后生态屋顶无须灌溉、施肥,不施放营养物,几乎无须维护。经过生态屋顶处理的雨水水质可达到国家地表水Ⅱ类标准,削减雨洪径流30%~50%,延长峰值约20 min,减小峰值30%~50%。由于结构实验大厅屋顶防水功能较差,项目仅建造了由建筑废弃物制成的透水砖和由砂土等构成的简易设施(图9-48)。

图9-48　绿色屋顶建成效果图

2. 地表雨水设施连接贯通,实现雨水渗透、运输及滞留贮存

中央庭院内的地表雨水设施由透水路面、生态滞留池、蓄水池、自然排水系统、雨水花园和多功能调蓄池等组成。设置在庭院周边的透水路面由用建筑废弃物制成的透水砖、设有排水花管的碎石透水层铺成。3个生态滞留池用于处理来自未建造LID设施的北侧大楼屋顶(面积约1300 m²)的雨水,以及来自南楼厕所的上清液。2个容量为2 m³的雨水罐安置在生态滞留池南侧,用于蓄滞雨水。自然排水系统将生态滞留池流出的水和部分地表径流输送至雨水花园。雨水通过碎石层内的盲管汇入多功能调蓄池。多功能调蓄池用于收集、调蓄雨水,亦可作为景观湖(图9-49)。

3. 种植乡土植物及改造种植土

雨水花园中堆填了45 cm厚的混合土,种植在其中的再力花、芦苇、风车草等植被对雨水进行进一步的处理。

（四）监测结果

自2013年4月建成以来,深圳大学土木结构实验楼LID设施经历了多场暴雨的考验,其中包括2014年5月11日的特大暴雨。这次强降雨的降雨中心12 h内最大累计降雨量超过

图 9-49　雨水花园建成效果图

430 mm，为 50 年一遇的暴雨强度。深圳大学校园内严重积水，但土木结构实验楼 LID 设施周边区域没有出现任何积水，大大减轻了市政管网的压力。同时，监测结果表明，地表 LID 设施处理暴雨的能力优于生态屋顶。

　　（资料来源：①图 9-48、图 9-49 来自 http：//blog. sina. com. cn/s/blog_4c2aefb2010197qt. html；②其余内容及图片来自刘建，韩雨停，苏艳娇，等. 中国华南地区低影响开发设施典型案例分析[J]. 景观设计学，2015，3(4)：30-39.）

九、北京大学果雨花园

（一）基址概况（图 9-50）

设计主创：张浩，卓康夫。

项目类型：学校/大学，居住区。

原场地类型：交通。

位置：中国北京北京大学宿舍区 30 号楼。

气候：温带季风气候。

总面积：300 m²。

竣工时间：2019 年。

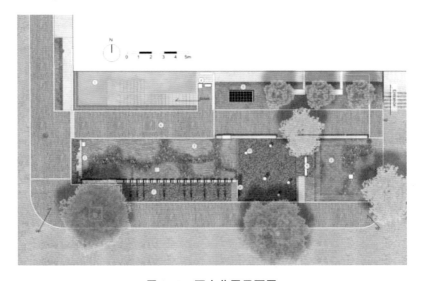

图 9-50　雨水花园平面图

（二）项目背景

北京大学是中国历史悠久的大学之一。在校园南区不到 0.5 km² 的教学和生活区里，共居住了近 23000 名学生，空间资源高度紧张。高密度的建设使得不透水表面急剧增加，导致了严重的内涝和径流污染（图 9-51）。而建筑间的人工草坪却大多处于荒废状态，既不能供人使用，又无益于减少地表径流。

（三）设计策略

1. 根植场地，减少干预

设计师希望对场地施加最小的干预，实现最丰富的功能。设计保留了场地两侧被频繁使用的人行道，对场地原有的树木也进行了保留与利用。柿子树和核桃树限定了主要的活动场

图 9-51 改造前雨涝场景

地,同时将狭长的绿地分成一大一小两个生物滞留池,并由生物滞留池划分出原本占用人行道的自行车停车空间。对场地的最小介入策略不仅满足了施工造价的要求,也更容易在不同诉求中找到平衡。

花园的名字"果雨"来自场地自身。场地原有 4 棵果树,每年 8 月时,结满的果子像雨滴一样落下。这些果树同样也成了设计构思的出发点,姿态奇特的柿子树看上去亭亭玉立,因此设计师在树下留了一个出入口,让行人正好从柿子树下转身进入场地,同时赋予了柿子树入口标识的意义(图 9-52)。

图 9-52 建成效果

2. 设置缓渗结构,合理储蓄、利用雨水

由于花园邻近建筑,为了避免雨水短时间内集中下渗造成不利影响,设计师在生物滞留池的底面和侧面都设置了缓渗结构。降雨时,一部分雨水直接下渗补充地下水,未能及时下渗的雨水会临时存储在雨水罐里。等到雨过天晴,太阳辐射达到一定强度时,水泵将会启动,暂存的雨水通过太阳能水泵回到地面以浇灌植物。

此外,花园还配备了监测系统,维护人员可以在手机上实时查看降雨情况和水箱的水位,便于随时监控水系统运行状态。从 2021 年 3 月至 8 月,共观测了 12 场次降雨的数据。实测数据表明,花园对降雨强度小且历时长的降雨有很好的滞蓄效果,可以实现 85% 的年径流总量控制率;短历时暴雨条件下,来不及下渗的雨水会进入雨水罐(图 9-53)。

3. 邀请学生参与设计,完善花园功能

在这个项目中,学生既是使用者也是设计师,还是甲方和监理。学生主导了从策划到设计再到项目最终落地的全部环节(图 9-54)。参与项目的学生达到 2000 余人,共涉及 12 个校园管理部门。方案评审中,学生表示在宿舍楼前长时间逗留和聚会容易产生很多噪声,强烈反对在花园

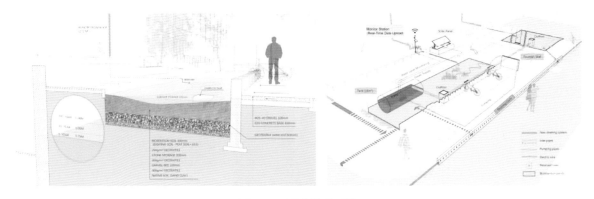

图 9-53　雨水滞留系统

里设置座椅,又希望在花园中可进行一些小范围的娱乐活动,因此设计师设置了钢秋千供学生休息、放松与阅读。为吸引更多非设计专业的学生参与,项目开设了一系列简单有趣的工作坊。这些持续不断的工作坊在提高项目公众参与度的同时,也使花园建设获得了学生的广泛支持。

图 9-54　学生参与花园建设

(四)景观绩效

花园可以吸纳周围 572 m² 不透水表面产生的径流,为宿舍区削减 16 m³ 的雨水径流。SWMM 的模拟结果表明,如果对宿舍区里其他几块绿地都进行类似的改造,共可削减 47.8% 的地表径流,这将减少市政管道的负担,有效缓解内涝(图 9-55)。

丰富的乡土植物群落代替了结构单一的草坪,为校园中刺猬、松鼠等小型哺乳动物的迁徙提供了空间。同时,花园也在高建筑密度的校园中创造了一片绿色景象。

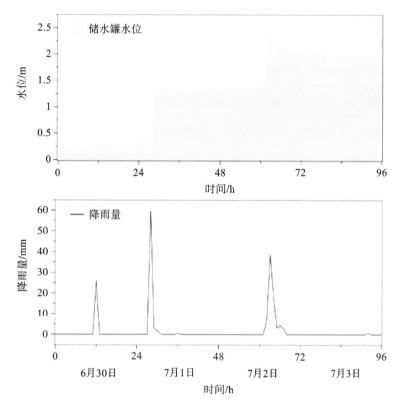

图 9-55　长历时降雨条件下储水罐水位和降雨量随时间变化情况

(资料来源:图 9-51 来自 http://blog.sina.com.cn/s/blog_4c2aefb2010197qt.html;图 9-50、图 9-52、图 9-53、图 9-54、图 9-55 及文字均来自果雨花园,高密度校园里的绿洲,北京/北京大学校园公益营建社 – mooool 木藕设计网)

十、弗莱堡市扎哈伦广场

(一)基址概况(图 9-56)

设计者:Ramboll-Studio Dreiseitl。
项目类型:公园/开放空间,历史广场。
位置:德国弗莱堡市。
气候:温带海洋性气候。
总面积:5600 m² 。
竣工时间:2011 年。

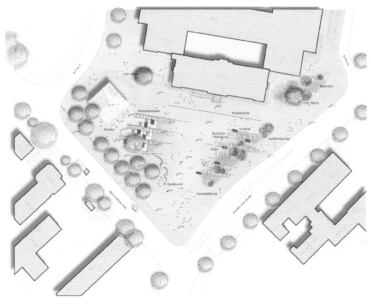

图 9-56 平面图

（二）项目背景

项目所在的弗莱堡市为典型的水敏性城市,该市注重城市设计与城市水循环的管理、保护和保存的结合,从而确保了城市水循环管理能够尊重自然水循环和生态过程。场地前身为铁路院落,附近为 2009 年修复的海关大厦。场地历史悠久,富有年代感,对城市居民具有极大的吸引力(图 9-57、图 9-58)。

图 9-57　改造前场地

图 9-58　改造后场地

（三）设计策略

1. 地上径流透过过滤基质补给地下水,减轻污水系统负载

扎哈伦广场在建设时便使用透水材料,在种植池内设计渗透点,收集降雨。雨水经过内置过滤基质的地下砂石沟之后,一部分雨水直接穿过透水材料下渗,其余部分雨水则通过渠道流入地下水槽。当水槽注满后,从中溢出的雨水再流入蓄水箱,通过蓄水箱继续渗入土壤,整个

过程没有外排的雨水,补给地下水位,减轻了污水处理系统的水压负载。这样的排水结构也使缩进的广场区域成为一个地表防洪区(图 9-59)。

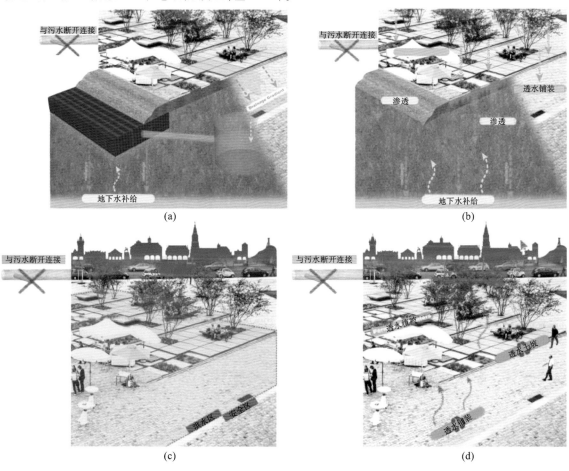

图 9-59 场地设施

(a)暴雨广场常规降雨;(b)暴雨广场 10 年一遇降雨事件;(c)暴雨广场 100 年一遇洪水;(d)暴雨广场干旱

2. 利用原有轨道体系,保留历史厚重感

设计师不仅选用了有历史感、多功能的座椅来呼应原有的铁路和轨道,还将原有的轨道体系再次利用,把它作为地面铺装进行镶嵌(图 9-60)。不仅如此,地面铺装还使用了以往铁路院落场地的可利用材料,尽可能地回收利用旧铁路院落的材料。这样不仅减轻了市政经济的压力,也更为环保,同时也保留了铁路院落本身的历史厚重感,可谓一举三得。

(四)景观绩效

弗莱堡市扎哈伦广场这一新型、清洁的现代化广场设计利用人们对铁路轨道枕木的记忆,即人们的集

图 9-60 广场上举办活动

体潜意识,表达了人们曾经共同拥有的经验、经历和记忆,体现出人们极细微的想象活动,激发人们的想象空间。广场中极具特色的绿色基础设施作为具有美学价值的景观,在满足公众教育精神需求的同时,也可以作为人与自然、人居环境及整体人文生态系统的沟通桥梁。

(资料来源:①图 9-56、图 9-57、图 9-58、图 9-59、图 9-60 均来自弗莱堡市扎哈伦广场,德国/Ramboll Studio Dreiseitl - 谷德设计网;②内容来自金云峰,彭茜,沈洁.海绵城市中绿色基础设施建设与人的审美认识研究[J].中国城市林业,2018,16(4):12-16.)

第三节　线状雨水花园建设案例

一、查尔斯城可渗透街道(第一阶段)

(一)基址概况

设计者:Thomas Price。
项目类型:街道/交通。
原场地类型:居住区。
位置:美国艾奥瓦州查尔斯城。
气候:温带大陆性气候。
总面积:20234.3 m²。
预算:370 万美元。
竣工时间:2009 年。

(二)项目背景

街道退化并导致 16 个街区范围内的居住院落有水淹情况。路面材料破损下凹,对场地的美感、排水造成一定的影响,并对周边的绿地空间造成一定的污染(图 9-61)。

(三)设计策略

1. 使用可渗透铺地材料,改良人行道与路缘石区域之间的土壤成分

项目在可持续发展的暴雨最佳管理实践理念的指导下,使用耐用性强的可渗透铺装材料,保护该地区的历史街道,为相似的街道雨水管理设计提供参考。

改良后的土壤渗透区位于街道的路缘石与人行道之间的区域,可以截留并渗透邻近庭院及人行道的雨水径流。两旁的草坪相较于路缘石顶部倾斜 0.1 m,土壤渗透区截留雨水并允许其渗入混合了表层土、砂、堆肥的改良土壤,能够更好地实现雨水的渗透及滞留(图 9-62)。

可渗透街道表面由砂砾层的联锁预制混凝土单元铺地组成,雨水以 0.05 m/h 的速度从铺地缝隙流到地下的砂砾储水层,孔隙率为 36%、深 0.6 m 的砂砾层将来自路面的雨水储存起来。在

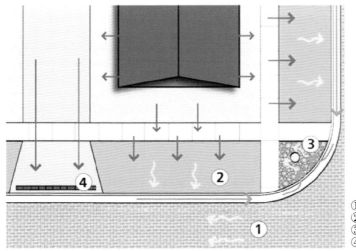

① 多孔铺地
② 改良后的土壤渗透区
③ 卵石渗透区
④ 雨水箅子

图 9-61　雨水收集系统图及设计前环境图

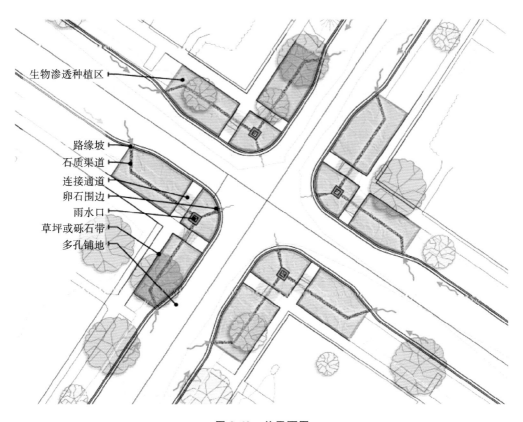

生物渗透种植区

路缘坡
石质渠道
连接通道
卵石围边
雨水口
草坪或砾石带
多孔铺地

图 9-62　总平面图

道路的中心,砂砾层深度约达1 m。在0.6 m深的位置,直径为0.15 m的多孔管穿行其中。砂砾层下的构造分别为土工布织网、粉砂路基土及0.9 m深的粗砂路基土。发生大暴雨事件时,水位上涨到砂砾处储水层后,雨水通过多孔管道输送到下水道系统(图9-63)。

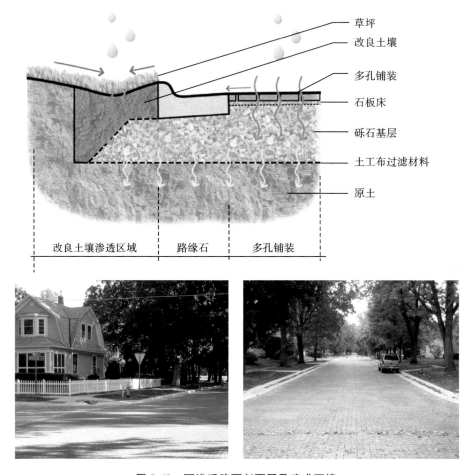

图 9-63　可渗透路面剖面图及建成环境

2. 卵石渗透区设置溢流设施

卵石渗透区分布于十字路口的拐角处,多余的路面雨水流到路边排水沟,通过路缘石切口流向卵石渗透区。在进到可渗透铺装系统下的砂砾储水层之前,雨水先渗入地上的卵石层和0.2 m深的碎石层。卵石渗透区按2.54 m/h的渗透量设计,区内多余的雨水通过高出的雨水口排入现有的下水道系统。

3. 增加植景空间,雨水箅子线性分布

街道上的雨水箅子能够过滤和截留来自路边用地及未铺砌路面的沉淀物。雨水从小径流入金属沟格栅,通过0.1 m深的碎石过滤层后进入砂砾储水层。项目建成后,路面宽度从13.4 m减少到9.5 m,增加了植物种植区域(图9-64)。

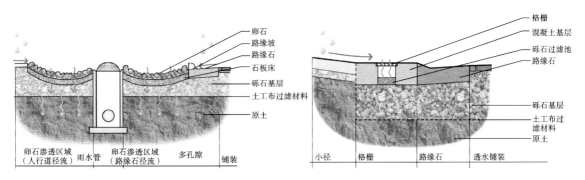

图 9-64　卵石渗透区剖面图(左)及雨水算子剖面图(右)

(四)景观绩效

1. 环境效益

当应对 10 年一遇暴雨时,雨水径流峰值至少可减少 75%;当应对 100 年一遇降雨时,可相应地减少 40%。应对 10 年一遇 24 小时降雨事件时,径流总量可减少超过 60%;应对 100 年一遇 24 小时降雨时,可相应地减少超过 30%。该项目还可避免下游下水道的替换,降低基础设施成本,减少对邻近地区的破坏。雪融水及雨水能够就地渗透,冬天可减少 75% 融雪盐的使用。

2. 经济效益

保留 192 棵原有行道树节省了 5.7 万美元。主要街道改造工程实施虽然额外获得 73.1 万美元的资助,但这对于传统街区改造来说远远不够。

(资料来源:http://landscapeperformance. org/case-study-briefs/charles-city-permeable-streetscape♯/sustainable-features)

二、埃尔默大道

(一)基址概况(图 9-65)

设计者:Stivers & Associates,Inc.。
项目类型:雨洪管理/街道。
原场地类型:居住区。
位置:美国加利福尼亚州洛杉矶。
气候:地中海气候。
总面积:16187.4 m²(包括街道和沿着城市街区分布的一个住宅单元)。
预算:270 万美元。
竣工时间:2010 年。

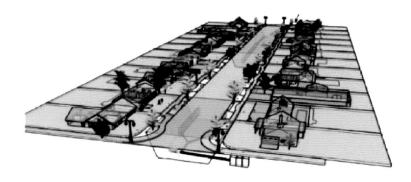

图 9-65 设计方案

(二) 项目背景

该社区设计改造前,场地无雨水基础设施,频繁遭受水涝灾害。同时,该场地缺少人的活动空间,不能满足人们的步行需求(图 9-66)。

图 9-66 设计前场地概况

(三) 设计策略

1. BMP 措施的介入,一系列雨水收集处理设施的应用

私人住宅中安装 1828.8 m 长的高效率滴灌系统,透水铺装包括 5.9 m² 的可渗透混凝土及 144.9 m² 的透水面砖。5 个太阳能 LED 路灯每年能节省 1730 kW·h 的电量。13 个雨水桶每个桶的容量为 0.2 m³,截留屋顶雨水径流并进行回用。BMP 措施连同排水沟、雨水桶及可渗透铺装的设置提高了街道的利用率并增强了美学效果。

埃尔默大道地下的渗水廊道能够截留 2842.5 m³ 的雨水径流,改造的路边排水沟将路面雨水径流引入 24 个生物洼地,共同容纳并处理 435.9 m³ 的雨水径流,并增加 160.5 m² 的植被空间,大部分雨水渗透通过地下渗水廊道完成。生物洼地作为干旱地区雨水管理的重要示范措施,一年大部分时间呈现干旱状态,降雨时则蓄满雨水(图 9-67)。

图 9-67　雨水设施结构

2. 配置适生本土植物,使用雨水渗透净化介质

项目区种满耐旱的本土植物及地中海植物,具有低灌溉性、低维护性,同时覆盖有腐叶等护根材料以减少土壤水分蒸发,改善土壤渗透并净化介质。邻近人行道种植了 23 棵本土乔木。据调查,受访的 24 个业主中有 13 个选择用"加州友好型"景观替代传统的前院景观(图 9-68)。

图 9-68　植物景观及组合分布

(四) 景观绩效

1. 环境效益

项目每年渗透 20441.2 m³ 的雨水。雨水首先进入具有滤污器的污水坑,再进入渗透廊道,这个过程能够有效提高水质,雨水中的铅、铜及固体悬浮物的浓度分别降低了 60％、33％、18％。通过雨水回用的方式,30％的再生水能够用于前院的景观维护,10％用于其他需要,每个房主每年节省 120~360 美元。土壤的固碳潜力增加了 6 倍,通过土壤和植物组织,每年能够达到 7.25 t的固碳量。

2. 社会效益

项目完成后每年至少对 300 位参观者进行了雨水管理的科普教育。据统计,居民对街道步行性的满意度从 2006 年的不足 2% 提高到了 2011 年的 92%。对于就地收集并使用雨水,2006 年仅有 60% 的居民表示赞同,2011 年已经得到了 100% 居民的认同及理解。

(资料来源:http://landscapeperformance.org/case-study-briefs/elmer-avenue-neighborhood-retrofit)

三、布尔瓦大道

(一) 基址概况(图 9-69)

设计者:Design Workshop,Inc.。
项目类型:零售/街道/交通。
原场地类型:商业区。
位置:美国密苏里州圣路易斯。
气候:温带大陆性气候。
占地:6 个街区通道。
预算:300 万美元。
竣工时间:2011 年。

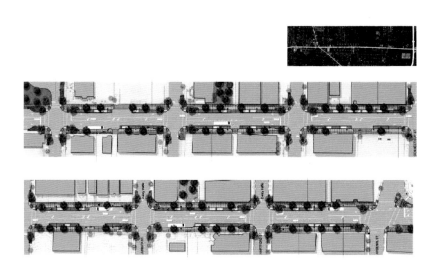

图 9-69　总平面图

(二) 项目背景

项目位于多元文化交融的历史街区,因建筑遗产及许多国际化餐厅而闻名(图 9-70)。

（三）设计策略

1. 人性关怀，考虑安全的街道改造

项目所在街区鼓励广泛的社区参与，包括在线投票服务。居民能够进行 9 种不同的街景选项投票。设计者在强调环境效益、社会效益、经济效益及基于审美考虑的基础上，运用 40 个不同的指标选项，加强街道的步行性，使用了创新的雨水管理技术，创造了一个令人难忘的社区公共空间。

为了降低交通速度并提高行人及车辆行驶的安全性，项目设计缩减了道路的宽度，并在交叉口处设置路缘石扩展带，将人行横道的宽度从 17 m 缩减到 11.2 m。触觉感知的人行横道标线、无障碍坡道、视听提示及警告信号可满足联邦政府对所有交叉路段的可达性要求。基址靠近学校，对于有视力和听力障碍的学生，这些设计可以让他们熟悉城市环境（图 9-71）。

图 9-70　设计前环境

图 9-71　改造后安全、舒适的步行空间

2. 扩展结合雨水设施的沿街户外休息空间

开发之前，由于人行道宽度有限，户外餐饮干扰了行人，设计后人行道宽度从 1.9 m 拓宽到 4.5 m，增加了大约 92.9 m² 的户外就餐场地，可容纳 337 个座位。在项目的第二阶段，十字路口的路缘石扩展池(包括树池)成了雨水花园，雨水花园种植有多年生乡土草本植物。这些植物能够承受恶劣的街道环境，同时能够增加鸟类及蝴蝶种群的数量，并且可以截留、净化雨水。每棵树的土壤容积从 2.8 m³ 增加到 28.3 m³，有助于植物的健康生长并延长其寿命(图 9-72)。

图 9-72　雨水设施分布及细节图(路缘石扩展池、树池)

3. 回用建造施工中的废弃材料，增加路面透水率

建设过程中，从场地中移除的材料几乎都得到了回用，减少了垃圾填埋场的垃圾。混凝土、砖块及沥青用于基层及挖沟填充，现有地基、摆设、花岗岩边石、基础砖块同样就地得到使用。街道路面透水率从 2％ 提升到 50％。这是圣路易斯第一个运用多孔透水路面的项目，同时也是第一个引入雨水花园景观的街道。

(四) 景观绩效

1. 环境效益

通过街道的重新改造，提高交通信号定时准确率，从而减少交通时间延误，预计能够减少 50％ 的机动车尾气排放量。高反射率的可渗透混凝土代替了沥青路面，地表峰值温度可降低 0.23 ℃。大量的植被空间及树荫能进一步降低街道温度。

2. 社会效益

平均交通速度降低了 27.4 km/h，降低了 85％ 的交通事故率，节省了 300 万美元的预估成本及损失，机动车行驶造成的行人死亡率从 40％ 下降到 5％。通过降低交通速度，噪声值从 68 dB 降到 60 dB 以下，从而提供了舒适的交谈环境，适合行人步行及户外就餐。项目提高了街道景观的美感满意度，81％ 的受访者认为设计能够形成"好"或"很好"的街道面貌，仅 22％ 的人认为设计和之前的街景无异。

3. 经济效益

在项目完成后的第一年，商业区的年营业税收入增加了 14％，该项目在最初的 10 年阶段会增加 19％ 的收入。

四、波特兰锡斯基尤绿色街道

（一）基址概况（图 9-73）

设计者：Kevin Robert Perry 景观设计事务所。
项目类型：街道/雨水管理。
原场地类型：居住区。
位置：美国俄勒冈州波特兰。
预算：2 万美元（修建路缘石扩展池费用为 17000 美元，3000 美元用于附属街道及人行道的修复）。
竣工时间：2003 年。

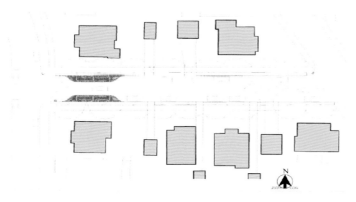

图 9-73　总平面图

（二）项目背景

城市雨水径流对河溪造成了污染威胁，合流到下水道的溢流对俄勒冈州的威拉米特河造成水污染，遇大暴雨事件时，当地的下水道系统会发生阻塞现象。

（三）设计策略

1. 对路缘石进行切口设计，沉积池实现初步过滤

一个 0.45 m 宽的路缘石切口让雨水流入每个路缘石延伸区。根据道路坡度，入口处有雨水入口（路缘坡），方便雨水进入，入口处设有沉积池。一旦雨水流入景观区并溢出沉积池，就被一个 0.17 m 高的截水坝拦住。截水坝之间的路缘石上设有路缘坡开口，二次收集雨水。而靠近现有雨水口一侧的路缘石上则不设开口，自身成为截水坝的一部分，阻止雨水过快流过。街道雨水径流流入路缘石延伸区，被多品种植物减缓流速、净化（图 9-74、图 9-75）。

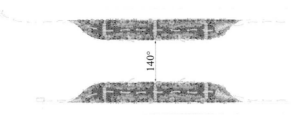

图 9-74　雨水径流流线图

图 9-75　路缘石切口及雨水入口细节图

　　2. 延伸路缘石形成扩展池,截水坝延长雨水沉降时间

　　路缘石扩展池内含一系列小水坝,水从一个单元跌落到另一个单元,到达路缘石延伸部分时即达到最大存储量。从 929 m² 的 NE Siskiyou 绿色街道及周边行车道形成的雨水径流沿坡而下,流入宽 2.1 m、长 15.24 m 的路缘石延伸区。

　　截水坝由卵石与碎砾石构成,使雨水有更长的时间聚集沉降,汇入地下水。雨水流入种植区,区内土壤渗水速度为 7.6 cm/h,当池内水深达到 17.8 cm,植物和土壤吸收的水分达到容量极限时,该种植池单元将无法继续收集雨水,多余雨水将从卵石堆起的小水坝流入第二个种植单元,以此类推到第四个种植单元。当第四个种植单元也达到饱和状态时,多余雨水将流入现有的城市雨水排放系统(图 9-76)。

图 9-76 路缘石扩展池

3. 配置乡土植物,实现雨水径流的流速减缓、吸收、去污

灯芯草有向上直立的生长结构,可以减缓雨水径流,吸收有污染的物质,其发达的根系也能很好地吸收水分。植物是生态雨水管理系统的关键要素,设计所选用的植物基本上都是乡土品种,如俄勒冈葡萄、肾蕨、灯芯草、大叶黄杨、莎草、水仙、鸢尾等。这些植物品种养护成本低廉且适应当地生长环境(图 9-77)。

图 9-77 植物配置图

(四)景观绩效

1. 环境效益

项目截留和处理来自 854.7 m² 路面上的雨水,每年管理 851.7 m³ 雨水径流。路缘石扩展池将 54.8 m² 路面上的雨水径流输送到景观空间中。这种路缘石延伸区具备将 25 年一遇暴雨流量减少 85% 的能力。

2. 社会效益

增加社区的吸引力,提高城市环境质量,并提高了道路交叉口行人的步行安全性。

(资料来源:https://www.douban.com/note/483693719/)

五、哈萨罗八号多户住宅楼旁"水街"

(一) 基址概况 (图 9-78)

设计者:PLACE。
项目类型:街道/建筑/广场。
原场地类型:居住区。
位置:俄勒冈州波特兰。
气候:海洋季风气候。
总面积:50000 m²。
竣工时间:2017 年。

(二) 项目概况

项目位于波特兰城东部与中心城区交会处的波特兰劳埃德区。3 栋新建的住宅楼共有
657 套公寓和底层零售商,使劳埃德区重新焕发生机,成为繁华的社区。项目串联劳埃德购物
中心、有轨电车和 MAX 轻轨,成为一个有机的整体。公共广场和"水街"促进了步行交通发
展。此外,项目还提供了 1200 多个自行车位和一个自行车停放中心,这些可作为该街区现有
公共交通的有力补充 (图 9-79)。

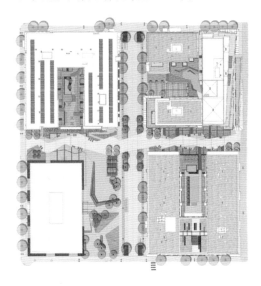

图 9-78　平面图

图 9-79　设计前后对比

（三）设计策略

1. 搭建天然有机回收系统，处理和回收污水

该项目通过北美最大的现场分散处理和再利用系统 NORM 来管理所有水资源。"水街"将覆盖超过 3530.3 m² 的多个生态屋顶，将这些地方纳入一个可以将水流从压力重重的城市下水道中转移出来且会对雨水产生净值正面效益的有力回收系统（图 9-80）。NORM 通过厌氧池、滴流过滤器、潮汐湿地、过滤池、紫外线处理和储存系统来 100% 处理和回收污水（图 9-81），使处理后的污水达到俄勒冈州 A 级再利用标准，满足厕所冲洗、冷却和景观灌溉需求。最终，污水从市政下水道系统中分流且没有产生任何废物，4 栋建筑的总用水量也减少了 50%（也就是每年减少约 27633.4 t 的用水）。与 NORM 一样，生态屋顶、雨水收集花园都是雨水收集系统的一部分，可保存雨水并防止径流淹没雨水收集系统。生态屋顶利用一个容量为 227.1 t 的蓄水池收集屋顶的雨水，减少了暴雨期间的峰值流量。

图 9-80　中央走廊收集、输送并处理雨水

图 9-81　100% 的灰/黑水通过过滤器和湿地进行处理和回收

该项目将波特兰市中心这个未被充分利用的地区转变为强调规划严谨、宜居性、户外舒适性和创新性的城市生态基础设施用地。

2. 扩大绿化面积,完善城市生态系统

项目的景观框架与生物设计原理结合,创建了一个由生态屋顶、大型雨水花园及核心步行"水街"组成的"巢穴",景观的改善为人们提供了更多样的活动空间(图 9-82)。"水街"的流水来自收集的雨水,帮助构建城市生态系统。大型花槽与生态屋顶一起,创建了相互连通的绿色岛屿网络,将场地的植被面积扩大了四倍。"水街"和相连的花园种植着来自本地和移植的各色植物,为迁徙的鸟儿提供了繁殖条件。

图 9-82　建成俯视图

3. 生态屋顶与废水冷却系统协作,减少能源消耗

建于 20 世纪 70 年代的既有办公楼通过能源改造与生态屋顶建造,达到节能 50% 以上的目标。2.5 ha 的建筑表皮被中央电厂的设备覆盖,新的机械系统通过共享加热和冷却负载,将水回路连接到新建筑内的热泵,实现了与地面零售用途建筑的协同作用。办公楼冷却塔内损失的水由现场废水处理设施产生的再生水补充。通过使用 LED 照明系统节约额外的能源。生态屋顶用于建筑隔热,可减少进入室内的热量,减少室内冷却设施能耗。

(四) 景观绩效

该项目是环境和社会可持续发展的典范。它为交通繁忙的社区增加了住房,并在步行可达的邻近地区提供了超过 2.5 万个工作岗位。在中心广场举办的周末集市、电影放映会和季节性的庆祝活动有助于增强地区吸引力,建立一个宜居的生态友好型社区(图 9-83)。该项目地处波特兰娱乐和购物区附近的交通枢纽,且东侧与城中心交会,有欧洲大陆重要的自行车停放项目之

一。一流的公交系统与自行车出行理念,使居民逐渐摆脱对机动车的依赖。并且,整个地下停车场还提供了 1200 个带清洗、储物、代客泊车和维修服务的车位,方便了城市居民的生活。

图 9-83　室外空间使用情况

(资料来源:https://www.gooood.cn/2019-asla-residential-design-award-of-honor-hassalo-on-eighth-by-place.htm)

六、奥罗拉大桥下的线状生物洼地

(一) 基址概况

设计者:Weber Thompson 建筑师事务所。
项目类型:社区街道。
原场地类型:交通用地。
位置:美国华盛顿州西雅图。
气候:温带海洋性气候。
竣工时间:2022 年。

(二) 项目背景

Weber Thompson 建筑师事务所了解到雨水径流对于当地鲑鱼的繁衍生长有非常重要的影响,流经奥罗拉大桥下的雨水径流最终汇入联合湖,这条路径是鲑鱼主要的洄游迁徙路线。据调查,这座历史悠久的奥罗拉大桥下的径流毒性已是国家标准的 6 倍,每年产生超过 1515 m^3 的污水。华盛顿大学的一位研究人员表示,绿色雨水基础设施可以抵消径流污染带来的致命影响。受此观点的启发,Weber Thompson 建筑师事务所的景观团队设计了阶梯式的生物滞留池,用于净化高架桥产生的污水。项目一共分为三个建设阶段(图9-84),第一阶段已于 2017 年完成,是 Weber Thompson 建筑师事务所 DATA 1 商业办公项目的一部分;第二阶段位于 DATA 1 的街对面,包含在 Watershed 商业办公项目之中;第三阶段较为独立,与前两个阶段的建设地块相距一个街区。

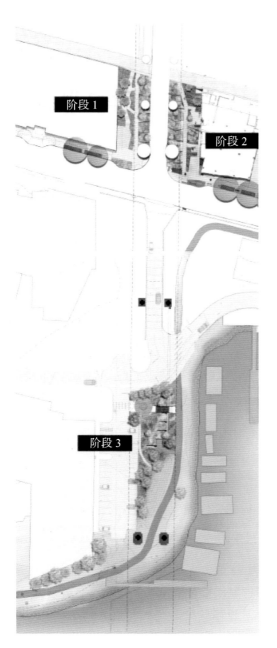

图 9-84　总平面图

(三) 设计策略

1. 运用街道生物滞留池,恢复场地活力

设计团队将生物滞留池布设在高架桥下方,将其作为街道绿色雨水基础设施,将城市中原本单调的道路转变为充满活力、功能性的健康街道。种植池里种满了具有生态功能的植物,可以自然地过滤雨水,使水中的污染物在汇入联合湖之前沉淀下来(图9-85)。

2. 利用周边建筑物收集净化雨水

除了街道生物滞留池的景观营造(图 9-86),新商业办公建筑的屋顶还可以收集雨水,通过排水系统将雨水运送到超大钢制排水口。三个阶段建设的生物滞留池每年可以净化近 7570 m³ 的有毒径流,将其储存在容量为76 m³ 的蓄水池中,满足其他非饮用水用水需求。场地内的雨水有一半以上将在建筑中重复使用,这种策略使饮用水的使用量减少了 75%(图9-87)。

(四) 景观绩效

1. 环境效益

该项目不仅带来可亲近自然的景观,同时还可以处理上方高架桥流下的受污染雨水。一系列阶梯式生物滞留池创造了郁郁葱葱的街道绿色空间,曾经阴暗潮湿的桥下步行道已得到改变(图9-88)。

2. 社会效益

项目美化了场地内的整体环境,让原本阴暗的桥下空间变成舒适的步行空间(图9-89)。项目增加了社区的吸引力,提高了城市环境质量,并提高了道路交叉口行人的步行安全性。

(资料来源:健康的步行环境不仅是行人友好,更向着生态环境价值延伸 – mooool 木藕设计网)

图 9-85　雨水收集池及周边植物

图 9-86　雨水净化标识牌图

图 9-87　建筑内雨水收集示意图

图 9-88　治理前后水质对比

图 9-89　设计细节展示

七、哥本哈根街边新城市空间

（一）基址概况

设计者：1∶1 Landskab。
项目类型：交通空间。
原场地类型：绿地。
位置：丹麦哥本哈根。
气候：温带海洋性气候。
总面积：4800 m²。
竣工时间：2019 年。

（二）项目背景

这个可以处理雨水并为市民提供休闲场所的街头空间曾经是一片单调的草地，沿街高大的古树被保留下来，城市居民的地下室空间在大雨期间经常被淹没（图 9-90）。

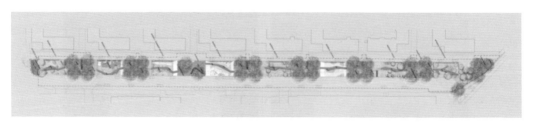

图 9-90　总平面图

（三）设计策略

1. 植入储水凹地

8 个可容纳 1500 m³ 雨水的凹地被植入场地。这些凹地具有蓄滞雨水的作用，确保附近的下水道在强降雨天不会漫溢，而当凹地无水干燥时，又成为可供开展各类活动的空间。一条木制人行道穿越凹地，黄色的路沿强化了道路特征（图 9-91）。沿路布设了长凳供人们落座休息，人们可以在此静静地观赏远处的夕阳。项目的设计同样基于广泛的社区参与，居民意见对项目的推进至关重要。

图 9-91　雨天步行道下的雨水收集池

2. 增加生物多样性

设计师全力以赴地创造一个具有高度生物多样性的城市空间。8 个不同类型的街边凹地包括迷你冒险园、蝴蝶园、沙滩池、果菜园、高草园、石头园、灵感园以及设有围栏的实验园。这些凹地能够提升社区居民对自然行为的认知。从自然保护区运送过来的肥沃土壤以及 126 种不同的植物提升了这个沿街空间的生物多样性,为昆虫提供良好的栖息环境,在丰富该地区生物多样性的同时创造更平衡的城市自然(图 9-92)。

(四)景观绩效

1. 社会效益

路边原本荒芜的绿地被设计成了一处既可以处理大量雨水,又可以作为居民休闲公园的景观(图 9-93)。一个拥有美丽古树的中央保护区已被改造成一个创新的城市空间。利用凹地来处理雨水,可帮助居民摆脱地下室在大雨时被淹的困境。

图 9-92　晴天的雨水收集池

图 9-93　市民在此处休闲游乐

2. 环境效益

下雨时,凹地会收集部分雨水,确保下水道不会溢出。凹地处于干燥状态时,为昆虫、动植物以及市民活动提供了空间(图9-94)。项目美化了整个街区的环境,提高了城市步行街区的环境质量。

图9-94　细节设计展示

(资料来源:https://www.asla.org/)

八、卡斯特罗谷大道更新设计

(一)基址概况

设计者:WRT设计事务所。
项目类型:交通空间。
原场地类型:绿地。
位置:丹麦哥本哈根。
气候:温带海洋性气候。
街道长度:2.74 km。

(二)项目背景

WRT设计事务所带领了一个多学科团队来准备卡斯特罗谷的重建战略计划。该计划旨在通过以下途径振兴中央商务区:①改造沿走廊建立的带状商业开发模式;②将2.74 km长的卡斯特罗谷大道(一条宽阔的以汽车为主的大道)改造成一条安全而诱人的以零售为主要业态的街道,同时仍然容纳必要的交通量(图9-95)。该规划为几个关键地点提供了开发概念,可以作为未来发展的催化剂。此外,该计划还确定了战略公共投资,以增加该地区的私人投资。

(三)设计策略

1. 提高街道的"可步行性"和"可骑行性"

卡斯特罗谷更新计划主要通过两种途径来振兴当地的中央商务区。卡斯特罗谷大道的更新

图 9-95　人行道周边的植物配置与设施

设计是实施区域整体更新计划的第一种途径,鼓励发展新商业、设置集中停车场等各项措施并行,同时提高街道的"可步行性"和"可骑行性"。

2. 设施的丰富点缀

WRT 设计事务所的设计增加了卡斯特罗谷大道的行人步行空间,通过行道树、街灯和行人灯等来强化该空间的功能。卡斯特罗谷大道的设计以广泛的社区参与为基础,将不同尺度的街灯与能够传达社区文化的街道小品元素相结合。车行道和停车道的宽度既保证车辆安全通行,还有助于减缓车辆行驶速度,为其他出行方式提供了便利的通行环境(图 9-96)。

图 9-96　特色装置强化了街道的骑行功能

3. 植入可持续概念

项目将自行车道用彩色沥青标记出来,可以进一步突出非机动车道的功能,同时结合透水铺装和雨水花园来收集和过滤雨水径流。可持续的街道设计措施可以防止雨水径流中的污染物流入海湾。

4. 改造交通线路

一是改造主干道沿线的带状商业发展模式,二是将卡斯特罗谷大道改造成一条既安全又具有吸引力的商品零售主街。因为该街道是一条宽阔的车行要道,所以在将其改造成商品零售主街的同时仍需保证必要的交通容量。

(四)景观绩效

1. 环境效益

该项目提高了整段道路的环境质量,优化了步行空间,美化了街区的交通环境。

2. 社会效益

该项目为当地的市民提供了更多路边休憩空间,成为市民日常休闲、锻炼的场所(图9-97)。

图 9-97 市民在此处休闲娱乐

(资料来源:健康的步行环境不仅是行人友好,更向着生态环境价值延伸 – mooool 木藕设计网)

九、笋岗线型花园

(一)基址概况

设计者:深圳市城市规划设计研究院股份有限公司城市景观规划设计院。

项目类型:社区。

原场地类型:绿地。

位置:中国深圳市罗湖区。

气候:亚热带海洋性气候。

总面积:1500 m²。

竣工时间:2021 年 11 月。

（二）项目背景

笋岗火车花园(又名河西一路社区公园)地处罗湖区笋岗片区,位于宝岗路与河西一路交叉口,紧邻广深铁路笋岗站(图 9-98)。项目紧邻笋西社区宝龙嘉园小区。场地改造前,周边严重缺失户外休闲空间,为居民在道路绿化带旁违规开垦的菜地,视觉观感杂乱,有难闻气味,严重影响市容市貌,周边居民避之不及、投诉不断(图 9-99)。

图 9-98　项目俯视图及鸟瞰图

图 9-99　改造前后对比

（三）设计策略

1. 保护场地原貌,打造家门口会呼吸的自然生态福地

场地原本薄薄的蔬菜种植土下是大片的钢筋水泥地面,不但阻碍植物的生长,还严重影响场地的正常排水。设计者利用下沉式绿地汇集雨水的特征,在草坡下设置生态旱溪和雨水花园(图 9-100),并加入由火车枕木改造而成的独木桥,极大提升了雨水花园的观赏性和互动性(图 9-101)。

2. 建造万物共生的活力花园

调研发现场地内存在红耳鹎、大山雀、凤蝶、灰碟、金斑蝶、报喜斑粉蝶等,以及鬼针草、酢浆草等野生植物群落。设计保留了场地的野生植物群落,保护原有的木瓜树,通过种植食源浆果植物、蜜源植物等营造鸟类生境和传粉昆虫生境,极大地保护了原生植物群落,丰富了生物多样性(图 9-102)。

图 9-100　鸟瞰生态旱溪与雨水花园

图 9-101　兼具生态性、观赏性、互动性的雨水花园

3. 营造低维护性的自然植物生境

考虑到后期的可维护性和植物群落的生态性,设计者希望舍弃过往植物设计追求的秩序化与规模化,不再以个体植物来反映群落,而是采取更多样化的态度。经过甄别挑选,全园使用了80 多种植物,一定程度上提高了植物的多样性,这其中还包括一定数量的乡土植物群落,重新诠释项目场地原本的区域生态,营造半自然的植物氛围。项目践行无废城市理念,最大限度地利用废弃物,对场地下方原本堆叠的混凝土石块进行艺术处理,将其转变为景观置石。项目利用低影响的方式,采用淘汰的枕木,对其进行冲刷处理,使其转变为具有火车元素的台阶、独木桥及坐凳(图 9-103、图 9-104)。

图 9-102　充满野趣的植物群落

图 9-103　火车主园路与火车车厢廊架

图 9-104　火车头景墙与火车廊架

(四)景观绩效

1. 环境效益

设计师希望在城市中使用自然而然的手法,用人造的自然唤醒真正的自然,为都市里的人以及小动物再造一片自然的乐园,营造一个共同的家园,让周边的人群在这里与自然亲密接触,享受都市里难得的亲近自然的生活,打造一个半自然的植物氛围。

2. 社会效益

寓教于乐,为儿童打造专属的"香香动物园"——融儿童自然认知于植物景观设计。儿童活动区设计采用"芳香+趣味"的原则,从植物形态、植物香味、植物名称三个方面综合考虑。触摸是儿童的天性,因此选择种植无毒且芳香的植物(如迷迭香、碰碰香、罗勒、柠檬草、芳香万寿菊等),这对儿童探索自然具有十分显著的作用。具备特殊形态和特殊名称的植物是又一吸引儿童的突出要素,因此选择音符花、矮桃、狐尾天门冬、黄虾花、猫尾红等具有特殊形态和特殊名称的趣味植物,并植入自然科普教育,让儿童在游戏和探索中收获知识(图 9-105)。

图 9-105　市民们在此处休闲娱乐

(资料来源:上步绿廊公园带设计,深圳/深圳市城市交通规划设计研究中心股份有限公司 – mooool 木藕设计网)

十、上步绿廊公园带

(一)基址概况

方案设计:深圳市城市交通规划设计研究中心股份有限公司。
施工图设计:深圳市致道景观设计有限公司、深圳园策顾问设计有限公司。

项目类型:社区。

原场地类型:绿地。

位置:中国深圳市罗湖区。

气候:亚热带海洋性气候。

总面积:10.3 ha。

竣工时间:2021年。

(二)项目背景

项目位于深圳市福田区,包含上步路沿线约3 km范围内的道路两侧绿地,共10.3 ha(图9-106)。场地周边用地功能以居住及生活服务配套为主,辐射近20个知名学校,服务12万老旧小区居民,北通银湖山,南接深圳河,是福田重要的城市通廊和生活动脉。

场地原为封闭的道路隔离绿带,2010年因地铁6号线建设,被开挖占用,直到2020年完工后才腾挪出来。在周边城市用地密度极高、公共空间极匮乏的背景下,这片尘封十年的带状空间显得尤为珍贵(图9-107)。

73%的场地为开挖段,地表生境遭到严重破坏,设施林立、垃圾堆叠。场地与社区之间有围栏相隔,孤立封闭,环境消极,与周边温馨的社区环境和繁忙的城市街道形成鲜明对比(图9-108)。

(三)设计策略

1. 用生态策略打破公园边界

以"生态优先、韧性健康、全龄友好"为原则,通过修复地表生境,保留及补植树木,构建绿色的风景廊道;拆除围墙,打开公园边界,加强与城市周边界面的相互渗透(图9-109)。

2. 利用原有地形,激发场地活力

以设计激发自然乐趣,传递低碳可持续价值。公园带修复了4.95 ha破碎的地表生境,保护原生树木,改善微气候,让硬化的土地重新自由呼吸。以海绵城市为特色的垅溪园利用原有地形高差,塑造石笼台地、卵石旱溪、下凹花园等生态游憩空间,为城市及社区提供更具综合效益的公园绿地。蜿蜒的卵石旱溪吸纳、净化、蓄滞雨水,有效控制地表径流

图9-106　总平面图

图 9-107　场地原状

图 9-108　项目概览

图 9-109　保留大树,修复生境

（图 9-110）。项目运用石笼、木头、碎石、透水地垫等生态材料,结合低维护性植物,打造富有野趣、轻松的活动场所,吸引都市人群走出城市,重新感受自然的生态之美(图 9-111)。

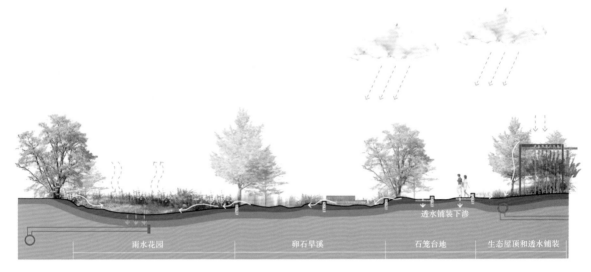

图 9-110　海绵循环示意图

图 9-111　石笼台地及卵石旱溪

（四）景观绩效

1. 环境效益

项目立足于健康与自然,将破碎的隔离绿地整合为连续的绿色廊道,将地铁开挖的裸露地转变为包容、民主的城市公园带,以修复生态环境。

2. 社会效益

设计师试图挖掘场地的综合潜力,探讨依托于地铁的带状公园群在重塑社区生活中的价值转换,希望通过美学之外的生态实用公共空间营造,满足周边居民的日常使用需求,激发城市生活的无限可能(图 9-112)。趣味灵动的公园吸引年轻人游赏打卡,聚集了大量人气,为周边的餐饮等商业空间创造了良好的营商环境,带动周边综合价值提升(图 9-113)。

图 9-112　无边界的场地激发多样化活动

图 9-113　探索自然野趣

（资料来源：上步绿廊公园带设计，深圳/深圳市城市交通规划设计研究中心股份有限公司 – mooool 木藕设计网）

十一、里卡多·拉拉线性公园

（一）基址概况

设计者：SWA Group。

项目类型：公园/开放空间/游乐场/休闲小径。

原场地类型：停车场。

位置：美国华盛顿州林伍德市。

气候:温带海洋性气候。

总面积:21246 m²。

竣工日期:2015 年。

(二) 项目背景

场地为 105 号州际公路沿线的 5 个地块,曾为住宅用地。1993 年,这条穿过林伍德市的公路
修建后,住宅被拆除,场地逐渐变成废弃垃圾场及停车场。这条巨大的公路走廊将林伍德市一分
为二,同时也"割裂"了一些社区。这些社区缺少基本的服务设施,甚至没有足够安全的户外空间
(图 9-114、图 9-115)。2014 年,SWA Group 与林伍德市开始合作进行场地改造设计。新公园的
建成为居住在步行距离 805 m 范围内的 2.6 万人提供了丰富的娱乐设施和聚会空间。公园规划
的重点是鼓励锻炼、教育和娱乐,并解决不合理开发导致的历史遗留问题,为社区赋予新的活力。

图 9-114 场地区位图

图 9-115 场地设计前环境

（三）设计策略

1. 雨水清洁利用，缓解暴雨冲击

项目借助一系列精确布局的盆地和生态湿地，使场地可以处理来自附近路堤的径流，其流量相当于 6 个标准游泳池之多。这项干预同时也起到了防洪的作用，雨水引流、阻滞和过滤系统有效拦截和减缓了水速。公园内共计增加了超过 1.86 ha 的透水表面、生态湿地和滞留池。得益于场地周围的地形，公园成为 9.71 ha 土地的汇水区，每年能够收集约 2342 m³ 的雨水。公园内新增加的生态湿地可过滤来自 105 号州际公路的一半径流，并重新为地下水提供补给（图9-116）。

图 9-116 场地雨水收集利用系统及设施

2. 合理种植，缓解热岛效应

软景观的干预可有效缓解热岛效应。通过在整个公园中种植超过 300 棵新树，本次设计将树冠覆盖率扩大至 48％——比周边城市仅 15％ 的树冠覆盖率要多出 33％，成为名副其实的城市绿洲。新种植的树木被策略性地分散在整个公园内，茂密的树冠为人们户外运动、游戏等创造舒适的空间，为长椅和坡台等设施提供了荫蔽。多样的植物不仅能够适应气候，还起到为相邻道路降温的作用，使公园在夏季成为一个更具吸引力的目的地（图 9-117）。此外，公园与高速公路之间设置有 3.05 m 高的隔声墙，足以起到缓解噪声和阻挡空气微粒的作用。

图 9-117 场地树木种植及热力图

3. 开发城市农业,完善社区服务功能

由于长期缺乏绿色空间,区域内 43% 的居民必须去社区之外的地方买菜,极其有限的健康饮食选择范围让林伍德市成为美国公认的"食物荒漠"。为了改善这一不利条件,公园的其中一个街区被完全用作社区花园,其中包含 20 个可出租的种植架,此外还有 2 个配套的共享工具房。居民聚集于此,共同种植了新鲜农产品。该花园对实践学习和健康饮食都起到了积极的作用。作为林伍德市的一个教学计划中心,公园内的新集会空间邀请全年龄段的社区居民利用花园举办社区活动,鼓励社区居民共同种植、培育和收获自己的产品(图 9-118)。

图 9-118 城市农业设施

除了对废弃地段进行美化并提高当地的食物丰富性,该公园还提供了用于锻炼和娱乐的"动脉"场地,包含支持高强度运动的健身站、各类游戏装置及公共艺术品等,为居民提供了一个聚会、社交、学习和探索的场所,有助于促使人们养成健康的生活习惯。得益于靠近洛杉矶河自行车道的位置优势,公园成为通往该地区的门户。公园还将高速公路两侧的社区重新连接起来,为步行者和慢跑者提供了一条连续的路径,并在 5 个街区的交叉路口处分别建立了安全的无障碍地下通道。

(四)景观绩效

1. 环境效益

该场地为当地至少 9 种鸟类提供栖息地,如加州灰雀。人们在场地内还可观察到至少 5 种当地或引进的昆虫,如杂色甲虫。与建设前相比,建成后的公园在阳光下可以降低 $0 \sim 8.3$ ℃的地表温度,在阴天时可以降低 $0.4 \sim 6$ ℃的地表温度。

2. 社会效益

公园有效提高了社区居民的凝聚力,有 86% 的受访者表示公园为社区带来了明显积极的变化,有 68% 的受访者表示他们在公园里结识了新朋友。公园也对社区居民的身心健康状况起到改善作用,有 87% 的受访者表示他们的身体活动水平更高,有 89% 的受访者表示他们的身体健康状况有所改善,有 89% 的受访者表示自公园开放以来,他们的整体心理健康状况有所改善。有 50% 的受访者表示他们家人的健康状况有所改善,有 45% 的受访者表示由于参加公园的活动,他们的饮食更加健康。同时,公园形成了隔绝噪声的物理屏障,降低了来自芬伍德大道的噪声污染,降低的噪声值高达 7 dB。

3. 经济效益

项目利用从控制池和排水沟挖掘出的土壤在现场建造丘陵,节省了 47800 美元的运输费用。

(资料来源:https://www.landscapeperformance.org/case-study-briefs/ricardo-lara-linear-park#/overview,https://www.asla.org/2021awards/2716.html,https://www.goood.cn/2021-asla-urban-design-award-of-excellence-ricardo-lara-linear-park-swa-group.htm)

第四节　面状雨水花园建设案例

一、天津桥园

(一)基址概况(图 9-119)

设计者:土人景观。
项目类型:公园/湿地恢复。
原场地类型:废弃地。

位置:中国天津市河东区。

气候:温带季风气候。

总面积:218530.2 m²。

预算:1410万元。

竣工时间:2008年。

图 9-119 设计总平面图

(二) 项目背景

场地为废弃的前军事射击场,垃圾遍布,污染严重,土壤盐碱化。场地被棚户区及公路系统所包围,边缘存在被城市雨水径流所淹没的状况,整体呈现出废弃地的面貌(图 9-120)。

(三) 设计策略

1. 不同尺度的"气泡"坑洼,滞留并净化雨水

设计引入一个非常简单的景观再生策略,共挖了 21 个大洞,为类似"气泡"形式的坑洼,直径为 10~40 m,深度达 1~5 m,垃圾被就地填埋。有些坑洼位于地面以下,有些在小土丘上,通过雨水径流及地下水的补给,随气候季节变化,呈现干穴、湿地、水池等不同季节性景象。较大、较深的"气泡"能滞留雨水并就地处理,同时能提升土壤质量,净化污染物。用大坑收集雨水,营造不同形态的水敏性景观(图 9-121)。

图 9-120 设计前现状

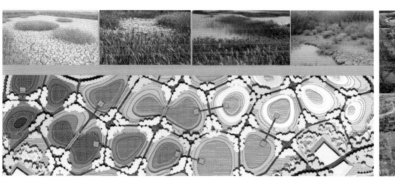

图 9-121 海绵"气泡"及场地环境图

2. 配置适生性本土植物, 修复棕地

多年生草本植物共有 58 个品种, 占总品种数的 40%; 木本植物有 50 个品种, 占总品种数的 34%。项目根据土壤 pH 值及积水深度, 合理配置适生植物, 其中 99% 的植物为本土植物。植物的季相变化形成丰富的生态景观, 通过自然过程调节土壤的盐碱度(图 9-122)。

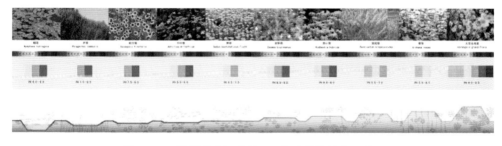

图 9-122 根据积水深度及 pH 值设计的植物配置图

3. 可视化及可达性的雨水收集体系

红色的网络建构系统让游人可以漫步其中。有些木质平台伸入这些气泡式的大坑中, 可以让人们领略其中的植物斑块景色。在路径设计方面, 项目布置了一个环境解释系统, 对自然形态、自然发展过程和本地物种进行描述。充满巧思的小空间设计是整个公园设计的亮点所在,有将近 85 m³ 的废弃铁路枕木被用于场地内步行系统及观景平台的构建。

(四) 景观绩效

1. 环境效益

设计减弱干池的土壤碱性及湿地水质碱性,土壤 pH 值从 7.7 降到 7.2 左右,水质 pH 值从 7.4 降到 7.0 以下。项目恢复了自然栖息地,场地原有草本植物仅 5 种,随着公园建设增加到 58 种。两年后公园面向公众开放,植物种类增加到 96 种,植被截留大约 539 t 碳。鹅、鸭、狐、鼠、刺猬在场地中出现。

2. 经济效益

经过测试发现,设计降低了场地的噪声值,公园外的噪声值为 70 dB,而公园内仅有 50 dB。附近的居民步行不到 15 min 就能到达公园,公园具有良好的可达性。公园每年接待约 35 万参观者,大多数参观者是来自附近社区的居民,其中有超过 50% 的老年人和 40% 的儿童,为附近学校的 500 个孩子提供教育学习的机会。邻近的桥文化博物馆为更多参与暑假计划及日常活动的学生提供学习的平台及场所。83% 的受访者对于公园的生态设计手法表示赞同,认为公园提高了参观者的生态觉悟及环境意识。

3. 社会效益

项目将废弃铁路枕木回用于场地观景平台及桥梁设计,节省了 25500 美元的木材使用费。

(资料来源:① 图 9-120 来自 http://www.gooood.hk/_d271031056.htm;② 其余内容来自 http://landscapeperformance.org/case-study-briefs/tianjin-qiaoyuan-park-the-adaptation-palettes)

二、北京奥林匹克森林公园

(一) 基址概况

设计者:北京清华城市规划设计研究院。
项目类型:自然保护公园/湿地/休憩娱乐。
原场地类型:居住区。
位置:中国北京市朝阳区北五环林萃路。
气候:北温带季风气候。
总面积:112 ha。
预算:4.2 亿美元。
竣工时间:2008 年。

(二) 项目背景

基址周边属于高密度城市开发区,交通量大。作为北京夏季奥运会建设的项目,设计需利用景观形式及景观元素强化中轴线,并将项目作为长期使用的可持续空间(图 9-123)。

图 9-123　设计前后对比图

北京奥林匹克公园位于北京市区的北部,城市中轴线的北端,规划总用地面积为 1159 ha,分为南、中、北三区,北区即北京奥林匹克森林公园(以下简称"奥森"),占地 112 ha。奥林匹克公园的规划设计遵循循环水系特征,坚持生态治河的理念,利用生态自然系统、循环过滤系统等先进技术净化水体,充分利用雨水和再生水资源,多水联调,实现水资源的优化配置,奥森的雨洪综合利用量超过 85%。

奥森中心区占地面积为 84.7 ha,包括龙形水系、休闲花园绿地、中轴路、庆典广场等景观节点,硬化铺装面积较大且集中。公园降雨通过绿地、树阵、透水铺装等透水下垫面自然入渗,入渗雨水净化后由渗滤沟收集。存储在收集池内的雨水可通过回用泵与灌溉系统、水体补水系统相连,为绿地浇灌和水体补水。未下渗的雨水则由收集管道和设施回收利用。

奥森雨洪利用主要有以下 8 种措施:①利用屋顶集中收集雨水,收集的雨水流入建筑周边的透水铺装和绿地吸纳入渗,处理后的雨水用于绿地灌溉等景观用水;②在园路、人行道中主要利用透水铺装进行雨水下渗;③设计生态渗透型停车场,在庭院广场和停车场中采用新型透水砖;④设置下凹式绿地,周围绿地低于铺装地面 50~100 mm,适当修建增渗设施;⑤沿道路修建渗滤性排水沟;⑥在自然地形的低洼处设计雨水花园来汇聚雨水,形成良好的景观效果;⑦室外运动场采用收集下渗型运动场模式,雨水排入相邻绿地;⑧采用信息化的雨洪调度系统,充分利用水系蓄洪。

奥林匹克公园中心区地面景观及下沉花园中共有 9 个地面景观雨洪集水池,容积为 7200 m³,下沉蓄洪涵道的总容积约为 11000 m³。奥森注重下凹绿地技术和透水铺装技术的运用。

①下凹绿地技术。园内全部利用下凹式绿地进行雨水收集和净化,主要是为了控制雨水径流量,达到涵养水源、回用雨水的目的。绿地低于周围路面和广场 50~100 mm,降雨时,周围和广场的雨水流入绿地并下渗,多的雨水溢出排入市政管道。在面积较大的绿地内设计一定数量的雨水口,超过50 mm标准的雨水会经雨水口溢流进市政管道。

②透水铺装技术。奥森中小型广场、中心区的园路和非机动车道等地采用大量的透水砖铺装(图 9-124)。

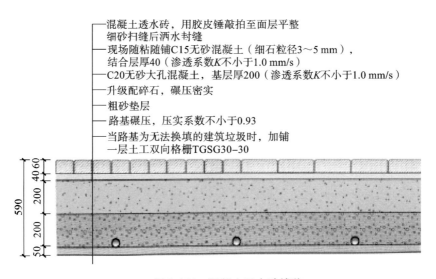

图 9-124　混凝土透水砖铺装

（图片来源：郑克白，2008）

树阵区域的绿化带低于铺装 80～100 mm，形成下凹式绿地。每棵树之间为透水硬质铺装，渗透型的树池结构由多孔的混凝土板制作，达到收集雨水、减少灌溉量的目的。多余的雨水会通过埋在地下的管道入渗，流入专门的蓄水池，用于旱季的景观补水。郑克白在《北京市雨水利用概况及政策介绍》一文中经实地调研统计得出：系统于 2007—2012 年连续 6 个雨季的运行情况良好。历次暴雨期间，中心区所有区域运行正常，无明显积水情况发生。2009 年雨洪利用总量为 402173 m³，雨洪综合利用率高达 98%。2012 年 7 月 21 日，中心区经受住了历时较长降雨的考验。下沉花园 2 号泵站雨洪排水泵从上午 10 点 40 分开始进行排水作业，至 7 月 22 日凌晨 4 时结束工作，4 台低水位泵开始工作，使得地面未出现积水。

（三）设计策略

1. 人工湿地层叠，雨水集中调蓄

主要场地包括"仰山"、20.2 ha 的人工湖、树木园、湿地、草地、教育设施、小径、游乐场和运动场。公园南面 4 ha 的人工湿地每天能够处理 2600 m³ 再生水，并补给奥海湖（作为公园水系统"龙头"地位的人工湖体）。湿地的层叠景观及多种低影响开发技术用于场地的雨水截留处理，包括可渗透铺装、植被洼地、贮水池等。公园抵抗住了 2011 年北京 50 年一遇的暴雨，但其周边地区则被水淹。

2. 动植物种类丰富，改善生物栖息地

奥林匹克公园全园有 450 ha 绿地，林木覆盖率达 67%，近自然林系统成为植物种源库。全园有树木 53 万余株，其中乔木 100 余种、灌木 80 余种、地被 102 种。24 m 高的雨燕塔为生活在北京的超过 1500 只雨燕提供了栖身之所。宽 60 m、长 218 m 的高架生态走廊跨越将公园隔开的宽 80 m 的高速公路，保证了人行通道及野生生物通道的畅通连接（图 9-125）。

(a)   (b)   (c)

图 9-125　设计策略 1

(a)人工湿地景观；(b)雨燕塔；(c)高架生态走廊

3. 再生能源和中国传统造园艺术的应用

不同的植被类型采用不同的灌溉方式,例如公园北部采用喷灌方式而南部采用滴灌方式。智能灌溉控制系统能够优化水资源利用。场地中 21 栋建筑的中央加热及冷却系统利用地热泵,从地面传输热量。项目利用日光照明,减少对人工照明的依赖并减少电量使用。公园南门处的廊架上设有太阳能光伏板的演示系统,能够增强人们对再生能源的使用意识(图 9-126)。

(a)   (b)

(c)

图 9-126　设计策略 2

(a)日光照明；(b)太阳能光伏板；(c)中国传统造园艺术

(四)景观绩效

1. 环境效益

公园中的树木每年能够截留 3962 t 二氧化碳,相当于 777 辆大型客运车辆的碳排放量。通过将清河污水处理厂的再生水用于景观灌溉及公园水体补给,公园每年饮用水的消耗量减少 95 万 m^3,相当于 380 个奥运会游泳池的容量。公园南门的网格顶部安装的太阳能光伏板每年能够产生 $8.3×10^4$ kW·h 的电,可满足 227 位中国居民每年的能源需求。公园每年可减少 30 t 的煤消耗量,相应地,每年能够减少 78 t 二氧化碳、720 kg 二氧化硫、210 kg 氮氧化合物、81 kg 烟雾、45 kg 灰尘的排放。

2. 社会效益

373 位受访者中有 96% 提到公园的建设显著提高了生活质量,多数受访者认为公园是美丽怡人的场所,提供了丰富的娱乐和锻炼的机会。2011 年,公园为服务半径 2 km 以内的 2000 位小学生提供了户外课堂。

3. 经济效益

该公园提供了 1563 个工作岗位,包括公园的景观养护、安保及清洁工作等。

(资料来源:http://landscapeperformance.org/case-study-briefs/beijing-olympic-forest-park#/project-team)

三、波特兰唐纳德溪水公园

(一)基址概况(图 9-127)

设计者:Atelier Dreiseitl,GreenWorks,P. C. 。
项目类型:公园/广场。
原场地类型:城市废弃地。
位置:美国俄勒冈州波特兰。
气候:温带海洋性气候。
总面积:4000 m^2。
竣工日期:2010 年。

(二)项目背景

基址原为一片清泉滋润的湿地,被唐纳德溪从中划分,与宽广的威拉麦狄河相邻。铁路站和工业区首先占用了这片土地,并提出了场地排水要求。在过去 30 年,新的社区逐步建成,如今珍珠区已经成为商业区和居住区。场地在市区繁华地带,为 60 m×60 m 的正方形,迫切需要解决区域的排水问题(图 9-128)。

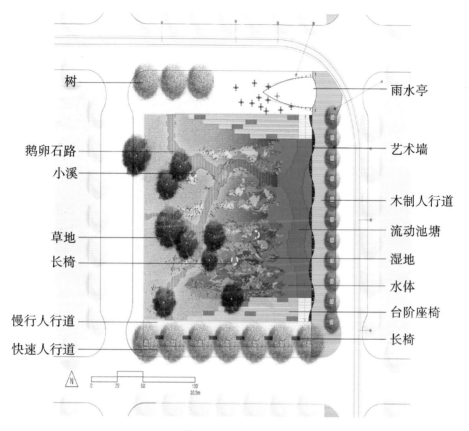

树

鹅卵石路

小溪

草地

长椅

慢行人行道

快速人行道

雨水亭

艺术墙

木制人行道

流动池塘

湿地

水体

台阶座椅

长椅

N 0 25 50 100
30.5m

图 9-127　总平面图

图 9-128　设计前环境

(三）设计策略

1. 文脉延续，水系古今

设计追溯过去的原生湿地及河流。唐纳德溪水公园在2005年4月正式命名，该名体现了场地文脉，再合适不过。公园东部边缘由368根铁轨组成艺术墙，集合了99块熔融玻璃，并嵌入蜘蛛、蜻蜓等的图像，由戴水道景观设计有限公司创始人赫伯特·德莱赛特尔亲自手绘在波特兰当地的玻璃上，得到最后的效果。旧铁轨材料得到重新利用，唤起人们对于铁路历史的记忆，而波浪形的外观设计则给人以强烈的视觉冲击（图9-129）。

图9-129 场地的历史文脉与细节设计

2. 雨水汇集截留，形成天然水景

项目利用地形从南到北逐渐降低的特点，收集来自周边街道和铺地的雨水，雨水汇入由喷泉和自然净化系统组成的自然水体。亭子的设计参考了树叶的形状。收集到的雨水在这里经过处理后，重新以溪水和喷泉的形式进入公园。项目依据基地土壤含水量合理种植本土湿生、水生植物，利用植物对雨水的滞留、净化作用，营造良好的景观效果（图9-130）。

图9-130 雨水收集系统图及其剖面图

3. 生态恢复,活力激发

2003 年 1 月至 6 月,公园设计方开展了一系列的社区研讨,允许公民参与整个设计过程。全民参与带来了更高的认同感及归属感。在这个繁华的城市中心地带,生态系统得到了恢复,人们可以看到鱼鹰潜入水中捕鱼,可在甲板舞台上举办各种文艺活动,孩子们来到这里玩耍,探索自然奥秘。在这片自然的优美秘境中,人们可以充分享受大自然的芬芳,进行无限的冥想。调查显示,公园是当地人们实现梦想的地方(图 9-131)。

图 9-131　多样化活动及自然生境

(资料来源:http://www.gooood.hk/Tanner-Springs-Park-Atelier-D.htm?)

四、达拉斯城市公园

(一) 基址概况(图 9-132)

设计者:詹姆斯·伯尼特工作室。

项目类型:公园/开放空间。

原场地类型:交通用地。

位置:美国得克萨斯州达拉斯。

气候:亚热带湿润气候。

总面积:3466.6 m²。

预算:1.1 亿美元。

竣工时间:2012 年。

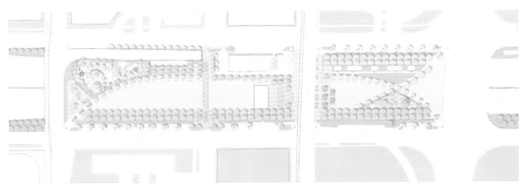

图 9-132　总平面图

(二) 项目背景

场地在设计前仅作为城市的高架桥道路,位于城市的繁华地段,设计范围横跨 2 个街区。下沉式高速公路为设计带来一定的挑战,结构复杂特殊(图 9-133)。

图 9-133　设计前场地环境图

(三) 设计策略

1. 高架绿色基础设施,结构复杂特殊

达拉斯城市公园是世界上最大的架空基础设施,在物质空间、社会活动及文化方面连接了城市两块繁华地段。复杂的技术工程满足了巨大负荷结构支撑的要求。公园布局灵活,为树木栽植和植被覆盖提供了基础支持。公园靠 300 个预应力混凝土箱梁、混凝土板实现跨越连接,面板由成组的梁结构组成并形成沟槽,成为能够容纳植物根系生长的足够大的种植箱,同时能够容纳光纤电缆,以及通信、水等管线的布设。其上覆盖有 1.5 m 厚的填充物和 0.45 m 厚的土壤。对于不需要种植土壤的区域,采用大量的泡沫进行填充,减少地面的负重,集桥梁、公园及隧道设计于一体(图 9-134)。

图9-134　架空式绿色基础设施结构及建成效果图

2. 种植本土植物,雨水蓄积回用

公园种植了不同种类的322棵乔木、904棵灌木、3292株地被植物和多年生花卉,52%的植物来自得克萨斯地区北部。乔木种植在格网中,形成100个沟槽。种植床的滴灌系统能够减少雨水径流。一个蓄水池能够收集并容纳45.5 m^3来自公园的污水,这些污水经过净化并回用于灌溉。位于地面基础设施及土壤之间的排水垫层也能够贮存多余的雨水,保持土壤的水分。达拉斯城市公园(包括草坪、植被及砾石表面)超过50%的面积为可渗透面积。

3. 多样化活动空间,激发场地活力

15个功能性空间包括213.6 m^2的音乐会或多功能舞台空间、2601.3 m^2的活动草坪、929 m^2的游憩草坪、一个阅读和棋类游戏空间、一个儿童游乐场、活动区域和互动水景区。这些空间使用了高效LED灯及太阳能板装置。此外,公园内还有143个小圆桌(直径约60 cm)、48个大圆桌(直径约76 cm)、286个吧台椅。餐馆使用地热能进行加热及冷凝,鼓励人们步行出行。

公园还举办高品质的免费活动,包括瑜伽课、露天喜剧和音乐会,很快成为达拉斯城市的中心(图9-135)。

(四) 景观绩效

1. 环境效益

新栽的树木每年能够减少8391.4 kg二氧化碳,同时每年能截留243.1 m^3的雨水径流量。

2. 社会效益

第一年,公园接待了超过100万的游客。在对224位公园游客进行的调查中,90.9%的受访者表示公园提高了他们的生活质量,主要包括缓解了压力、提供了户外场所、提高了对地区的认知。86.3%的受访者表示公园能促使人们形成健康的生活方式,69%的受访者表示公园增加了他们参与户外活动的次数。有轨电车连接了市中心和住宅区,乘客数量增加了61%。公园建成后,相关部门改变了电车轨道线,邻近公园新建了3个有轨电车站点。在最初的半年里,社区鼓励跨界的社会互动,公园内有14683个Facebook"点赞"和5212张带位置标记的Facebook照片,还有6980个Twitter用户和959个Instagram用户到访。

图 9-135   活动场地内多样化的空间

3. 经济效益

公园提供了 8 个全职和 5 个兼职的公园维护及运行岗位。除此之外,在设计和施工建设阶段,公园还提供了 170 个临时的工作岗位,带来 3.127 亿美元的经济发展收益和 1270 万美元的税收收入。根据统计,至 2017 年,公园周边人口增长了 8.8%,城市中心区的吸引力和宜居性增强,有助于实现区域发展目标。

(资料来源:http://landscapeperformance.org/case-study-briefs/klyde-warren-park#/lessons-learned)

五、美国运河公园

(一) 基址概况(图 9-136)

设计者:OLIN。

项目类型:庭院/广场,公园/开放空间,雨水管理设施。

原场地类型:棕地。

位置:美国华盛顿州哥伦比亚特区。

气候:副热带湿润气候。

总面积:12140.57 m²。

预算:2000 万美元。

竣工时间:2012 年。

（二）项目背景

场地曾经为该区域的校车停车场,位于华盛顿古老的运河边,一度连接了波托马克河和安那考斯迪亚河(图9-137)。

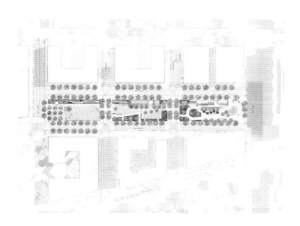

图 9-136　总平面图

图 9-137　场地设计前环境图

（三）设计策略

1. 雨水滞留蓄存,循环回用

设计唤醒了当地人的历史文化遗产保护意识。通过线性的雨水花园设计,人们联想到以前运河的浮船。最大的展馆位于公园南端,同时为季节性滑冰场建造了全服务餐厅。餐厅建筑屋顶覆盖有绿色蔬菜种植片区,通过地源热泵进行加热和冷却。场地周围的线性雨水花园和生物滞留树坑收集、过滤雨水径流,并将雨水运输到地下蓄水池,回用雨水可用于清洗滑冰场和灌溉景观。除此之外,雨水基础设施用来收集未来相邻建筑屋顶的雨水径流,创造一个区域尺度的雨水管理系统。位于场地周围 557.4 m^2 的系列雨水花园和 46 个生物滞留树池能够截留并处理雨水径流。位于地下的 2 个蓄水池能容纳来自公园和附近街区 302.8 m^3 的雨水。

位于公园南部地块的一个 929 m^2 的季节性滑冰场为滑冰者提供 76.2 m 的直线形滑道,冰由处理回用的雨水径流供给。雨水回用目标污染物的处理系统曾经被认定存在潜在风险。结合生物滞留、过滤和紫外线灭菌功能的设施能够将固体悬浮物浓度降低到 0.14 mg/L,并移除 100%的生物污染物。经一周一次的测试发现,回用雨水仅包括有机、可生物降解的成分,能用于场地的植物养护(图9-138)。

2. 材料环保,生态节能

戴维赫斯设计的 3 个雕塑设于场地互动游憩结构中,由不锈钢金属管构成的巨大曲线结构象征连续动态的水结构。贯穿公园的灵活空间和舒适空间包括开放绿地空间、儿童玩耍空间和 25 个可移动的桌椅伞休憩设施。公园内 5574.2 m^2 高反射率铺装的使用,能够有效缓解城市热

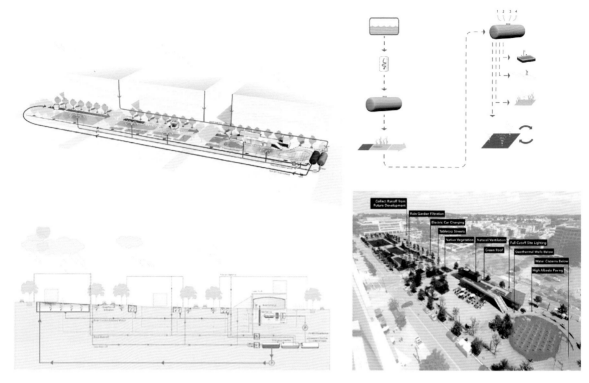

图 9-138　场地雨水收集利用系统及设施

岛效应,且维护便利。经森林管理委员会批准和鉴定,100%来自森林的木材用于建造座椅、桥及构筑物。建设用的50%以上自然或人造的材料、植物和土壤都是从距场地804.5 km的地方获取的。

位于滑冰场地下的28个地热井减少了公园公共设施的能源使用,并用于主要临时构筑物的加热和冷却。公园位于地铁站的400 m服务半径内,平均每天有9500个自行车使用者,故设计有4个主要的自行车分享站,提供39个自行车停放架。公园还为充电车辆提供4个充电插口,每个端口提供7.2 kW的输出功率。公园设有80个节能照明设施,提供安全的夜间活动场地。光照强度超过1000 lx的垂直照明用于行人专用区。3个解说牌分布于3个片区,传达场地的可持续设计理念和历史信息。

3. 本土植物分区过渡,服务功能完善

公园内种植了150多棵乔木,以及许多灌木和草本植物。线性雨水花园周围种植了一系列本地植物和适生植物,从北端的木本灌木及乔木过渡到南端的浅根性草本植物(图9-139)。位于公园南部地块836.1 m²的最大展馆包括户外座位、滑冰租赁摊位、公园配套设施和滑冰场里65座的全服务餐厅。餐厅屋顶面积为111.5 m²。可进入的蔬莱种植区域和边长为6.1 m的正方形控制板"光立方"能够显示艺术图像,展示灯光秀及放映视频短片等。穿过公园的道路宽度从10 m减小到6.1 m。对于两条将公园一分为二的街道,项目提出"台面"交叉的设计方案,优先考虑行人安全,将公园铺装材料延伸到街道,形成连续表面。

图 9-139　植物景观及服务场所
(a)场地植物景观;(b)冬季滑冰场;(c)夏季戏水广场

（四）景观绩效

1. 环境效益

公园截留和处理场地及邻近街道每年平均 95％的径流量(大约 11370 m³ 的雨量)，能有效防止合流下水道溢流到安那考斯迪亚河。雨水收集和回用满足 88％公园灌溉、喷泉及溜冰场的用水，每年节省 3358.9 m³ 的饮用水。场地与周边环境相结合，99％的公园需水量都能够得到满足。目前雨水回用系统每年能节省 4600 美元，最终每年能节省 5200 美元。公园能源消耗节省 12.6％，使用地源热泵给展馆和餐厅建筑供冷，节省 67％室外灯具的能源消耗及 26000 美元的费用。建设施工循环使用了 100％来自废弃物填埋场的 1782 t 混凝土、砖块及沥青等材料。据估算，温室气体的排放量减少了 157 t，相当于 33 辆大型客运车一年的气体排放量。

2. 社会效益

通过全年规划和特殊活动，每年能够吸引将近 28000 名参观者，冬季能够吸引 20000 名滑冰者，吸引 5000 名参观者参与"3 天假日市场"的活动，暑期电影系列吸引 2200 名参与者，38％的附近社区居民每一季至少观看一场电影。平均每日高峰人流量为 58 人，夏季最高峰平均每日使用人数为 88 人，秋季平均每日最少使用人数为 25 人。86％的受访者从积极的方面评价了公园，但也有 44％的受访者认为这些措施并没有改变公园的任何方面。公园给参观者提供了社会互动的吸引力空间，90％的受访者同意"在公园任何场所都受欢迎"的观点，超过 25％的受访者证实在公园中结识了新朋友。公园保障了夜间参观者的安全，有助于加强人们的安全意识。2014 年的数据显示，70％的受访者认为社区的安全性相较 2007 年有显著提高。项目设计通过收缩机动车路面宽度、拓宽公园人行道，使公园的车辆穿行速度相较邻近街区降低了 18％。

3. 经济效益

公园提供了 43 个工作岗位，为居住在公共住房及当地社区的低收入人群保留了至少 6 个工作岗位。目前，居住在公共住房的低收入人群获得了公园 47％的岗位，当地社区成员占了其中的 37％。滑冰场收入、租赁费及举办特殊活动的场地费为公园的基本运行和维护提供了 100％的资金支持。邻近公园地段的房地产价值增加了 14.5％，而同一时间段全市房地产价值增长了 13.6％，有明显优势。项目建设有助于区域的持续发展，特别是 400 m 半径范围内地区的发展。

到 2030 年,预计增加 10.5 亿美元的税收,并产生超过 10000 个工作职位。从该公园所在的 202. 3 ha 的地区来看,预计可产生 22.8 亿美元的经济效益,并产生超过 21000 个工作职位。

(资料来源:http://landscapeperformance.org/case-study-briefs/canal-park)

第五节　社区中的雨水花园建设案例

一、伊萨卡生态住区

(一)基址概况(图 9-140)

设计者:Rick Manning Landscape Architect。
项目类型:社区。
原场地类型:农业用地。
位置:美国纽约州伊萨卡。
气候:温带大陆性气候。
总面积:708199.9 m²。
预算:850 万美元(包括树木种植和乡村绿化改善)。
竣工时间:1997 年,2006 年,2014 年。

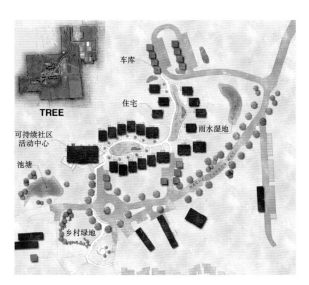

图 9-140　总平面图

(二) 项目背景

100 个住宅单元集中分布在 3 块 2.02 ha 的

区域中,相邻的住区单元历时超过 20 年相继建设完成。1997 年建成的 FROG 社区包括 30 个住宅单元,2006 年完成的 SONG 社区同样容纳了 30 个住宅单元,2014 年完成的 TREE 社区则容纳了 40 个住宅单元。每个区域又是一个住宅合作社,用以满足生态住区可持续、可达、可购的社区目标。

(三) 设计策略

1. 住宅分布集约化,预留绿色空间

3 块集中分布的社区单元中的住宅属于私人所有,不仅包括传统的生活设施,而且同时拥有众多的公共设施,包括开放的露天空间、社区花园、游乐场及社区活动中心。场地设计有助于打造社会性社区。项目将住宅集中布置在 60702.8 m² 的场地上,剩余 80％的场地作为自然区域、野生动物栖息地及 2 个农场用地。创造性的场地设计及建筑方法促进了人们选择可持续的生活方式,影响了集体资源的使用方式及废弃物的处理方式。社区之间可共享公共设施及公共活动,包括一周一次的社区聚餐。

2. 生态恢复,结合景观的雨水收集回用

生态住区积极开展对常年耕作而荒废的自然区域及生态系统的恢复工作,3 个主要的栖息地包括 1 个阔叶树林、1 个白杨树林和 1 个半开放场地。社区的白杨树林及场地边缘种植了 100 多棵树木。社区选址远离高质量的土壤区域。

FROG 社区及 SONG 社区产生的雨水径流收集在 4047 m² 的池塘里,该池塘可作为社区居民的日常消遣娱乐场地。雨水径流可被截留在能容纳 1214 m³ 雨水的旱池中(图 9-141)。来自 TREE 社区的雨水径流通过草地片状渗透或被场地内的人造雨水湿地截留。位于农场附近的池塘所收集的雨水能够用于农作物灌溉。居民将蔬菜制成堆肥,不使用任何杀虫剂和化学肥料,将转化的太阳能应用于照明和发热。

图 9-141　雨水收集池塘及宅前绿地景观

(四)景观绩效

1. 环境效益

设计的绩效目标是在遭遇 100 年一遇的暴雨时,生态住区能够对该区域内发达地区的降雨进行 100% 的储存,且不会影响雨水转移到市政雨水管道系统。相较于传统的住宅,设计的方案预计每年能够减少 61% 的雨水径流量、14% 的氮负荷、32% 的磷负荷以及 10% 的固体悬浮物。生态住区仅仅保留了 2413.3 m² 草皮,相较于传统住宅的绿化种植,减少了草皮 95% 的灌溉水量需求。生态住区保留 13333.3 m² 的林地,减少了大约 1330 t 二氧化碳的排放,同时这些树木每年能够截留 43 t 二氧化碳。以阵列形式安装在地面上的太阳能光伏板每年能够产生 6×10^4 kW·h 的电量,能够满足

FROG 社区 42%的能源需求,同时每年能够减少 250 t 二氧化碳的排放。

2. 社会效益

生态住区每年能够接纳 1000 名参观者,通过每月的观光活动提高了人们对可持续生活方式的认知。85%的受访者表示参观生态住区后加强了对集约式住区的理解。

3. 经济效益

来自 2 个农场的有机农产品销售带来了 23.35 万美元的全年总收入。生长季节时,有 1000人从社区支持的农业中受益。在农产品生长季节,生态住区能够供应 7 个全职的农场工作岗位,冬季能供应 2.5 个全职工作岗位。同时,生态住区还能供应几个季节性的兼职工作岗位。

(资料来源:http://landscapeperformance.org/case-study-briefs/ecovillage-at-ithaca♯/sustainable-features)

二、清华大学胜因院

(一)基址概况(图 9-142)

设计者:清华大学刘海龙项目团队。

项目类型:学校/大学,居住区。

原场地类型:废弃地。

位置:中国北京清华大学胜因院(二校门以南,照澜院以西)。

气候:温带季风气候。

总面积:9640 m^2(含建筑屋顶面积 1324 m^2,外部空间面积 8316 m^2)。

竣工时间:2012 年。

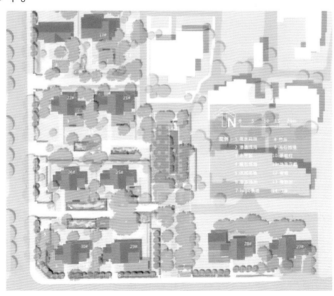

图 9-142　总平面图

（二）项目背景

胜因院位于清华大学大礼堂传统中轴线南段西侧,始建于1946年,先后共建成54栋住宅,具有质朴、亲切和富含生活气息的特色。随着校园周围建设地势抬高,这里成为低洼地带,每逢暴雨便发生严重内涝,致使多栋建筑的一层进水。原有的54栋住宅现仅剩14栋,留下来的也功能繁杂,已无居民居住,逐渐被居委会、废品收购站等占据,院落私搭乱建现象严重,空间凌乱,原有的独院生活空间已不复存在,场所感、历史氛围逐渐丧失(图9-143)。

图9-143 设计前环境图

（三）设计策略

1. 空间序列有致,竖向及空间关系对比

各庭院结合高差、大乔木及雨水花园,布置一系列统一而又多样的木平台,这些木平台成为公私过渡空间及半公共户外交流场所。设计在关键节点处增加点景植物予以提示,如入口、空间转折点等。

关于停车问题,根据校园总体规划,胜因院南、东、北部均设有校园停车场。因此胜因院内除消防通道外,禁止机动车穿越,保留步行空间,在高差转换等处设置无障碍通道。

2. 根据汇水分区,合理布置雨水设施

上述雨洪管理措施均设立解说系统,增强公共环境的教育功能。胜因院雨洪管理措施包括雨水花园、干池、砾石沟、草沟等,通过植物、土壤、砾石等对雨水进行滞留和净化,并建设增强入渗的浅凹绿地。浅凹绿地可以消纳、处理来自周边不透水表面的雨水径流,能与多种植物及景观元素相结合,景观效果较好,渗透性能较强,是一种分散式、低影响的雨洪控制利用型景观基础设施。设计还在各汇水分区内排水路径上设砾石沟、草沟。生态化排水明沟使屋顶、硬质铺装的降雨径流靠重力自排至雨水花园,过程中减缓流速、增加下渗。

项目共设计6处雨水花园,另设干池1处,地面雨水浮雕1处。干池可与有一定硬质铺装的广场相结合,起暂时收集、调蓄雨洪的作用。如中央花园处设计的干池,边缘设溢流口,其下可保持一定水位,使之成为镜面水池,过量雨水则溢流至西边梯级串连的雨水花园(图9-144)。

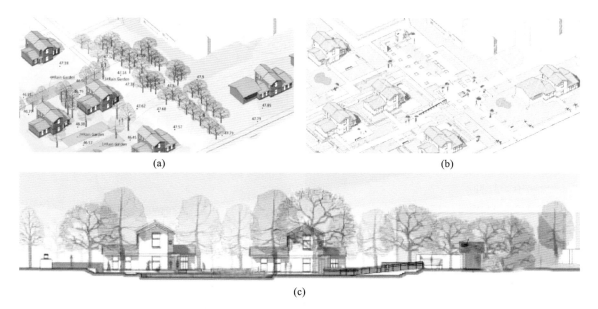

(a)

(b)

(c)

图 9-144　雨水设施布置

(a)场地高程;(b)汇水区;(c)剖面图

3. 植物景观丰富多变,细节彰显文化内涵

根据雨水花园土壤水分周期性变化的特点,项目种植水、陆长势均良好的植物,如黄菖蒲、千屈菜、花叶芦竹、矮桃、鸢尾、细叶芒、蓝羊茅等,强化雨水花园的功能与景观效果。地面雨水浮雕设计为浅凹式,可存储部分雨水,带胜因院历史简介及建造年份(1946 年)的浮雕纹样从水中浮现,体现场地的沧桑感。在细部设计上,雨水花园边界分别采用石笼、条石台阶、垒砌毛石等建造(图 9-145)。

图 9-145　丰富的植物景观

(资料来源:①图 9-142、图 9-144 来自 http://www.calid.cn/2015/12/4895;②其余内容及图片来自刘海龙,张丹明,李金晨,等.景观水文与历史场所的融合——清华大学胜因院景观环境改造设计[J].中国园林,2014,(1):7-12)

三、美国黎明社区

(一)基址概况(图 9-146)

设计者:Design Workshop,Inc.。

项目类型:社区/雨水管理。

原场地类型:废弃的矿业用地。

位置:美国犹他州南乔丹市。

气候:温带大陆性气候。

总面积:1660 ha。

预算:430 万美元(包括设计及咨询费),480 万~630 万美元(包括景观建设费)。

竣工时间:2025 年。

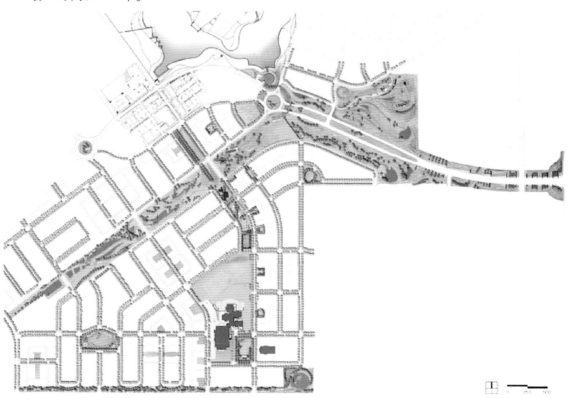

图 9-146　总平面图

（二）项目背景

项目所在地是一个经过总体规划的社区，是美国排名前 500 的城市区域之一。项目在废弃的矿业用地上进行设计，将容纳超过 2 万个住宅单位和 85 ha 的商业空间。该社区仍处于逐段开发阶段（图 9-147）。

图 9-147　设计前环境

（三）设计策略

1. 点、线、面状雨水管理措施相结合，规模尺度大

开发的全部区域面积达 1660 ha，其中约 400 ha 的土地用于建设公园和作为开放空间。到目前为止，已有约 49 ha 的公园和开放空间投入建设。就地雨水管理系统包括约 26 ha 的奥克尔人工湖、约 10 ha 的人工湿地、水渠、排水井、下渗池和路边的生态洼地。奥克尔人工湖能储存雨水并将其用于灌溉，为 60 多种鸟类和部分鱼类提供栖息地。与传统蓄洪池设计相比，生态洼地能大幅减少污染物。检测发现的污染物包括总氮、总磷、固体悬浮物和重金属元素（铜、锌、铅）。雨水渠将雨水径流输送到一系列人工湿地，避免下游发生洪涝灾害，并能补充地下水（图 9-148）。

2. 植物群落丰富，耐旱植被覆盖率高

公共开放空间中乡土植物群落占植物总量的 68%，每个住宅区的耐旱植被覆盖率至少达 40%。修剪整齐的草坪主要供休闲娱乐使用。生态洼地选用植物及原有植物包括柔枝红瑞木、阿巴伽羽果树、芦苇、薰衣草、斑点蛇鞭菊、布朗忍冬、三齿苦木、沙柳等（图 9-149）。

植被

过滤带

水流

土壤介质

滞留及过滤区

图 9-148　雨水处理设施结构及形式

图 9-149　丰富多样的植物景观

3. 鼓励步行交通,服务设施完善

基于社区完整性的考虑,合理布置一系列功能性服务设施,为社区提供开展丰富活动的空间、结合雨水设施的功能空间,为居民提供良好的步行服务场所(图 9-150)。

图 9-150 步行系统及服务设施

(四) 景观绩效

1. 环境效益

在遭遇百年一遇的暴雨(24 h 内降雨 62.2 mm)时,社区可对区域内降雨进行 100% 的储存,不会影响将雨水转移到市政雨水管道系统。通过滴灌设计,社区每年节省大约 5685 m³ 的饮用水,每年能节省 70787.2 m³ 的雨水,大约节省 54000 美元。目前奥克尔人工湖及周边的湿地鸟类数量比项目建设前增加了将近 2.5 倍。通过利用废料,项目节省了 160 万美元的混凝土材料及运输成本,节省了 87 m³ 的燃料,并减少了 9110 t 的碳释放量。

2. 社会效益

社区 88% 的学生选择步行或骑自行车去学校,每年减少机动车出行轨迹 370 万 km,节省燃料 386.1 m³,减少碳排放量 950 t。

(资料来源:① http://landscapeperformance.org/case-study-briefs/daybreak-community;② 杨波,李书娟,海莉,等.为提升雨水质量而设计的绿色基础设施:美国西部黎明社区[J].景观设计学,2015,3(4):12-21.)

四、高沙漠社区

(一) 基址概况(图 9-151)

设计者:Design Workshop,Inc.。
项目类型:社区。
原场地类型:绿地。
位置:美国新墨西哥州阿尔布开克。
气候:寒冷的半干旱沙漠气候。
总面积:431.8 ha。
预算:10.75 万美元(包括设计及咨询费)。
竣工时间:2030 年。

图 9-151　总平面图

(二) 项目背景

该项目是美国新墨西哥州阿尔布开克地区的重要实践示范项目。原场地传统的郊区发展使用水密集型的大草坪,未将设计与景观空间结合考虑(图 9-152)。

图 9-152　设计前环境

（三）设计策略

1. 沙漠旱谷收集雨水，为雨水花园提供水源

该项目体现了水资源保护、野生生物栖息地恢复、材料回收利用及文化传承等优势，改变了城市及国家水资源保护与景观绿化条例，权衡了环境敏感性、社区联系、艺术美学及经济可行性等多方面因素，设计出可持续的社区总体规划方案。每个地块设计跨站点的排水系统，将自然雨水旱谷与开放空间结合，保证超过 62% 的场地维持开发前的水文条件。雨水花园及水智慧示范园的水量补给及灌溉用水均来自旱谷收集的雨水。沙漠中独有的自然旱谷覆盖有就地取材的卵石，具有减缓流速且净化雨水的功效（图9-153）。

图 9-153　旱谷及其他雨水收集区景观

2. 丰富耐旱植物品种,恢复生物栖息地

设计影响了阿尔布开克地区的设计及建设条例,并为市规划部门提供了一份耐旱植物名录。开放空间及居住区景观建设需要大量的原生种群,刺激了地区的苗圃销售。可视的"野生动物饮水器"以及生态廊道的设计,加强了栖息地与人或野生生物的联系。贯穿于项目中的教育标识、当地的艺术装置及示范花园同时有助于加强地域的公共管理(图 9-154)。

图 9-154　植被丰富的自然生境景观

(四) 景观绩效

1. 环境效益

建设中尽量减少破坏,以保护场地的原始刺柏属丛林的生态性。项目每年节省近 108773 m³ 的水量,价值约 300 万美元。项目增建 2 个濒危物种游隼和灰绿鹃的繁殖栖息地。项目恢复了原场地被破坏的植被,提高了场地的固碳能力,固碳量为 170160 t。护根材料使用分解的花岗岩替代传统的木屑,大约每年保护了 15230 棵树,减少碳排放量 61.76 万吨。

2. 经济效益

项目从干扰区移植了 3500 棵树木,节省了大约 49.6 万美元。

(资料来源:http://landscapeperformance.org/case-study-briefs/high-desert-community)

参 考 文 献

[1] ELLIOTT A H, TROWSDALE S A. A review of models for low impact urban stormwater drainage[J]. Environmental Modelling & Software, 2007(22):394-405.

[2] ABIA M P, SUIDAN M T, SHUSTER W D. Modeling techniques of best management practices:rain barrels and rain gardens using EPA SWMM 5[J]. Journal of Hydrologic Engineering, 2010, 15(6):434-443.

[3] AMEC Earth and Environmental Center for Watershed Proteetion. Georgia Stormwater Management Manual Volume2: Teehnical Handbook[M]. [S. 1.], 2001.

[4] ARAVENA J E, DUSSAILLANT A. Storm-water infiltration and focused recharge modeling with finite-volume two-dimensional Richards equation: application to an experimental rain garden[J]. Journal of Hydraulic Engineering, 2009, 135(12):1073-1080.

[5] BEECHAMS. Water sensitive urban design and the role of computer modelling[C]// WMO/UNESCO. International Conference on Urban Hydrology for the 21st Century. 2002:21-45.

[6] NewYork Center for Watershed Protection. New York State Storm water management design manual[M]. Ellicott City, 2003.

[7] CHARLESH B. Silviculture:best management practices[M]. Florida:Florida Department of Agriculture and Consumer Services, 2008.

[8] CIRIA, Sustainable Urban Drainage Systems. Design manual for Scotland and Northern Ireland[S]. London:Construction Industry Research and Information Association, 2000.

[9] DAVISA P, HUNT W F, TRAVER R G, et al. Bioretention technology: overview of current practice and future needs[J]. Journal of Environmental Engineering, 2009, 135(3): 109-117.

[10] DIETZ M E, CLAUSEN J C. A field evaluation of rain garden flow and pollutant treatment[J]. Water, Air, and Soil Pollution, 2005, 167(1):123-138.

[11] DUSSAILLANT A R, CUEVAS A, POTTER K W, et al. Stormwater infiltration and focused groundwater recharge in a rain garden: simulations for different world climates [M]. IAHS-AISH Publication, 2005:178-184.

[12] ENRiQUEZ S, PANTOJA-R N I. Form-function analysis of the effect of canopy morphology on leaf self-shading in the seagrass thalassia testudinum[J]. Oecologia, 2005, (145): 235 – 243.

[13] FLETCHER T, ZINGER Y, DELETIC A, et al. Treatment efficiency of biofilters: results of a large-scale column study[C]. Rainwater & Urban Design Conference, 2007.

[14] GOOD J F, O'SULLIVAN A D, WICKE D, et al. Contaminant removal and hydraulic conductivity of laboratory rain garden systems for stormwater treatment[J]. Water Science and Technology,2012,65(12):2154-2161.

[15] Green infrastructure action strategy[EB/OL]. http://cfpub. epa. gov/npdes/green infrastructure /information. cfm♯green policy,2008-5-16.

[16] HUNT W F, LORD W G. Bioretention performance, design, construction, and maintenance[Z]. NC Cooperative Extension Service, 2006.

[17] HUNT W,JARRETT A,SMITH J,et al. Evaluating bioretention hydrology and nutrient removal at three field sites in North Carolina[J]. Journal of Irrigation & Drainage Engineering,2006,132(6):600-608.

[18] JAMES C Y. GUO M. Cap-orifice as a flow regulator for rain garden design[J]. Journal of Irrigation and Drainage Engineering,2012,138:198-202.

[19] KOMLOS J,TRAVER R G. Long-term orthophosphate removal in a field-scale stormwater bioinfiltration rain garden[J]. Journal of Environmental Engineering-asce, 2012, 138(10):991-998.

[20] LUCAS W C, GREENWAY M. Nutrient retention in vegetated and nonvegetated bioretention mesocosms[J]. Journal of Irrigation & Drainage Engineering,2008,134(5): 613-623.

[21] MARIA N R, ANTONIO L, MONICA G, et al. Agricutural land use and best management practices to control nonpoint water pollution [J]. Environment Management,2006,38(2): 253.

[22] MAYA P. ABI A, MAKRAM T, et al. Modeling techniques of best management practices: rain barrels and rain gardens using EPA SWMM-5 [J]. Journal of Hydrologic Engineering, 2010,15(6):434-443.

[23] Melbourne water corporation,instruction sheet building an infiltration raingarden. 2012.

[24] MICHAEL E D, JOHN C C. A field evaluation of rain garden flow and pollutant treatment[J]. Water,Air,and Soil Pollution,2005,(167):123-138.

[25] MICHAEL E D. Rain garden design and function: a field monitoring and computer modeling approach[D]. Connecticut:University of Connecticut,2005.

[26] Mount tabor middle school rain Garden [EB/OL]. http://www. asla. org/ sustainablelandscapes /raingarden. html.

[27] MUTHANNA T M, VIKLANDER M, THOROLFSSON S T. Seasonal climatic effects on the hydrology of a rain garden[J]. Hydrological Processes,2010,22(11):1640-1649.

[28] NPDES Glossary[EB/OL]. http://cfpub. epa. gov/npdes/glossary. cfm? program_id= 0,2008-5-16.

[29] NZWERF. On-site stormwater management manual[S]. New Zealand Water Environment Research Foundation,Wellington,2004.

[30] DEBORAH O, JASON N. Detailed rain garden flow monitoring [C]. World Environmental & Water Resources Congress,2012: 3565-3572.

[31] Office of Research and Development Washington. The use of best management practices (BMPs) in urban watersheds[M]. Washington: United States Environmental Protection Agency,2004.

[32] CORRI P, TRACY D. Evaluation of four native Montana perennials for rain garden suitability[C]//105th Annual Conference of the American Society for Horticultural Science,Orlando. Hort Science,2008,43(4):1294-1296.

[33] POTTER K W. Richards equation model of a rain garden[J]. Journal of Hydrologic Engineering, 2004(9):219.

[34] Prince George's County. Low impact development design strategies-an integrated design approach[S]. Maryland Department of Environmental Resource Programs and Planning Division,1999:72-78.

[35] Prince George's County. Design manual for use of bioretention in stormwater management[S]. Landover: Prince George's County (MD) Government,Department of Environmental Protection. Watershed Protection Branch,1993.

[36] READ J,FLETCHER T D,WEVILL T,et al. Plant traits that entance pollutant removal from stormwater in biofiltration systems[J]. International Journal of Phytoremediation, 2010,12:34-53.

[37] READ J,WEVILL T,FLETCHER T,et al. Variation among plant species in pollutant removal from stormwater in biofiltration system[J]. Water Research,2008,42:893-902.

[38] BANNERMAN R, CONSIDINE E. Rain gardens: a how to manual for Homeowners [M]. Wisconsin: University of Wisconsin Extension,2003:9-10.

[39] ROY-POIRIER A, CHAMPAGNE P, ASCE A M, et al. Review of bioretention system research and design: past, present, and future [J]. Journal of Environmental Engineering, 2010,136(9):878-889.

[40] WISE S. Green infructrue rising—best practice in stormwater management[J]. American Planning Association,2008,(8-9):14-19.

[41] The Sheltair Group Resource Consultants Inc. A guide to green infrastructure for Canadian municipalities[R]. 2001.

[42] THOMAS N D,ANDREW J R. Municipal storm water management[M].[S. l.],2002.

[43] WONG T H F,FLETCHER T D,DUNCAN H P,et al. A model for urban stormwater improvement conceptualisation[C]//International Environmental Modelling and Software Society Conference. 2002.

[44] YANG H,MCCOY E L,GREWAL P S,et al. Dissolved nutrients and atrazine removal by column-scale monophasic and biphasic rain garden model systems[J]. Chemosphere, 2010,80(8):929-934.

[45]　白洁.北京地区雨水花园设计研究[D].北京:北京建筑大学,2014.

[46]　包满珠.花卉学[M].北京:中国农业出版社,2004.

[47]　毕翼飞.许昌市绿地雨水花园的营造探究[J].绿色科技,2016(19):37-38,40.

[48]　曹玮,王晓春,张羽.基于SITES的美国小尺度雨洪管理景观设计——以乔治华盛顿大学Square 80广场为例[J].华中建筑,2018,36(5):22-27.

[49]　曹增博,韩涛,岳慧媛.干旱半干旱城市居住区雨水花园渗透分析研究[J].给水排水,2017,53(12):25-30.

[50]　柴少波,王川,胡志平,等.海绵城市雨水花园邻近建筑地基防渗措施研究[J].土工基础,2018,32(6):582-586.

[51]　车生泉,于冰沁,严巍.海绵城市研究与应用——以上海城乡绿地建设为例[M].上海:上海交通大学出版社,2015.

[52]　陈雷,赵雪梅,谭美琴,等.雨水花园植物选择与配置——区域差异及济南鲁能领秀城选择建议[J].现代园艺,2019,42(23):120-122.

[53]　陈晓彤,倪兵华.街道景观的"绿色"革命[J].中国园林,2009,6:50-53.

[54]　陈有民.园林树木学(第二版)[M].北京:中国林业出版社,1990.

[55]　陈玉敏,冯霞,安鑫宇,等.海绵城市分散式雨水渗透技术分析[J].中国高新科技,2022,117(9):124-125.

[56]　陈钰婷,陈钰文,林石狮,等.广东省雨水花园适用乡土植物筛选及应用分析[J].亚热带植物科学,2017,46(3):274-280.

[57]　崔晓阳,方怀龙.城市绿地土壤及其管理[M].北京:中国林业出版社,2001.

[58]　葛晓光.海绵城市雨水花园的研究分析及应用[J].建筑技术开发,2018,45(8):1-2.

[59]　郭娉婷,王建龙,杨丽琼,等.生物滞留介质类型对径流雨水净化效果的影响[J].环境科学与技术,2016,39(3):60-67.

[60]　韩晓东,赵霆.海绵城市建设理念在市政道路中的应用[J].低碳世界,2018,(12):150-151.

[61]　德莱塞特尔.德国生态水景设计[M].沈阳:辽宁科学技术出版社,2003.

[62]　胡爱兵,张书函,陈建刚.生物滞留池改善城市雨水径流水质的研究进展[J].环境污染与防治,2011,33(1):74-77.

[63]　黄坤.园林植物的养护与管理[J].农业科技与信息,2015(3):63-64.

[64]　黄涛.城市雨水的收集和利用[J].萍乡高等专科学校学报,2009(6):35-37.

[65]　姜勇.武汉市海绵城市规划设计导则编制技术难点探讨[J].城市规划,2016,40(3):103-107.

[66]　解馨瑜,杨定海.景观的生态显露设计概述[J].热带生物报,2016,7(1):132-138.

[67]　凯文·罗伯特·佩里事务所,威尔森.塔博尔山中学雨水花园[J].风景园林,2007(2):43-45.

[68]　阚丽艳,陈伟良,李婷婷,等.上海辰山植物园雨水花园营建技术浅析[J].江西农业学报,2012,24(12):70-73.

[69]　赖寒,冯娴慧.中美两国城市雨水管理机制对比研究[J].广东园林,2019,41(3):69-73.

[70] 兰景婷,杨倪坤,刘杰,等.城市道路雨水花园的养护管理技术[J].中外公路,2018,38(5): 302-306.

[71] 雷佳恒.海绵城市建设中雨水花园理念探究[J].城市开发,2023(1):122-123.

[72] 李纯,胥彦玲,李梅.国外都市雨水管理政策措施及对京津冀区域的借鉴初探[J].环境 工程, 2017, 35(11):6-9.

[73] 李国瑞.园林绿化中植物季相景观营造研究[J].乡村科技,2018(30):70-71.

[74] 李皓.德国让市民自助绿化把城市变成花园[J].生态经济,2004(6):76-77.

[75] 李志远.高架下街谷内可吸入颗粒物浓度扩散的实验研究[D].上海:东华大学,2016.

[76] 李朱婧,周建华,葛煜喆.雨水花园在步行街的选址与空间形态研究[J].西南师范大学学 报(自然科学版),2015,40(5):164-170.

[77] 李作文,刘家祯.不同生态环境下的园林植物[M].沈阳:辽宁科学技术出版社,2010.

[78] 刘常富,陈玮.园林生态学[M].北京:科学出版社,2003.

[79] 刘登伟,张媛.国外绿色基础设施建设经验对我国"海绵城市"建设的启示[J].水利发展研 究,2022,22(2):71-76.

[80] 刘菲,孙瑞.基于海绵城市背景下雨水花园建设浅析[J].艺术科技,2016,29(9):311, 316,321.

[81] 刘晔.ABC全民共享水计划 海绵城市在新加坡[J].城乡建设,2017(5):66-69.

[82] 罗红梅,车伍,李俊奇,等.雨水花园在雨洪控制与利用中的应用[J].中国给水排水,2008 (6):48-52.

[83] 罗艳红.城市雨水资源化利用现状及发展趋势[J].资源节约与环保,2016,175(6): 214-215.

[84] 蒙小英,邹裕波,赵雯.雨水花园设计的生态表达[J].风景林,2018,25(1):45-51.

[85] 牛童,刘青.雨水花园选址步骤分析[J].现代园艺,2016(22):69.

[86] 钱瑭璜,雷江丽,庄雪影.华南地区7种常见园林地被植物水分适应性研究[J].中国园林, 2012(12):95-99.

[87] 沈清基.《加拿大城市绿色基础设施导则》评介及讨论[J].城市规划学刊,2005(5):98-103.

[88] 史金茂.增加城市水土保持设施建设,助力构建海绵城市[J].亚热带水土保持,2022,34 (4):30-34.

[89] 宋嘉.中国特色海绵城市及低影响开发措施发展研究[J].智能建筑与智慧城市,2023(1): 154-156.

[90] 孙谷畴,赵平,曾小平.两种木兰科植物叶片光合作用的光驯化[J].生态学报,2004,24 (6):1111-1117.

[91] 孙静.德国汉诺威康斯柏格城区一期工程雨洪利用与生态设计[J].城市环境设计,2007 (3):93-96.

[92] 唐双成,罗纨,贾忠华,等.西安市雨水花园蓄渗雨水径流的试验研究[J].水土保持学报, 2012,26(6):75-79,84.

[93] 唐真,丁绍刚.基于雨水资源利用的集水型公园绿地建设[J].中国城市林业,2009(7-2):

50-53.

[94] 陶涛,颜合想,李树平,等.城市雨水管理模型关键问题探讨(一)——汇流模型[J].给水排水,2017,53(3):36-40.

[95] 陶涛,颜合想,李树平,等.城市雨水管理模型中关键问题探讨(二)——下渗模型[J].给水排水,2017,53(9):115-119.

[96] 陶涛,颜合想,信昆仑,等.城市雨水管理模型中关键问题探讨(三)——低影响开发模拟[J].给水排水,2018,54(3):131-135.

[97] 陶颖.小区雨水花园构造与设计分析[J].建材与装饰,2019,572(11):102-103.

[98] 田仲,苏德荣,管德义.城市公园绿地雨水径流利用研究[J].中国园林,2008(11):61-65.

[99] 汪诚文,郭天鹏.雨水污染控制在美国的发展、实践及对中国的启示[J].环境污染与防治,2011,33(10):86-89,105.

[100] 王春晓.雨水花园——雨洪生态化管理的理论与实践[C]//中国风景园林学会.中国风景园林学会 2012 年会论文集(下册).北京:中国建筑工业出版社,2012:478-482.

[101] 王佳,王思思,车伍,等.雨水花园植物的选择与设计[J].北方园艺,2012(10):77-81.

[102] 王珂,廖以权.复合雨水花园在海南环岛旅游公路桥面径流处理中的应用[J].交通节能与环保,2021,17(6):55-59.

[103] 王淑芬,杨东,白伟岚.技术与艺术的完美统一——雨水花园建造探析[J].中国园林,2009(6):54-57.

[104] 王雪莹,辛雅芬,宋坤,等.城市高架桥荫光照特性与绿化的合理布局[J].生态学杂志,2006(8):938-943.

[105] 吴俊义.高架路下桥荫植物的选择[J].园林,2000(6):21-21.

[106] 吴玲.湿地植物与景观[M].北京:中国林业出版社,2010.

[107] 向璐璐,李俊奇,邝诺,等.雨水花园设计方法探析[J].给水排水,2008(6):47-51.

[108] 肖宜安,胡文海,李晓红,等.长柄双花木光合功能对光强的适应[J].植物生理学通讯,2006,42(5):821-825.

[109] 轩紧紧.城市校园绿地雨水花园设计方法探析[J].绿色科技,2020(13):54-56.

[110] 闫晓含,董泽强,于丁一,等.寒地城市雨水花园植物品种的选择与配置——以沈阳市为例[J].安徽农业科学,2017,45(11):138-141.

[111] 杨敏丹.色彩景观在园林设计中的应用[J].现代园艺,2022,45(12):137-138,141.

[112] 杨智杰,李鹏波.滨海盐碱地区雨水花园设计初探[J].中外建筑,2016(8):180-183.

[113] 殷利华.基于光环境的城市高架桥下绿化景观研究[M].武汉:华中科技大学出版社,2016.

[114] 余梦舒,李雅平,刘青,等.不同结构城市绿地土壤渗透性影响研究[J].江西农业学报,2021,33(6):49-54.

[115] 臧洋飞.上海地区雨水花园草本植物适应性筛选及配置模式构建[D].上海:上海交通大学,2016.

[116] 张辰,邹伟国.世博园区雨水收集利用技术解析[J].建设科技,2010(11):34-36.

[117]　张大敏.城市道路景观的生态设计措施探讨[J].中国园林,2013(4):30-35.

[118]　张钢.雨水花园设计研究[D].北京:北京林业大学,2010.

[119]　张近东.利用公园雨水贮留浇灌市区绿地研究——以台北市为例[D].台湾:中华大学,2008.

[120]　张婧.基于气候变化的雨水花园规划研究[D].哈尔滨:哈尔滨工业大学,2010.

[121]　张浪,陈敏.打造"绿色世博、生态世博"——中国2010上海世博会园区绿地系统规划剖析[J].中国园林,2010(5):1-5.

[122]　张书函.北京奥林匹克公园中心区雨洪利用技术研究与示范[J].给水排水动态,2009(10):19-21.

[123]　张鑫,王馨甜,叶程,等.东北地区雨水花园设计方法研究[J].中国资源综合利用,2018,36(3):194-196.

[124]　张兴,姚崇怀.湖北地带性园林植物[M].北京:中国和平出版社,2015.

[125]　赵寒雪,殷利华.2005—2015中国十年来雨水花园研究进展[J].中国园林,2016(10):60-65.

[126]　郑克白,孙敏生,彭鹏.北京奥林匹克公园中心区下沉花园雨水利用及防洪[J].排水设计水,2008(7):97-101.

[127]　郑克白,徐宏庆,康晓鹍,等.北京市《雨水控制与利用工程设计规范》解读[J].给水排水,2014,5(50),55-60.

[128]　中国科学院武汉植物研究所.湖北植物志[M].武汉:湖北科技出版社,2002.

[129]　住房和城乡建设部.海绵城市建设技术指南——低影响开发雨水系统构建(试行)[R].2014.

后　　记

　　很多西方国家对城市雨水管理问题已经进行了近40年的探索与实践,总结出了较多的指导经验,且至今还在持续的研究中。城市雨水管理措施的应用首先应该因地制宜地开展。低影响开发理念下的雨水管理,更多提倡将雨水径流进行源头分散入渗、截流、回用等,即"滞、蓄、渗、净、用、排"有效结合。雨水花园是雨水管理中生物滞留设施里典型的代表形式,因其可以更好地结合景观营造实现雨水管理的功能,人们将其形象地称为雨水花园,这更能彰显其在城市雨水管理中景观与功能结合的重要地位。

　　总结本书的研究内容,笔者主要从以下四个部分对雨水花园进行了探讨。

　　(1) 雨水花园选址及布局设计。根据离汇水面距离的远近,提出不同选址需要重点考虑的系列问题。在离硬质汇水面距离较近的雨水花园,场地入渗不能对其基础安全产生影响,且局部地方宜进行防水、防渗漏处理。离硬质汇水面较远的雨水花园,相对可以更多地灵活布局和采用其他措施。

　　雨水花园的基本空间形态为点状、线状、面状三种,本书分析了三种雨水花园各自的特点和通常适用的场所环境。点状雨水花园适合建筑单体雨水就近收集布置,主要是解决建筑屋顶、硬质广场的雨水收集问题,水质相对较为干净,但对雨水花园景观品质要求相对较高。线状雨水花园则更多结合车行道路、步行街两侧和其他狭长带状人工设施如高架桥周边或其下布置,并对地形竖向、水系统处理都提出了相应要求。路边雨水花园还需要应对较严重的路面初级雨污滞留,以及雨水就地被土壤和植被吸附与降解的问题。

　　研究指出,雨水花园除平面形式设计外,更要注重竖向设计。合理的竖向设计是让雨水在自重作用下流动和汇聚、减少工程造价、完善雨水花园基本功能的重要设计因素。

　　(2) 雨水花园基底构造及材料筛选研究。雨水花园基底构造属于雨水花园建设的隐蔽工程,是雨水花园正常运转的基础。本书重点探讨了入渗型雨水花园的渗透性、基底材料的选择、渗透率分析及构造的去污或滞污效果。

　　渗透材料应符合下列特征和要求:①生态环保无毒害,避免对地下水造成污染,材料本身应容易制作,尽可能采用当地天然材料,能较好回收利用;②利用多孔渗透材料,其净化水体能力强,如天然的岩石和土壤,植物体的根、茎、枝、叶等,以及种类繁多的人造多孔介质,如砖瓦、活性炭、催化剂、鞍形填料、玻璃纤维堆积体等;③经济易获得。

　　本书提出了雨水花园的渗透平衡设计。本书分析了武汉市近34年的降雨特征,尝试提出武汉市雨水花园不同地点的构造设计要求和注意事项。与道路、广场结合的雨水花园,可以结合道路绿地、行道树种植穴、城市高架桥下绿地进行对应设计,保证相应的构造要求及对路基的安全防渗保护。

　　(3) 在雨水花园植物筛选及配置问题上,本书主要提出了雨水花园植物筛选的基本要求,即对雨水、光、土壤、养护管理的耐适性要求。对雨水不仅要能耐短时浸泡,还要耐较长时间干旱、耐粗放管理,能吸收雨水中的污染物。对光的耐适性主要是适应遮阴影响的弱光或少光环境。对土壤的耐适性则指植物能适应较多类型的土壤。本书提出基于 PAR 的筛选方法选用适光性植物,推荐了 113 种适合武汉地区雨水花园的植物种类,这些植物相对兼顾了对雨水、光、土壤、养护管理等 4 个层面的综合要求。

(4) 雨水花园的实践营建。这部分结合在华中科技大学校园中进行的"雨韵园"雨水花园实习基地建设,从建设背景、选址、场地现状、雨水排放、雨水收集问题及对策、雨水园水平衡、雨水园植景艺术设计、监测与管理等方面进行了相应探讨。最后一章结合点状、线状、面状及综合应用 4 个板块,列举了共 22 个雨水花园案例,进行了图文并茂的分享和解析,以方便读者对雨水花园营建形成全面和生动的认识。

至此,本书仍存在诸多研究方面的不足。

(1) 研究的系统性有待完善。城市雨水花园营建研究是一个从理论到实践系统性很强的内容,本书在写作完整性、关注全面性、组织材料的代表性方面都存在很多不足,很多研究点还没有充分展开,研究资料支撑还不够,这些都需要在今后的研究中不断补充和完善。同时雨水花园建设没有严格的统一标准,因地制宜建设是其立足根本。北方干旱少水城市与南方多雨丰水城市的雨水花园,西部黄土高坡土壤稳定性敏感度高的地区与结构稳定的盆地地区的雨水花园,北方冬季严寒冰冻地区与南方夏季高温酷暑地区的雨水花园,在雨量、土壤立地稳定性、渗透率、温度等不同环境下的问题都给城市雨水花园的建设带来很多挑战。城市雨水花园的研究系统性须在今后进一步加强。

(2) 雨水花园是城市雨洪的柔化策略,它通过低洼绿地截留地表径流,通过地下渗透、收集径流,将雨水资源化,这样不但减少了地表径流量,调节了汇流时间,也使得水资源得到合理利用,对解决环境问题更加生态有效。"雨水花园体系的逐步建立将柔化城市雨洪"。本书还需针对不同立地条件、不同典型环境特征,尤其是城市高架桥下雨水花园的研究,结合科学量化研究手段,立足于武汉市的环境特点,在设计、营建、景观特点等方面更好地推进雨水花园的研究。

(3) 拓展绿色基础设施研究内容,对武汉市海绵城市建设有一定的探索和贡献。海绵城市的建设途径:①保护城市原有生态系统,最大限度地保护原有的河流、湖泊、湿地、坑塘、沟渠等水生态敏感区,留有足够涵养水源,应对较大强度降雨的林地、草地、湖泊、湿地,维持城市开发前的自然水文特征,既符合低影响开发基本理论,也是海绵城市建设的基本要求;②恢复和修复良好的生态环境,对已受到破坏的水体和其他自然环境,运用生态的手段进行恢复和修复,并维持一定比例的生态空间;③低影响开发,合理控制开发强度,在城市中保留足够的生态用地,控制城市不透水面积比例,最大限度地减少对城市原有水生态环境的破坏,同时,根据需求适当开挖河湖沟渠,增加水域面积,促进雨水的积存、渗透和净化。

依托雨水花园的研究,适当拓展与绿色基础设施相关的城市雨水管理的研究内容,如道路雨水管理系统营建等,将更好地丰富工程景观学研究内容。

(4) 五维绿色街道的景观研究。五维绿色街道景观研究暂时还无更多成果和研究进展,需要做更多努力,可结合人体工程学、环境行为心理等学科,拓展我国新的绿色街道研究领域和内容。

城市雨水花园在我国还处于一个初步建设阶段,涉及城市规划、土木、环境、园林、道路、市政、建筑等多个行业,同时还需要非常重要的城市管理政策、制度支持和保证。在修订相关建设标准、公共政策鼓励和资金扶持、协调多部门管理、科学规划设计的前提下,雨水花园的营建才能真正实施。同时,因地制宜地建设雨水花园系统需要建立在大量科学、实践基础之上,要不断地进行总结和发展。

城市雨水花园的营建应该纳入城市建设、城市雨水管理、城市生态系统维护、人居环境改善的大体系中统一考虑,同时加入工程技术的创新,融入地方城市文化景观的阐释,城市管理者、规划设计师、各部门施工建设单位、普通市民等各个层面力量一起参与和努力,才能使得城市人居环境更和谐和可持续发展,海绵城市的建设才能真正得以实现。

修订版后记

　　修订版在原版的基础上进行了完善和扩充。由原来的六章扩展为九章,同时对每章内容都进行了不同程度的修订和更新。其中,新增第二章、第四章和第八章:第二章对雨水花园的研究进展进行了深入分析;第四章将"生态显露设计"纳入本书,彰显雨水花园的生态效应及其生态景观的外显设计;第八章结合笔者指导的硕士生陈文强开展的武汉城市高架桥下的桥阴绿地雨水花园规划设计,进行城市特殊的桥阴绿地空间下的雨水花园营建研究和设计应用。第九章新增多个优秀案例供读者学习和查阅。

　　由住房和城乡建设部的相关政策可知,我国海绵城市建设从 2014 年发展至今依旧在持续稳步推进。随着近年来城市极端雨洪灾害的频发,城市雨洪管理和城市防涝应急处理及响应水平在不断提升。海绵城市建设不能包打天下,尤其是面对极端气候带来的动辄"百年一遇"的洪涝灾害天气,它的作用几乎消失殆尽。但正如俞孔坚老师所言,海绵城市建设不是一蹴而就的,随着时间的积累,它会让城市具有更强的韧性,以应对雨水管理问题。

　　诚然,城市雨水花园只是海绵城市建设中常见、适合灵活布置且景观丰富的一种设计选择,不同场所空间可能带来的社会、经济、生态效益各不相同,其营建也具有更多的应对性,发展到当下,不能再简单地说雨水花园是"消纳"型还是"截污"型。在城市建设转向存量更新的时候,兴起的见缝插针的"口袋公园"跟本书关注的"雨水花园"很多时候可以完美结合。而在更大的国土空间层面,绿地系统、自然地等结合河湖流域网络,又成了系统完整、更宏观的"大海绵花园"系统,"蓝绿"结合,可发挥更好的生态绩效。期待更多的学者在不同层面探讨"蓝绿"的问题,让"美丽中国""生态文明"更好地落到实处。

　　限于笔者的学识和编写的仓促,本书难免有诸多的问题,敬请读者批评指正。

殷利华

2023 年 9 月 1 日